双一流高校建设经费资助项目

数据建模与分析

何章鸣　周萱影　王炯琦　著

科学出版社

北京

内 容 简 介

本书以数据分析教学、生产数据处理实践、靶场试验数据处理任务为背景，以系统科学理论、系统建模与参数估计技术为指导，讨论和研究了数据分析中常用的数据视图、静态数据分析、线性数据分析和非线性数据分析等知识.“直觉驱动，源于生活；扎根试验，服务生产；逐章深入，即学即用；案例丰富，代码呼应”是本书的特点.

本书可作为高等学校数据分析、系统建模与辨识、应用数学、系统科学等相关专业的高年级本科生和硕士研究生的教学参考书，同时对从事数据处理相关工作的科技人员也具有一定的参考价值.

图书在版编目(CIP)数据

数据建模与分析/何章鸣，周萱影，王炯琦著. —北京：科学出版社，2021.6

ISBN 978-7-03-068020-4

Ⅰ. ①数… Ⅱ. ①何… ②周… ③王… Ⅲ. ①数据模型-建立模型 Ⅳ. ①TP311.13

中国版本图书馆 CIP 数据核字（2021）第 026105 号

责任编辑：李静科　李　萍／责任校对：王　瑞
责任印制：赵　博／封面设计：无极书装

科学出版社 出版
北京东黄城根北街 16 号
邮政编码：100717
http://www.sciencep.com

北京天宇星印刷厂印刷

科学出版社发行　各地新华书店经销

*

2021 年 6 月第　一　版　开本：720 × 1000 1/16
2025 年 1 月第四次印刷　印张：14 1/2
字数：278 000

定价：98.00 元

（如有印装质量问题，我社负责调换）

前　　言

数据建模与分析包罗万象, 内容丰富. 数据建模是指对现实世界所采集的各类数据的抽象组织, 是一种用于定义和分析数据的要求及其需要的相应支持的信息系统的过程, 其目的是将系统分析后抽象出来的概念模型转化为物理/数学模型, 从而建立分析实体之间的关系; 数据分析本质上也包含了数据建模的过程, 是指采用适当的统计、分析方法, 为了提取有用信息和形成判决结论而对数据加以详细研究和分析总结的过程, 其目的在于最大化地开发数据的功能, 发挥数据的作用.

大数据时代使得数据分析走在了时代前沿, 并促使我们基于大数据的知识争创新、谋大事, 而本书中, 我们则选择做一名老实的"数据搬运工", 分析和讨论"数据搬运"实际应用中一些简单而实用的数据建模与分析等相关知识. 在数据搬运过程中, 数据建模与分析就像探险寻秘, 寻秘时产生了一些奇妙的数据直觉和数据思维, 我们希望把这些认识提炼成一些数据规律和数据理论, 从而慢慢去发掘信息、认识世界和理解世界.

作者长期从事数据分析、线性代数、概率论与数理统计、多元统计分析、系统建模与辨识、高等工程数学等课程的教学工作, 并结合导弹、卫星等空间目标, 从事靶场弹道/轨道跟踪数据建模、分析与处理的一些科研工作. 本书正是结合了作者多年的学习、教学与科研经历, 研究和讨论了数据分析实际应用中常用的数据视图、静态数据分析、线性数据分析和非线性数据分析等相关内容.

感谢国防科技大学系统科学双一流学科建设项目、民用航天技术预先研究项目 (B0103)、国防科工局稳定支持项目 (HTKJ2019KL502007)、国家自然科学基金项目 (61773021、61903366、61903086)、湖南省自然科学基金项目 (2019JJ20018、2019JJ50745、2020JJ4280) 的资助. 感谢研究生朱慧斌、魏居辉对书稿的校对工作.

特别感谢科学出版社李静科老师在出版全程中对作者的支持.

"直觉驱动, 源于生活; 扎根试验, 服务生产; 逐章深入, 即学即用; 案例丰富, 代码呼应"是本书的特点. 囿于作者理论水平和研究经验, 本书关于数据建模与分析视角方面有一定的局限性, 不足和疏漏之处难免, 恳请广大读者批评指正.

本书大量案例都配备了 MATLAB 代码, 有需要 MATLAB 代码的读者可以在邮箱 hzmnudt@sina.com 中给我们留言, 任何疑问定会得到快速回复.

作 者

2020 年 10 月于长沙

目　　录

第 1 章　测量与误差

数据可以通过测量获得, 任何测量都可能包含误差. 本章介绍数据工程、数据获取、测量误差和误差传递的基本概念及典型案例.

1.1　数 据 工 程

结合当前各试验训练基地指挥控制中心运行情况, 可以将数据工程的任务分为两部分: 数据管理和数据处理. 两者最大的差异是任务结束后是否会产生新的数据, 前者不产生测量以外的 (新的) 数据, 后者会产生测量以外的 (新的) 数据, 如表 1.1 所示.

表 1.1　数据管理和数据处理

任务	技术人员	语言工具	工作内涵	产品表现
数据管理	数据库工程师	SQL Server、Oracle 等	增删改查、备份还原	数据库
数据处理	算法工程师	MATLAB、C 等	筛选变换、估计决策	算法库

数据管理就是将数据按照约定的格式保存在固定存储介质中, 继而实现对数据的增删改查、备份还原, 存储介质包括纸质文件、光盘、硬盘、数据库服务器. 例如, 在信息时代, 试训基地的测控数据一般以表格 (Table) 的形式保存在数据库服务器中. 数据库是数据管理的核心, 对应的技术人员为数据库工程师. 常规数据库管理软件有 SQL Server、Oracle 及依此衍生的数据库应用软件, 等等.

数据处理就是依据客户需求, 从数据库中调取原始测量数据, 继而实现对数据的筛选变换、估计决策, 即经过一定算法将原始数据变换为客户需求的结果数据, 比如参数、图像、结论等. 求解算法是数据处理的核心, 对应的技术人员为算法工程师. 算法的实现依托一定的编译环境. 例如: C 编译环境相对低级, 代码易跟踪, 运算效率高, 库文件可读性较差, 实现效率低; MATLAB 编译环境相对高级, 代码难跟踪, 运算效率低, 库文件可读性较好, 实现效率高.

算法工程师依赖数据库工程师, 比如只有数据库工程师将数据库访问权限授予算法工程师, 算法工程师才能获得原始测量数据, 并对数据进行增加 (Add)、删除 (Delete)、修改 (Update)、查看 (Select), 以及深入的计算, 而且计算结果也需要数据库工程师授予写的权限才能保存到数据库中. 他们的关系可以用图 1.1 表示, 其中入库、出库是数据库工程师的主要职责, 算法处理和移交接口是算法工程师的主要职责.

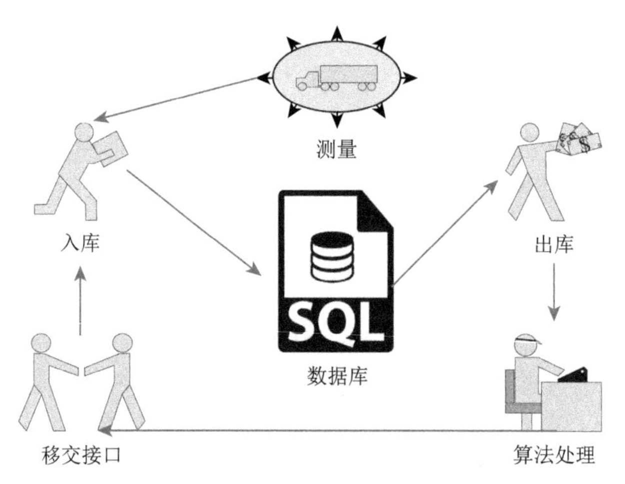

图 1.1　以数据库为中心的数据工程

例 1.1　求解具有 m 个方程、n 个未知数的方程组

$$\begin{cases} a_{11}x_1 + \cdots + a_{1n}x_n = b_1 \\ \cdots\cdots \\ a_{m1}x_1 + \cdots + a_{mn}x_n = b_m \end{cases} \quad (m \geqslant n) \tag{1.1}$$

方程组可以记为

$$\boldsymbol{Ax} = \boldsymbol{b} \tag{1.2}$$

其中常数向量 $\boldsymbol{b}$ 代表测量数据, 系数矩阵 $\boldsymbol{A}$ 代表测量几何. $\boldsymbol{A}$ 是由事前设计的测控方案决定的, 因此也称为设计矩阵、测量矩阵、观测几何. 数据库工程师将增广矩阵 $[\boldsymbol{A}, \boldsymbol{b}]$ 以表格的形式保存在数据库中, 它们是已知量. 未知向量 $\boldsymbol{x}$ 是客户关心的参数, 算法工程师经数据库工程师授权获得增广矩阵 $[\boldsymbol{A}, \boldsymbol{b}]$ 后, 编写一定的算法算得 $\boldsymbol{x}$. 这些方法有高斯消元法、基于 QR 分解的最小二乘法、奇异值分解法、相对最小二乘法, 等等. 然后经数据库工程师授权, 算法工程师把 $\boldsymbol{x}$ 保存在数据库中.

如果依托 MATLAB 编译环境, 无论方程是否存在解, 都可以很方便地利用代码 “x = A \ b” 求得最小二乘解, 但是 “\” 的代码是受保护的, 经过封装无法跟踪、查看、修改. 其他类似功能的命令还有 “`x = inv(A) * b`” “`x = pinv(A) * b`” “`x = regress(b, A)`”. 其中 “`inv`” 也是受保护的, 不可跟踪、查看、修改; 而 “`pinv`” 和 “`regress`” 不受保护, 可查看, 可编辑.

如果依托 C 编译环境, 算法工程师需要依据算法步骤, 利用基本的加减乘除运算, 依据基本的顺序、选择、循环结构, 编写最小二乘解, 稳健的代码量超过百行, 但是代码往往是未打包的, 可以跟踪、查看、修改.

1.2 数据获取

1.2.1 测量的定义

数据一般包括静态试验数据、挂飞试验数据和实物演练数据, 数据通过测量获得.

定义 1.1 将测量对象的某个物理量与标准件相比较, 确定比较值的过程, 称为测量, 用符号表示为

$$L = x \cdot U \tag{1.3}$$

其中 L 为测量数据, U 为标准件代表的单位, x 为比值, “·” 是分割比值和单位的符号. 在不引起歧义的条件下, 忽略 U, 且常用 x 代替 L.

备注 1.1 测量的关键是获得比值. 标准件也称为度量衡, 生产生活实践中的测量发生如此频繁, 以至于我们经常忽略对应的标准件 U. 世界范围内度量衡是有差异的, 例如, 英美市场常用磅为质量单位, 中国市场常用斤为质量单位. 前 NBA 某球员体重为 310 磅或 140.6 千克或 281.2 斤. 又如, 成语 “半斤八两” 沿用了原来的计量制度, 《汉书 • 律历志》表明半斤和八两是相等的重量, 新中国成立后为了避免计量混乱, 修正了传统的计量单位, 旧制一斤等于十六两, 现在的半斤等于五两或者 250 g.

运动会中, 举重的重量、跳远的距离、百米跑的时长, 恰好是对三个最常用物理量进行测量, 即质量、长度、时间, 而测量的标准件是什么呢?

质量的标准件为千克, 法国科学院定义为：在 4℃ 时 1 dm^3 (立方分米) 的水的质量. 而铂铱合金标准件被保存于一口钟形罩内, 存放在国际计量局 (位于巴黎附近的塞弗尔). 最精确的秤为光学天平, 精度为 10^{-1} mg.

长度的标准件为米. 法国科学院定义为：通过巴黎的子午线上从地球赤道到北极点距离的千万分之一, 1983 年米的标准件为光在真空中 1/299792458 秒内移动的距离. 最精确的直尺为单色光直尺, 精度为 10^{-9} m.

时间的标准件为秒, 是铯 133 原子基态的两个超精细能阶跃迁对应辐射的 9192631770 个周期的持续时间. 最准确的原子钟都是基于光学转换, 这种光学时钟具有稳定的频率, 相对不确定度只有 10^{-18} 数量级.

表 1.2 给出了七种最常用物理量的量纲式、单位、单位符号.

表 1.2 最常用物理量

名称	长度	质量	时间	温度	电流	光强	物质的量
量纲式	L	M	T	θ	I	J	N
单位	米	千克	秒	开尔文	安培	坎德拉	摩尔
单位符号	m	kg	s	K	A	cd	mol

1.2.2 测量的分类

数据是数据分析的对象, 可以通过测量获取. 按照不同标准可以将测量划分为不同的类别.

1.2.2.1 依表达式分类

依据符号表达式标准, 可将测量分为直接测量、间接测量和组合测量.

直接测量可以表示为

$$y = x \tag{1.4}$$

其中 y 为测量值, x 为待测物理量. 例如, 常规体检的基础项目包括身高、体重、肺活量等, 都是通过直接测量的手段获得的.

间接测量可以表示为

$$y = f(x) \tag{1.5}$$

其中 y 为测量值, x 为待测物理量, f 为表达式已知的函数. 可用逆函数 $x = f^{-1}(y)$ 确定待测物理量 x 的数值.

组合测量可以表示为

$$\begin{cases} y_1 = f_1(x_1, \cdots, x_n) \\ \quad\quad \cdots\cdots \\ y_m = f_m(x_1, \cdots, x_n) \end{cases} \tag{1.6}$$

其中 $[y_1, \cdots, y_m]$ 为测量值, $[x_1, \cdots, x_n]$ 为待测物理量, $[f_1, \cdots, f_m]$ 为表达式已知的函数. 可用最小二乘算法确定待测物理量 $[x_1, \cdots, x_n]$ 的数值.

备注 1.2 可以发现: 测量的定义实际上是指直接测量; 直接测量是间接测量的特例; 间接测量是组合测量的特例.

例 1.2 直接测量举例: 若选手的某项能力水平 u 为待测物理量, 比如英语演讲能力、歌手演唱水平或被面试对象的专业技能, m 个评委对选手直接打分, 如下

$$y_i = u \quad (i = 1, 2, \cdots, m, m \geqslant 1) \tag{1.7}$$

例 1.3 间接测量举例：若钢球体积 V 为待测物理量，可以通过卡尺测量其直径 d，间接测量钢球的体积，如下

$$V=\frac{1}{6}\pi d^3 \tag{1.8}$$

相反，若钢球直径 d 为待测物理量，可以通过溢水体积 V 间接测量钢球的直径，如下

$$d=\sqrt[3]{6V/\pi} \tag{1.9}$$

例 1.4 组合测量举例：铜棒的膨胀系数 $[L_0,\alpha,\beta]$ 是大学物理实验课程常测物理量，其中 L_0 为 0℃ 时铜棒的精确长度，可用高精度显微设备测量不同温度 t 下铜棒的长度 L，假定该过程可以用 $L=L_0\left(1+\alpha t+\beta t^2\right)$ 刻画，测得一组数据

$$L_i=L_0\left(1+\alpha t_i+\beta t_i^2\right) \quad (i=1,2,\cdots,m,m\geqslant 3) \tag{1.10}$$

求膨胀系数 $[L_0,\alpha,\beta]$.

解 令

$$\boldsymbol{y}=\begin{bmatrix} L_1 \\ \vdots \\ L_m \end{bmatrix},\quad \boldsymbol{x}=\begin{bmatrix} L_0 \\ L_0\alpha \\ L_0\beta \end{bmatrix},\quad \boldsymbol{A}=\begin{bmatrix} 1 & t_1 & t_1^2 \\ \vdots & \vdots & \vdots \\ 1 & t_m & t_m^2 \end{bmatrix} \tag{1.11}$$

则有

$$\boldsymbol{y}=\boldsymbol{A}\boldsymbol{x} \tag{1.12}$$

显然

$$\begin{bmatrix} L_0 \\ \alpha \\ \beta \end{bmatrix}=\begin{bmatrix} x_1 \\ x_2/x_1 \\ x_3/x_1 \end{bmatrix} \tag{1.13}$$

若 $m=3$，可得

$$\boldsymbol{x}=\boldsymbol{A}^{-1}\boldsymbol{y} \tag{1.14}$$

若 $m>3$，且 $\boldsymbol{A}$ 是列满秩的，则用第 4 章最小二乘估计法得

$$\boldsymbol{x}=\left(\boldsymbol{A}^{\mathrm{T}}\boldsymbol{A}\right)^{-1}\boldsymbol{A}^{\mathrm{T}}\boldsymbol{y} \tag{1.15}$$

例 1.5 组合测量举例：如图 1.2 所示，若某飞行器 M 的测站系位置坐标 $[x,y,z]$ 为待测物理量，不妨设坐标值全大于零，可用单脉冲雷达测量该物理量. 测站系也称为“北 N-天 U-东 E”测站系，其原点 O 为雷达的中心，Ox 轴

平行于站点水平面指向北, Oy 轴指向天 (垂直地面向上), Oz 轴平行于站点水平面指向东, 可测得雷达站到该飞行器的距离 R、方位角 A、俯仰角 E. 不妨设 $x>0, y>0, z>0$, 试求 $[x,y,z]$.

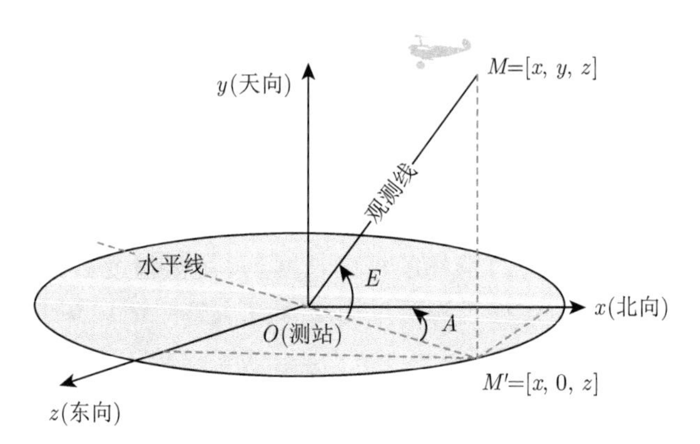

图 1.2　测站系为中心的测量原理

解　因

$$R=\sqrt{x^2+y^2+z^2} \tag{1.16}$$

$$\cos A=\frac{x}{\sqrt{x^2+z^2}} \tag{1.17}$$

$$\sin E=\frac{y}{R} \tag{1.18}$$

则组合解算公式为

$$\begin{cases} y=R\sin E \\ x=\sqrt{R^2-y^2}\cos A \\ z=x\tan A \end{cases} \tag{1.19}$$

或者

$$\begin{cases} x=R\cos E\cos A \\ y=R\sin E \\ z=R\cos E\sin A \end{cases} \tag{1.20}$$

备注 1.3　上述两个公式中, 建议使用后者, 因为前者会使得 y 的截断误差影响 x, 继而 x 的截断误差会影响 z.

例 1.6　如图 1.3 所示, 若某飞行器 T 的地心系位置坐标 $[x,y,z]$、速度坐标 $[\dot{x},\dot{y},\dot{z}]$ 为待测物理量, 可用多台连续波雷达测量该物理量. 地心系的原点为地球参考椭球体的中心, Ox 轴平行赤道面指向本初子午线, Oy 轴平行赤道面指向东经 90° 方向, Oz 轴平行地球自转轴. 第 i 个雷达站的站址坐标为 $[x_i,y_i,z_i]$, 飞行器到该雷达站的距离为 $R_i\,(i=1,2,\cdots,m)$, 径向速率为 $\dot{R}_i\,(i=1,2,\cdots,m)$, $m\geqslant 3$.

$$R_i=\sqrt{(x-x_i)^2+(y-y_i)^2+(z-z_i)^2} \tag{1.21}$$

$$\dot{R}_i=\frac{dR_i}{dt}=\frac{x-x_i}{R_i}\dot{x}+\frac{y-y_i}{R_i}\dot{y}+\frac{z-z_i}{R_i}\dot{z} \tag{1.22}$$

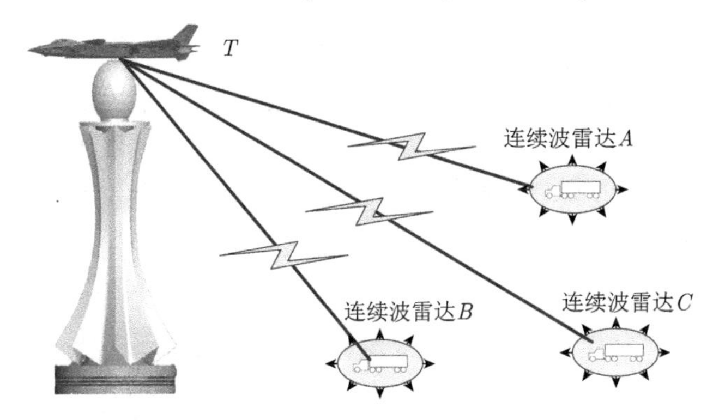

图 1.3 静态测距测速试验的观测示意图

在第 4 章、第 5 章将会发现:

(1) 若 $m=3$, 且测站与飞行器不共面时, 可用三球交汇法解得 $[x,y,z]$, 再利用 (1.22) 构造具有唯一解的线性方程, 解得 $[\dot{x},\dot{y},\dot{z}]$.

(2) 若 $m>3$, 可以构造线性方程求解 $[x,y,z]$, 也可以利用非线性迭代法求解 $[x,y,z]$, 再利用 (1.22) 构造线性方程, 解得 $[\dot{x},\dot{y},\dot{z}]$. 具体求解步骤参考第 4 章、第 5 章.

例 1.7 在生物试剂推广到市场前, 试剂厂要完成定标工作. 车间仪器可测量不同浓度 x_i 下试剂的光值 y_i, 定标就是要找出一个从浓度 x 到光值 y 的具有参数 $[a,b,c,d]$ 的非线性函数

$$y_i=a+\frac{b}{1+cx_i^d}\quad(i=1,2,\cdots,m) \tag{1.23}$$

或者具有参数 $[a,b,c]$ 的非线性函数

$$y_i=a+\frac{b}{1+cx_i}\quad(i=1,2,\cdots,m) \tag{1.24}$$

或者

$$y_i=a+cx_i^d\quad(i=1,2,\cdots,m) \tag{1.25}$$

上述三个非线性函数是严格单调增函数, 且依赖一组参数 $\boldsymbol{\beta}=[a,b,c,d]^{\mathrm{T}}$ 或者 $\boldsymbol{\beta}=[a,b,c]^{\mathrm{T}}$. 假定定标前可以获得 m 个浓度-光值的数据对 $\{x_i,y_i\}_{i=1}^m, m\geqslant$

4, 利用 $\{x_i, y_i\}_{i=1}^m$ 估计 $\boldsymbol{\beta} = [a, b, c, d]$ 的过程实质就是“非线性参数估计”, 这将在第 5 章讨论.

1.2.2.2 依精度分类

决定测量误差大小的因素包括设备、方法、环境条件、测量者的状态、被测目标特性等. 依据精度标准, 可将测量分为等精度测量、不等精度测量.

(1) 等精度测量：在多次测量过程中, 决定测量误差大小的全部因素不变.

(2) 不等精度测量：在多次测量过程中, 决定误差大小的某些因素发生变化.

例 1.8 在英语演讲比赛中, 若全部评委的水平相差不大, 则有道理认为该测量是等精度测量; 否则, 若评委团自身水平参差不齐, 背景迥异, 则有道理认为该问题是不等精度测量.

可以用下列公式进一步刻画测量

$$y_i = u + \varepsilon_i \quad (i = 1, 2, \cdots, m) \tag{1.26}$$

等精度是指 ε_i 为满足独立同分布 (Independent Identical Distributed, i.i.d.) 的、零均值 (Zero Mean) 的、正态 (Normal) 随机误差, 记为

$$\varepsilon_i \overset{\text{i.i.d.}}{\sim} N\left(0, \sigma^2\right) \tag{1.27}$$

不等精度是指某两个测量的方差满足 $\sigma_i^2 \neq \sigma_j^2\,(i \neq j)$.

1.2.2.3 依设计矩阵分类

对于线性组合测量 $\boldsymbol{y} = \boldsymbol{A}\boldsymbol{x} + \boldsymbol{\varepsilon}$, 其中的测量误差 $\boldsymbol{\varepsilon}$ 和设计矩阵 $\boldsymbol{A}$ 都会影响 $\boldsymbol{x}$ 的最终解算精度. 融合多个测量方案可以提高解算精度. 假定有 p 个备选测量方案, 如下

$$\boldsymbol{y}_i = \boldsymbol{A}_i\boldsymbol{x} + \boldsymbol{\varepsilon}_i \quad (i = 1, 2, \cdots, p) \tag{1.28}$$

依据设计矩阵 $\boldsymbol{A}_i$ 的差异, 可将测量分为同构测量、异构测量.

(1) 同构测量：对于多个组合测量, 不同方案的设计矩阵都相同.

(2) 异构测量：对于多个组合测量, 某两个方案的设计矩阵不同.

备注 1.4 一般来说, 靶场试验中的测量多为不等精度异构测量.

1.3 测量误差

1.3.1 误差及来源

定义 1.2 误差就是待测物理量的真值 μ 与测量值 y 的差异, 记为 ε, 它们的关系用公式表示如下

$$y = \mu + \varepsilon \tag{1.29}$$

误差公理认为 "一切测量皆有误差". 真值 μ 是客观存在的, 一般也是未知的, 因此误差 ε 也是未知的. 误差反映了测量的精度. 例如, 刻度尺的最小刻度可以认为是刻度尺的精度.

生活生产实践表明: 测量和计算的每个环节都可能存在误差. 按照测量的要素, 可以将误差分为环境误差、设备误差、人员误差、截断误差、算法误差等.

1.3.1.1 取整误差

例 1.9 在例 1.7 中, 生物试剂工厂的光值一般都是整数值, 取整方式一般有三种: 四舍五入取整 (Round)、上取整 (Ceiling) 和下取整 (Floor).

例如, $x = 4.4$, 则 $\text{round}(x) = 4$, $\text{floor}(x) = 4$, $\text{ceil}(x) = 5$;

又如, $x = 4.6$, 则 $\text{round}(x) = 5$, $\text{floor}(x) = 4$, $\text{ceil}(x) = 5$.

四舍五入的取整截断误差服从区间 $(-0.5, 0.5]$ 上的均匀分布; 下取整截断误差服从区间 $(-1, 0]$ 上的均匀分布; 上取整截断误差服从区间 $[0, 1)$ 上的均匀分布.

1.3.1.2 截断误差

例 1.10 计算的截断误差受数据类型影响, 例如, MATLAB 双精度数据大概能保证 15 位有效数字的精度, 因此截断误差满足区间 $[-0.5\times10^{-15}, 0.5\times10^{-15}]$ 上的均匀分布. 例如, 深水地磁测量模型如下

$$\begin{bmatrix} e^{-1/1} & e^{-2/1} & \cdots & e^{-n/1} \\ e^{-1/2} & e^{-2/2} & \cdots & e^{-n/2} \\ \vdots & \vdots & \ddots & \vdots \\ e^{-1/n} & e^{-2/n} & \cdots & e^{-n/n} \end{bmatrix} \begin{bmatrix} \beta_1 \\ \beta_2 \\ \vdots \\ \beta_n \end{bmatrix} = \begin{bmatrix} y_1 \\ y_2 \\ \vdots \\ y_n \end{bmatrix} \tag{1.30}$$

可简记为 $\boldsymbol{A\beta} = \boldsymbol{y}$, 其中 n 是测量样本数, $\boldsymbol{y}$ 为测量值, $\boldsymbol{A}$ 是已知的设计矩阵, $\boldsymbol{\beta}$ 为待估参数. 仿真中设定参数真值为 $\boldsymbol{\beta} = [1, \cdots, 1]^{\mathrm{T}}$, 可知 $\text{rank}(\boldsymbol{A}) = n$, 方程的解是唯一的. 但是, 仿真结果表明, 随着 n 的增大, 计算值 $\boldsymbol{\beta}_{\mathrm{c}} = \boldsymbol{A}^{-1}\boldsymbol{y}$ 与真实 $\boldsymbol{\beta}$ 差别越来越大, 图 1.4 给出了 $n = 3, 6, 9, 12$ 时计算值 $\boldsymbol{\beta}_{\mathrm{c}}$(用 "$-+-$" 表示) 与真值 $\boldsymbol{\beta}$(用 "$-\mathrm{o}-$" 表示) 的差异. 这种差异主要是由计算逆矩阵时的 "截断误差" 引起的.

MATLAB 代码 1.1

```
for n = 3:3:12 %参数个数
    %% 无误差数据
    beta = ones(n,1);   a = exp(-1);x= a.^[1:n];     X =[];
    for i = 1:n,  X = [X; x.^(1/i)];     end
    Y = X*beta;
    %% 最小二乘估计
```

```
    beta_cap1 = X\Y;
    %% 画图
    subplot(4,1,n/3)
    plot(beta,'-o','linewidth',2),   hold on,grid on
    plot(beta_cap1,'-+','linewidth',2)
    xlabel('i'),ylabel('\beta_i'),xlim([1,n]),
       set(gca,'xtick',1:n);
    title(['n =' num2str(i)])
end
```

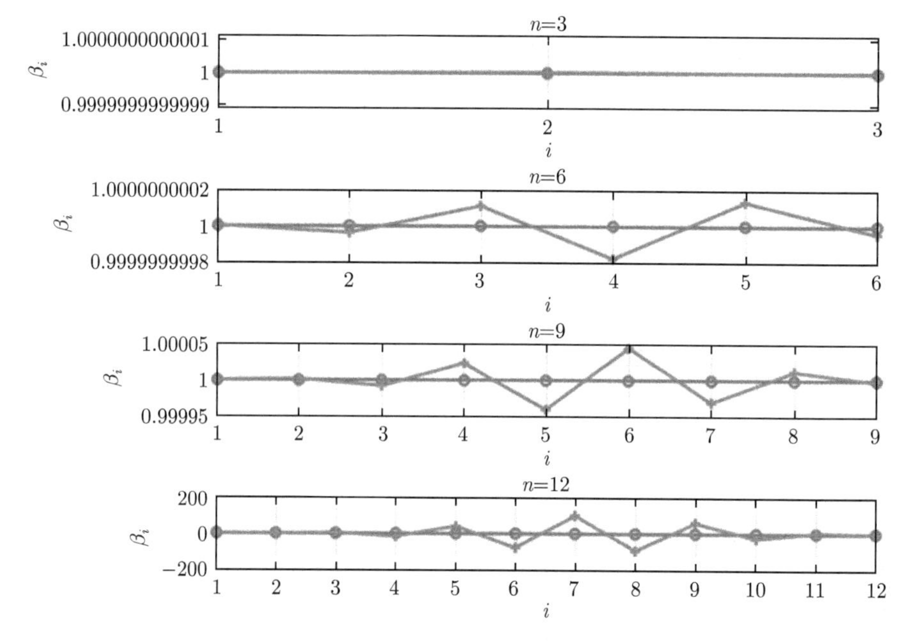

图 1.4 计算值 $\boldsymbol{\beta}_{\mathrm{c}}$ 与真值 $\boldsymbol{\beta}$ 随 n 的变化规律

1.3.1.3 算法误差

相同的数学问题, 用不同算法, 其计算误差大小就可能出现差异.

例 1.11 在上面的例题中, 可以用高斯消元法、QR 分解法或者奇异值分解法求解 $\boldsymbol{\beta}_{\mathrm{c}} = \boldsymbol{A}^{-1}\boldsymbol{y}$, 在 MATLAB 中对应的命令为 “`beta = inv(A) * y`” “`beta = A \ y`” “`beta = pinv(A) * y`”. 例如, 对于 $n = 12$, 三种方法的参数计算值与参数真值的差异如图 1.5 所示. 可以发现 “`beta = inv(A) * y`” 误差最大, “`beta = A \ y`” 次之, “`beta = pinv(A) * y`” 误差最小.

MATLAB 代码 1.2
```
%% 数据同MATLAB代码 1.1
beta_cap2 = inv(X)*Y; plot(beta-beta_cap2,'-','linewidth',2);
hold on, grid on, xlabel('n'), ylabel('\beta-\beta_c'),
    xlim([1,n])
%% 取逆:QR分解法
beta_cap1 = X\Y; plot(beta-beta_cap1,'--','linewidth',2);
%% 广义逆:X = U*S*V, pinv(X) = V' * inv(S) *U'
beta_cap3 = pinv(X)*Y; plot(beta-beta_cap3,'+-','linewidth',2);
legend('inv: 高斯消元法','\\: QR分解法', 'pinv: 奇异值分解法')
```

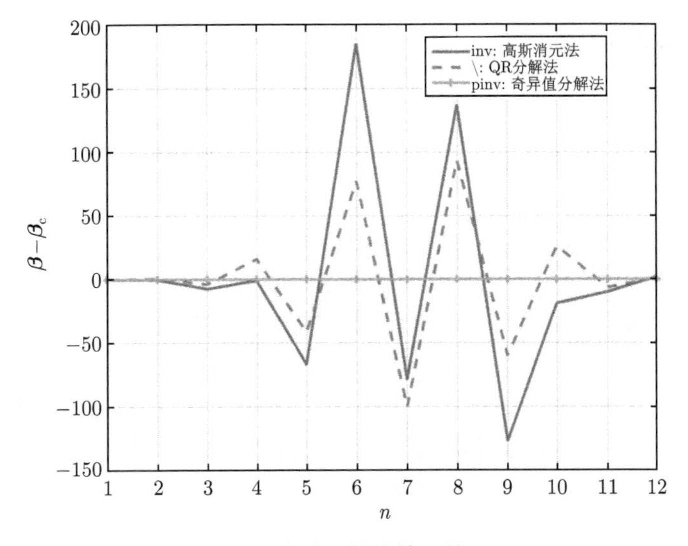

图 1.5 不同方法下的计算误差 $\boldsymbol{\beta}-\boldsymbol{\beta}_{\mathrm{c}}$

1.3.2 误差的分类

按照误差特性及处理方法, 可将误差分为三类: 随机误差 (Random Error)、系统误差 (Systematic Error) 和过失误差 (Gross Error)[1−3].

1.3.2.1 随机误差

随机误差也称为噪声, 满足一定的统计分布特性, 比如正态分布、均匀分布、指数分布. 例如, 一般认为由温度、湿度、气压、振动、磁场等测量环境对测量的干扰造成的误差服从均值为零的正态分布. MATLAB 计算的截断误差服从区间 $[-0.5\times10^{-15},0.5\times10^{-15}]$ 上的均匀分布, 四舍五入截断误差服从区间 $(-0.5,0.5]$ 上的均匀分布.

随机误差的大小、符号事先不知道, 但随着测量次数的增加, 它遵循一定的统计规律性. 需要注意的是, 随机误差不能消除, 只能抑制其对计算的影响.

1.3.2.2　系统误差

备注 1.5　常用的数值特征有样本均值、样本方差, 可以分别表示系统误差、随机误差的大小.

系统误差的表现形式呈明显的确定性、规律性, 它对测量结果具有显著的影响. 其处理方法是通过实验 (试验) 确定其规律, 进行估计与修正. 比如, 基准误差是指作为比较标准的物理量的误差, 测量装置误差 (工具误差) 包括设备的制造、安装、附件等的误差, 这些误差可以通过更高精度的测量装置比较、修正. 又如, 在飞行器的轨道跟踪中, 大气不均匀引起的电波折射测量误差, 可以用电波折射修正方法实现误差的修正.

1.3.2.3　过失误差

过失误差也称为粗大误差, 含过失误差的数据称为野点或野值. 人为因素、设计因素、环境突变导致测量值或者计算值违背客观规律. 例如, 三测距–测速体制、静止轨道的雷达定位等, 都必须考虑地球几何形态、布站几何形态, 否则可能引起过失误差. 可以用野点剔除法识别及剔除过失误差.

例 1.12　如图 1.6 所示, 高远程目标观测是靶场观测的热点问题. 飞机巡航高度 10 km, 洲际导弹自由飞行高程达 1000 km, 而静止卫星高程约为 4 万 km. 假定合作目标为 4 万 km 高的人造天体. O 为地心, 在 A 点布设一台高远程测距雷达, B 点距离 A 点的直线距离约为 $h = 3000$ km, 假定目标在渭南正上方, 测距雷达能观测到目标的最低仰角为 $\theta = 15℃$, 求目标的最低可视高程 (单位以公里数取整).

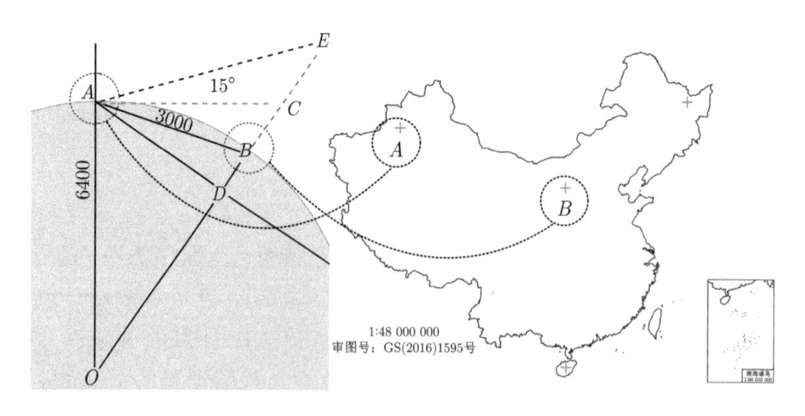

图 1.6　测距定位的地理模型

解 地球半径约为 $R=6400$ km, 各站到 B 点的直线距离约为 $h=3000$ km, 三个站确定的测站平面离地面高度为 BD, 满足

$$\frac{BD}{h}=\frac{h/2}{R} \tag{1.31}$$

得

$$BD=\frac{h^2}{2R}=703\ (\mathrm{km}) \tag{1.32}$$

$$OD=R-BD=5697\ (\mathrm{km}) \tag{1.33}$$

$$AD=\sqrt{R^2-OD^2}=2916\ (\mathrm{km}) \tag{1.34}$$

又因

$$\frac{AD}{CD}=\frac{OD}{AD} \tag{1.35}$$

得

$$CD=\frac{AD^2}{OD}=1493\ (\mathrm{km}) \tag{1.36}$$

记

$$\varphi=\mathrm{atand}\left(\frac{CD}{AD}\right)=\mathrm{acosd}\left(\frac{OD}{R}\right) \tag{1.37}$$

则

$$ED=AD*\mathrm{tand}\,(\varphi+15)\approx 2636\ (\mathrm{km}) \tag{1.38}$$

$$EB=ED-BD=1933\ \mathrm{km}\approx 2000\ (\mathrm{km}) \tag{1.39}$$

综上, 目标的最低可视高程约为 2000 km.

MATLAB 代码 1.3

```
R=6400;h=3000; BD = h^2/(2*R);
OD = R - BD;
AD = sqrt(R^2 - OD^2);
phi = acosd(OD/R);
angle = 15;
DE = tand(angle + phi) * AD
BE = DE - BD
```

例 1.13 若用三测距原理观测潜射目标, 可能会出现目标穿过三站确定的观测面, 把该问题称为穿面问题. 在例 1.6 中, 若有三台测速雷达, 求实现速度解算的布站几何约束.

解 测速方程可以写成

$$\begin{bmatrix} \dot{R}_1 \\ \dot{R}_2 \\ \dot{R}_3 \end{bmatrix} = \begin{bmatrix} l_1 & m_1 & n_1 \\ l_2 & m_2 & n_2 \\ l_3 & m_3 & n_3 \end{bmatrix} \begin{bmatrix} \dot{x} \\ \dot{y} \\ \dot{z} \end{bmatrix} \tag{1.40}$$

其中测站到目标的方向向量为

$$[l_i, m_i, n_i] = \left[\frac{x - x_i}{R_i}, \frac{y - y_i}{R_i}, \frac{z - z_i}{R_i}\right] \quad (i = 1, 2, 3) \tag{1.41}$$

记方向向量构成的矩阵为

$$\boldsymbol{A} = \begin{bmatrix} l_1 & m_1 & n_1 \\ l_2 & m_2 & n_2 \\ l_3 & m_3 & n_3 \end{bmatrix} \tag{1.42}$$

实现速度解算的布站几何约束为: $\boldsymbol{A}$ 可逆, 即三个方向向量不共面. 对于潜射导弹, 当目标穿面之前要提前切换测控方案, 防止三个方向向量共面, 否则 $\boldsymbol{A}$ 不满秩, 无法解算速度向量 $[\dot{x}, \dot{y}, \dot{z}]$.

1.4 误差传递

1.4.1 误差度量

精度刻画了测量数据的误差大小, 不考虑过失误差, 精度指标主要包括准确度 (Correctness)、精密度 (Precision) 和精确度 (Accuracy).

准确度表示系统误差对测量值影响的程度, 或者说, “测量平均值” 对 “真值” 的偏离程度, 称为准确度.

精密度表示随机误差对测量值影响的程度, 或者说, “测量值” 对 “测量平均值” 的平均散布程度, 称为精密度.

精确度表示 “测量值” 对 “真值” 的平均接近程度, 即随机误差与系统误差的综合值的大小, 也称为**广义精度**.

如图 1.7 所示, 下方 239 处实线表示真值 μ, 震荡曲线表示 m 个测量数据 $\boldsymbol{x} = [x_1, \cdots, x_m]$, 中间虚直线表示测量平均值 $\bar{x} = \frac{1}{m}\sum\limits_{i=1}^{m} x_i$, 虚直线与实直线的距离度量了准确度, 震荡曲线的震荡标准差度量了精密度, 准确度、精密度和精确度可如下定量描述

$$\begin{cases} \operatorname{corr}(\boldsymbol{x}) = (\bar{x} - \mu)^2 \\ \operatorname{prec}(\boldsymbol{x}) = \dfrac{1}{m}\sum\limits_{i=1}^{m}(x_i - \bar{x})^2 \\ \operatorname{accu}(\boldsymbol{x}) = \dfrac{1}{m}\sum\limits_{i=1}^{m}(x_i - \mu)^2 \end{cases} \tag{1.43}$$

可以证明

$$\operatorname{corr}(\boldsymbol{x})+\operatorname{prec}(\boldsymbol{x})=\operatorname{accu}(\boldsymbol{x}) \tag{1.44}$$

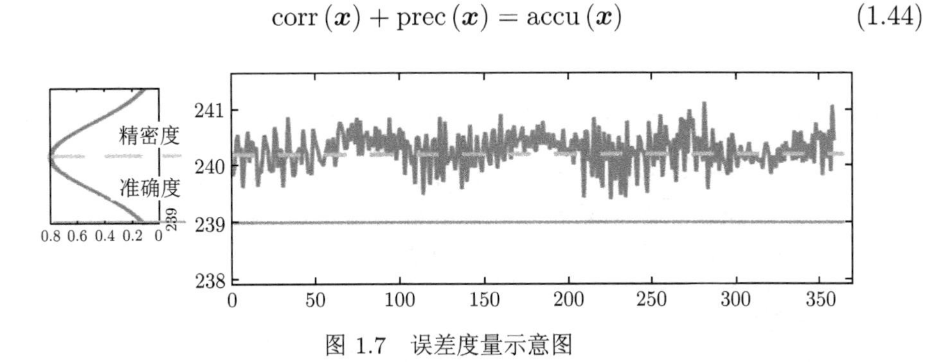

图 1.7 误差度量示意图

备注 1.6 实际上, 上述公式用统计的方法度量了数据的准确度、精密度和精确度. 还可以用概率方法准确刻画这三个概念, 即用偏差的平方、方差和均方误差分别刻画准确度、精密度和精度.

两者差别：公式 (1.43) 用离散方式刻画误差, 适合数据分析的应用; 公式 (1.45) 用连续的方式刻画误差, 适合数据分析的理论证明.

定义 1.3 若待测物理量为确定量 u, 测量误差为随机量 ε, 测量值为随机量 x, 则准确度、精密度和精确度分别为

$$\left\{\begin{array}{l}\operatorname{corr}(x)=(\mathrm{E}(x)-\mu)^2 \\ \operatorname{prec}(x)=\mathrm{E}(x-\mathrm{E}(x))^2 \\ \operatorname{accu}(x)=\mathrm{E}(x-\mu)^2\end{array}\right. \tag{1.45}$$

可以证明

$$\operatorname{corr}(x)+\operatorname{prec}(x)=\operatorname{accu}(x) \tag{1.46}$$

图 1.8 给出了准确度、精密度和精确度之间的关系. 假定被测量的真值为 $\mu=0$, 测量随机误差的方差为 $\sigma^2=1$; 测量的常值系统误差为 $\mathrm{E}(|x|^2)=1$; 准确度、精密度和精确度分别为 1, 1, 2. 注意, 随机误差还可能是负值, 图示没有表现出来.

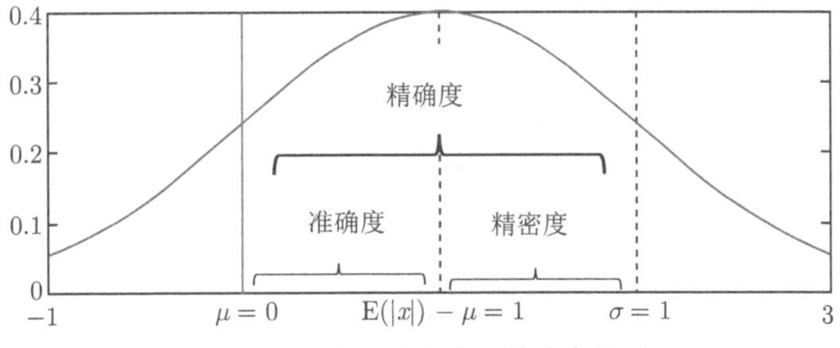

图 1.8 准确度、精密度和精确度的图示

MATLAB 代码 1.4

```
type ='norm';mu = 1; sigma = 1; x = -3:0.1:3 + mu;
fx = pdf(type,x,mu,sigma);
close all,figure, set(gcf,'position',[100,100,600,200])
plot(x,fx,'-','linewidth',2),xlim([-1,3])
tkx=get(gca,'XTick');n = 2;w=linspace(tkx(1),tkx(end),n);
xticks = get(gca, 'XTick'); xticks = round(xticks);
xticks = setdiff(xticks,[0,mu,mu+sigma]);
set(gca, 'XTick', xticks, 'XTickLabel', xticks);
    %刷新刻度, 去掉刻度值
text('Interpreter','tex','String','\mu = 0','Position',[0,-0.02],
    'horizontalAlignment', 'center');
text('Interpreter','tex','String',['E(|x|) - \mu = ',num2str(mu)],
    'Position',[mu,-0.02],'horizontalAlignment', 'center');
text('Interpreter','tex','String',['\sigma = ',num2str(sigma)],
    'Position',[mu+sigma,-0.02],'horizontalAlignment', 'center');
hold on;plot([0,0],[0,pdf(type,mu,mu,sigma)],'r-','linewidth',3)
plot([mu,mu],[0,pdf(type,mu,mu,sigma)],'k--','linewidth',2)
plot([mu+sigma,mu+sigma],[0,pdf(type,mu,mu,sigma)],'k--',
    'linewidth',2)
```

备注 1.7　若没有系统误差, 精确度等于精密度, 因此把精密度称为**狭义精度**.

经典理论多关注 "随机误差", 任何测量都存在随机误差, 可以用降噪方法抑制噪声对测量的影响. 但是, 工业生产部门更关注 "系统误差", 为了校正系统误差, 要么借助额外设备, 要么借助动力学分析, 前者称为硬冗余方法, 代价高昂, 后者称为软冗余方法, 代价比较小, 但是算法复杂. 另外, 基础研究和预先研究常关注 "过失误差", 试图通过预防措施、专家系统、人机结合系统等设计应对过失误差的方法.

误差的产生、概略分类及其处理方法见表 1.3.

表 1.3　误差的分类及其处理方法

来源	评估指标	特性	处理方法
环境误差	精密度	随机误差	抑制随机误差
方法误差	准确度	系统误差	建模校准系统误差
设备误差	精确度	过失误差	剔除过失误差
人员误差	—	—	—

1.4.2 线性误差传递

1.4.2.1 绝对误差放大倍数

下面从微分角度分析精度的传递关系. 简单起见, 设 $\boldsymbol{A}$ 的行数 m 等于列数 n, $\boldsymbol{A}$ 可逆, 且记 $\boldsymbol{B}=\boldsymbol{A}^{-1}$, $\boldsymbol{y}$ 和 $\boldsymbol{A}$ 是已知的, $\boldsymbol{x}$ 是未知的, 满足

$$\boldsymbol{y}=\boldsymbol{A}\boldsymbol{x} \tag{1.47}$$

则

$$\boldsymbol{x}=\boldsymbol{A}^{-1}\boldsymbol{y}=\boldsymbol{B}\boldsymbol{y} \tag{1.48}$$

两边微分

$$\Delta\boldsymbol{x}=\boldsymbol{A}^{-1}\Delta\boldsymbol{y}=\boldsymbol{B}\Delta\boldsymbol{y} \tag{1.49}$$

定理 1.1 对于任意可逆矩阵 $\boldsymbol{A}\in\mathbb{R}^{n\times n}$, 存在正交方阵 $\boldsymbol{U}\in n$、正交矩阵 $\boldsymbol{V}\in\mathbb{R}^{n\times n}$ 和对角矩阵 $\boldsymbol{\varLambda}=\operatorname{diag}(\lambda_1,\cdots,\lambda_n)$, 且 $\lambda_1\geqslant\cdots\geqslant\lambda_n>0$, 使得

$$\boldsymbol{A}=\boldsymbol{U}\boldsymbol{\varLambda}\boldsymbol{V}^{\mathrm{T}} \tag{1.50}$$

称式 (1.50) 为可逆矩阵 $\boldsymbol{A}$ 的奇异值分解 (Singular Value Decomposition, SVD), $\lambda_1,\cdots,\lambda_n$ 为奇异值.

对于 $\boldsymbol{y}=\boldsymbol{A}\boldsymbol{x}$, 可基于图 1.9 理解奇异值分解. $\boldsymbol{V}^{\mathrm{T}}$ 可能是反射或者旋转, $\boldsymbol{\varLambda}$ 是伸长或者压缩, $\boldsymbol{U}$ 可能是反射或者旋转. $\boldsymbol{x}$ 经过反射、伸缩、旋转三种线性变换化为 $\boldsymbol{y}$.

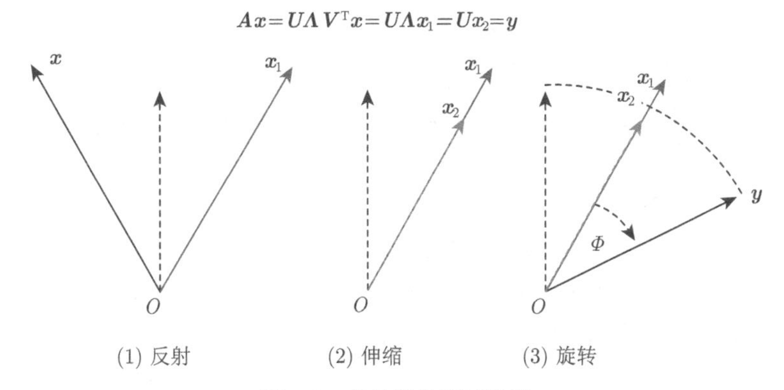

图 1.9 奇异值分解示意图

若 $\boldsymbol{U}_i$ 是 $\boldsymbol{U}$ 的第 i 列, 则 $\Delta\boldsymbol{y}$ 可以被线性表示为

$$\Delta\boldsymbol{y}=\sum_{i=1}^{n}\alpha_i\boldsymbol{U}_i=\boldsymbol{U}\boldsymbol{\alpha} \tag{1.51}$$

再由 $\boldsymbol{U}$ 的正交性可得

$$\boldsymbol{U}^{\mathrm{T}}\Delta\boldsymbol{y}=\boldsymbol{U}^{\mathrm{T}}\sum_{i=1}^{n}\boldsymbol{\alpha}_i\boldsymbol{U}_i=\boldsymbol{U}^{\mathrm{T}}\boldsymbol{U}\boldsymbol{\alpha}=\boldsymbol{\alpha} \tag{1.52}$$

记

$$\boldsymbol{\lambda}_{\mathrm{inv}}=\left[\lambda_1^{-1},\cdots,\lambda_n^{-1}\right]^{\mathrm{T}} \tag{1.53}$$

则

$$\begin{aligned}\|\Delta\boldsymbol{x}\|&=\|\boldsymbol{A}^{-1}\Delta\boldsymbol{y}\|=\|\boldsymbol{V}\boldsymbol{\Lambda}\boldsymbol{U}^{\mathrm{T}}\Delta\boldsymbol{y}\|=\|\boldsymbol{\Lambda}^{-1}\boldsymbol{\alpha}\|=\|\left[\lambda_1^{-1}\alpha_1,\cdots,\lambda_n^{-1}\alpha_n\right]\|\\&=\left\|\sqrt{\sum_{i=1}^{n}\lambda_i^{-2}\alpha_i^{-2}}\right\|\leqslant\lambda_{\min}^{-1}\left\|\sqrt{\sum_{i=1}^{n}\alpha_i^{-2}}\right\|=\lambda_{\min}^{-1}*\|\Delta\boldsymbol{y}\|\end{aligned} \tag{1.54}$$

式 (1.54) 表明 $\lambda_{\min}^{-1}$ 是测量的“绝对”误差 $\|\Delta\boldsymbol{y}\|$ 的放大“上界”. $\Delta\boldsymbol{y}$ 取 $\boldsymbol{U}$ 的最后一列 $\boldsymbol{U}_n$ (变化量刚好是最小特征值对应的特征向量), 即

$$\Delta\boldsymbol{y}=\boldsymbol{U}_n \tag{1.55}$$

不等式 (1.54) 变成等式, 可达性表明 $\lambda_{\min}^{-1}$ 是“绝对”误差 $\|\Delta\boldsymbol{y}\|$ 的放大“上确界”. 正因如此, 把 $\lambda_{\min}^{-1}$ 称为绝对条件数, 这是与后文的条件数紧密关联的一个概念.

备注 1.8 当矩阵 $\boldsymbol{A}$ 列数很大时, $\lambda_{\min}$ 往往远小于其他奇异值, 此时

$$\lambda_{\min}^{-1}<\sqrt{\sum_{i=1}^{n}\lambda_i^{-2}},\quad \lambda_{\min}^{-1}\approx\sqrt{\sum_{i=1}^{n}\lambda_i^{-2}} \tag{1.56}$$

因此, 把 $\sqrt{\sum\limits_{i=1}^{n}\lambda_i^{-2}}$ 看成“绝对”误差的“近似”放大“上确界”, 显然 $\lambda_{\min}^{-1}$ 与 $\sqrt{\sum\limits_{i=1}^{n}\lambda_i^{-2}}$ 在同一个数量级上.

定义 1.4 若 $\boldsymbol{y}=\boldsymbol{A}\boldsymbol{x}$, 矩阵的奇异值分解为 $\boldsymbol{A}=\boldsymbol{U}\boldsymbol{\Lambda}\boldsymbol{V}^{\mathrm{T}}$, 其中 $\boldsymbol{\Lambda}=\operatorname{diag}(\lambda_1,\cdots,\lambda_n)$, $\lambda_1\geqslant\cdots\geqslant\lambda_n>0$, 几何精度因子 (Geometric Dilution of Precision, GDOP) 定义式为

$$\mathrm{GDOP}=\sqrt{\sum_{i=1}^{n}\lambda_i^{-2}} \tag{1.57}$$

绝对条件数定义式为

$$\mathrm{condA}=\lambda_n^{-1} \tag{1.58}$$

若 $\langle \boldsymbol{x}, \boldsymbol{y} \rangle$ 表示向量 $\boldsymbol{x}, \boldsymbol{y}$ 的内积, 由柯西-施瓦茨不等式为

$$|\langle \boldsymbol{x}, \boldsymbol{y} \rangle| = \|\boldsymbol{x}\| \|\boldsymbol{y}\| \tag{1.59}$$

依据 $\Delta \boldsymbol{x} = \boldsymbol{A}^{-1} \Delta \boldsymbol{y} = \boldsymbol{B} \Delta \boldsymbol{y}$ 得

$$\|\Delta \boldsymbol{x}_i\|^2 \leqslant \|\Delta \boldsymbol{y}_i\|^2 * \sum_{j=1}^{n} b_{ij}^2 \tag{1.60}$$

$$\|\Delta \boldsymbol{x}\|^2 \leqslant \|\Delta \boldsymbol{y}\|^2 * \sum_{i=1}^{n} \sum_{j=1}^{m} b_{ij}^2 = \|\Delta \boldsymbol{y}\|^2 * \operatorname{trace}\left[\left(\boldsymbol{A}^{\mathrm{T}} \boldsymbol{A}\right)^{-1}\right] \tag{1.61}$$

上式也表明

$$\mathrm{GDOP} = \sqrt{\sum_{i=1}^{n} \lambda_i^{-2}} = \operatorname{trace}\left[\left(\boldsymbol{A}^{\mathrm{T}} \boldsymbol{A}\right)^{-1}\right] \tag{1.62}$$

备注 1.9 condA 与 GDOP 相比, 有下面几个优势:

(1) condA 是上确界, GDOP 是上界, 因此 condA 是评估观测几何的更精确的指标.

(2) condA $<$ GDOP, 数据处理的误差放大倍数越小越好, condA 指标更好, 对于投标方更容易中标.

1.4.2.2 相对误差放大倍数

几何精度因子是“绝对”误差的放大倍数上界, 本身带量纲, 另一种不带量纲的误差的放大倍数上界为条件数. 条件数是最大奇异值与最小奇异值的比值, 它是一种获得“相对”误差放大上界的刻画方法, 而且上界可达.

定义 1.5 若 $\boldsymbol{y} = \boldsymbol{A}\boldsymbol{x}$, 矩阵的奇异值分解为 $\boldsymbol{A} = \boldsymbol{U}\boldsymbol{\Lambda}\boldsymbol{V}^{\mathrm{T}}$, 其中 $\boldsymbol{\Lambda} = \operatorname{diag}(\lambda_1, \cdots, \lambda_n)$, $\lambda_{\max} = \lambda_1 \geqslant \cdots \geqslant \lambda_n = \lambda_{\min} > 0$, 则条件数为

$$\mathrm{cond} = \frac{\lambda_1}{\lambda_n} \tag{1.63}$$

一方面, 无误差方程 $\boldsymbol{y} = \boldsymbol{A}\boldsymbol{x}$ 的解为

$$\boldsymbol{x} = \boldsymbol{A}^{-1} \boldsymbol{y} \tag{1.64}$$

误差 $\Delta \boldsymbol{y}$ 引起解的扰动量为

$$\Delta \boldsymbol{x} = \boldsymbol{A}^{-1} \Delta \boldsymbol{y} \tag{1.65}$$

在 2-范数的意义下, 有

$$\|\Delta \boldsymbol{x}\| \leqslant \|\boldsymbol{A}^{-1}\|\|\Delta \boldsymbol{y}\| = \lambda_{\min}^{-1}\|\Delta \boldsymbol{y}\| \tag{1.66}$$

$$\|\boldsymbol{y}\| \leqslant \|\boldsymbol{A}\|\|\boldsymbol{x}\| = \lambda_{\max}\|\boldsymbol{x}\| \tag{1.67}$$

得

$$\frac{\|\Delta \boldsymbol{x}\|}{\|\boldsymbol{x}\|} \leqslant \frac{\lambda_{\min}^{-1}}{\lambda_{\max}^{-1}} * \frac{\|\Delta \boldsymbol{y}\|}{\|\boldsymbol{y}\|} = \mathrm{cond} * \frac{\|\Delta \boldsymbol{y}\|}{\|\boldsymbol{y}\|} \tag{1.68}$$

另一方面, 若 $\boldsymbol{y}$ 取 $\boldsymbol{U}$ 矩阵的第一列 $\boldsymbol{U}_1$, $\Delta\boldsymbol{y}$ 取 $\boldsymbol{U}$ 的最后一列 $\boldsymbol{U}_n$ (变化量刚好是最小特征值对应的特征向量), 即

$$\begin{cases} \boldsymbol{y} = \boldsymbol{U}_1 \\ \Delta \boldsymbol{y} = \boldsymbol{U}_n \end{cases} \tag{1.69}$$

则

$$\begin{aligned} \frac{\|\Delta \boldsymbol{x}\|}{\|\boldsymbol{x}\|} &= \frac{\|\boldsymbol{A}^{-1}\Delta \boldsymbol{y}\|}{\|\boldsymbol{A}^{-1}\boldsymbol{y}\|} = \frac{\|\boldsymbol{A}^{-1}\boldsymbol{U}_n\|}{\|\boldsymbol{A}^{-1}\boldsymbol{U}_1\|} = \frac{\|\boldsymbol{\Lambda}^{-1}\boldsymbol{U}^{\mathrm{T}}\boldsymbol{U}_n\|}{\|\boldsymbol{\Lambda}^{-1}\boldsymbol{U}^{\mathrm{T}}\boldsymbol{U}_1\|} \\ &= \frac{\lambda_{\min}^{-1}}{\lambda_{\max}^{-1}} = \frac{\lambda_{\min}^{-1}}{\lambda_{\max}^{-1}}\frac{\|\Delta \boldsymbol{y}\|}{\|\boldsymbol{y}\|} = \mathrm{cond} * \frac{\|\Delta \boldsymbol{y}\|}{\|\boldsymbol{y}\|} \end{aligned} \tag{1.70}$$

上式表明“相对”误差放大倍数上界 cond 是可达的.

总之, 三个误差传递的定义式和几何意义见表 1.4.

表 1.4　常用的误差传递表达式

	记号	定义式	几何意义
条件数	cond	$\dfrac{\lambda_1}{\lambda_n}$	“相对” 误差放大倍数的 “上确界”
绝对条件数	condA	$\dfrac{1}{\lambda_n}$	“绝对” 误差放大倍数的 “上确界”
几何精度因子	GDOP	$\sqrt{\sum\limits_{i=1}^{n}\lambda_i^{-2}}$	近似 “绝对” 误差放大倍数的 “上确界”

例 1.14　若 $\boldsymbol{y} = \boldsymbol{A}\boldsymbol{x}$ 中 $\boldsymbol{A} = \begin{bmatrix} 10 & 0 \\ 0 & 0.1 \end{bmatrix}$, $\boldsymbol{y} = \begin{bmatrix} 1 \\ 0 \end{bmatrix}$, 则 $\boldsymbol{A}$ 奇异值分解为 $\boldsymbol{A} = \boldsymbol{I}_2 \begin{bmatrix} 10 & 0 \\ 0 & 0.1 \end{bmatrix} \boldsymbol{I}_2$, 条件数为 $\mathrm{cond} = \lambda_{\max}/\lambda_{\min} = \dfrac{10}{0.1} = 100$, 方程解为

$\boldsymbol{x}=\begin{bmatrix}0.1\\0\end{bmatrix}$.

若噪声为 $\Delta\boldsymbol{y}=\begin{bmatrix}0\\0.1\end{bmatrix}$, 受噪声影响 $\boldsymbol{y}+\Delta\boldsymbol{y}=\boldsymbol{A}\boldsymbol{x}$ 的解为 $\boldsymbol{x}+\Delta\boldsymbol{x}=\begin{bmatrix}0.1\\1\end{bmatrix}$, 即解的扰动为 $\Delta\boldsymbol{x}=\begin{bmatrix}0\\1\end{bmatrix}$, 此时, $\dfrac{\|\Delta\boldsymbol{x}\|}{\|\boldsymbol{x}\|}=100\dfrac{\|\Delta\boldsymbol{y}\|}{\|\boldsymbol{y}\|}=\mathrm{cond}*\dfrac{\|\Delta\boldsymbol{y}\|}{\|\boldsymbol{y}\|}$, 可以发现解的"**相对**"扰动是观测"**相对**"扰动的 100 倍, 倍数正好是条件数 cond.

最小特征值的倒数为 $\lambda_{\min}^{-1}=1/0.1=10$, $\|\Delta\boldsymbol{x}\|=10\|d\boldsymbol{y}\|=\lambda_{\min}^{-1}\|d\boldsymbol{y}\|$, 可以发现解的"绝对"扰动是观测"绝对"扰动的 10 倍, 倍数正好是条件数 $\lambda_{\min}^{-1}$.

备注 1.10 对于 $m>n$ 的情形, 第 4 章将用线性最小二乘估计等工具刻画精度的传递关系.

1.4.3 非线性误差传递

下面从统计角度分析精度的传递关系, 简单起见, 设组合测量的方程数 m 等于未知数的个数 n. 假定一般的组合测量为

$$\begin{cases}y_1=f_1(x_1,\cdots,x_n)\\ \qquad\cdots\cdots\\ y_n=f_n(x_1,\cdots,x_n)\end{cases}\tag{1.71}$$

测量值 $\{y_i\}_{i=1}^n$ 的随机误差为 $\{\delta_{y_i}\}_{i=1}^n$, 经解算得

$$\begin{cases}x_1=g_1(y_1,\cdots,y_n)\\ \qquad\cdots\cdots\\ x_n=g_n(y_1,\cdots,y_n)\end{cases}\tag{1.72}$$

则解算值 $\{x_i\}_{i=1}^n$ 的随机误差 $\{\delta_{x_i}\}_{i=1}^n$ 可以表示为

$$\delta_{x_i}=\frac{\partial g_i}{\partial y_1}\delta_{y_1}+\cdots+\frac{\partial g_i}{\partial y_n}\delta_{y_n}\quad(i=1,2,\cdots,n)\tag{1.73}$$

所以

$$\delta_{x_i}^2\leqslant\sum_{j=1}^n\left(\frac{\partial g_i}{\partial y_j}\right)^2\sum_{j=1}^n\delta_{y_j}^2\tag{1.74}$$

两边求和得

$$\sum_{i=1}^n\delta_{x_i}^2\leqslant\sum_{i=1}^n\left(\sum_{j=1}^n\left(\frac{\partial g_i}{\partial y_j}\right)^2\sum_{j=1}^n\delta_{y_j}^2\right)=\sum_{j=1}^n\delta_{y_j}^2*\sum_{i=1}^n\sum_{j=1}^n\left(\frac{\partial g_i}{\partial y_j}\right)^2\tag{1.75}$$

也就是说 $\sum_{i=1}^{n}\sum_{j=1}^{n}\left(\frac{\partial g_i}{\partial y_j}\right)^2$ 是随机误差 $d\boldsymbol{y}$ 的放大倍数的上界的平方.

备注 1.11 值得注意的是, 只有在极特殊的情况下上界才是可达的, 这意味着如果某算法利用 $\boldsymbol{y}$ 求解 $\boldsymbol{x}$, 解算误差的放大倍数居然达到或者超过上界 $\sum_{i=1}^{n}\sum_{j=1}^{n}\left(\frac{\partial g_i}{\partial y_j}\right)^2$, 那么我们有理由认为该算法出现了错误.

备注 1.12 对于 $m > n$ 的情形, 第 5 章将用非线性最小二乘估计、雅可比矩阵等工具刻画精度的传递关系.

第 2 章　数据的视图

数据是数据处理的对象, 数据处理的实质是按一定的视角把数据投射到某个用户需求的视图 (View) 中, 从而得到原始数据所蕴含的局部信息. 因此, 数据处理的任何一个步骤不可能增加先验以外的信息. 相反地, 数据投射会导致测量空间信息的损失. 如果数据处理过程可以逆转, 那么信息不会增多; 否则, 数据处理过程不能逆转, 信息必然减少.

如图 2.1 所示, 我们把数据视图分解为分析视图、表格视图、决策视图、可视化视图. 其中分析视图以导数、函数、积分的形式表现数据包含的信息; 数据表格视图以矩阵的形式表现数据信息; 决策视图以参数和判别的形式表现数据信息; 可视化视图以曲线、曲面、颜色、形状等表现数据信息.

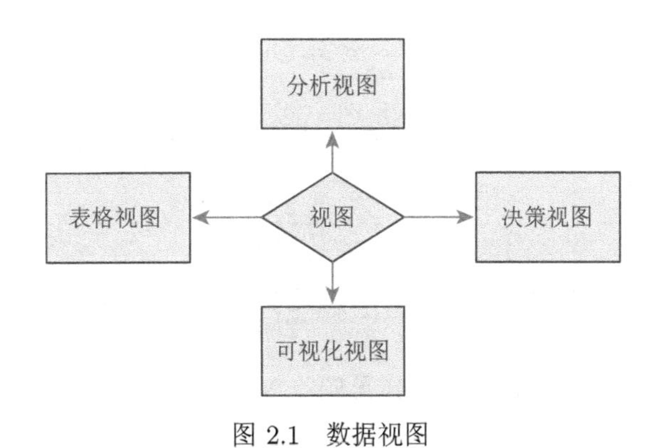

图 2.1　数据视图

2.1　分 析 视 图

从分析视角看, 我们把数据包含的信息大致分为三类: 微分信息、采样信息、积分信息, 下面介绍分析视图的相关理论.

2.1.1　微分信息

如果函数 $f(x)$ 足够平滑, 且已知函数在某一点 x_0 的各阶导数值 $\{f^{(0)}(x_0), f^{(1)}(x_0), \cdots, f^{(n)}(x_0)\}$, 泰勒公式可以利用这些导数值构建一个多项式近似函数 $P_n(x)$, 从而求得邻域 $\{x||x-x_0|<\delta\}$ 内任意一点 $f(x)$ 的近似值.

定理 2.1　假定 $f(x)$ 在 x_0 的邻域内 $n+1$ 次可微, $f^{(i)}(x_0)\,(i=0,1,2,\cdots,n)$ 为 $f(x_0)$ 在 x_0 处的 i 阶导数值, 则 $f(x)$ 在 x_0 的邻域内可近似为

$$f(x)=P_n(x)+R_n(x) \tag{2.1}$$

其中

$$\begin{cases} P_n(x)=f(x_0)+\dfrac{1}{1!}f^{(1)}(x_0)(x-x_0)+\cdots+\dfrac{1}{n!}f^{(n)}(x_0)(x-x_0)^n \\ R_n(x)=O((x-x_0)^n) \end{cases} \tag{2.2}$$

而且存在 x 和 x_0 之间的数字 ξ 使得

$$R_n(x)=\frac{f^{n+1}(\xi)}{(n+1)!}(x-x_0)^{n+1} \tag{2.3}$$

$P_n(x)$ 称为 $f(x)$ 的 n 阶泰勒展式, $R_n(x)$ 称为 $f(x)$ 的余项. 若 $x_0=0$, 则称 (2.1) 为带有佩亚诺余项的麦克劳林公式, 常见初等函数的带有佩亚诺余项的麦克劳林公式如下:

$$\begin{cases} \mathrm{e}^x=1+x+\dfrac{1}{2!}x^2+\cdots+\dfrac{1}{n!}x^n+O(x^n) \\ \ln(1+x)=x-\dfrac{1}{2}x^2+\dfrac{1}{3}x^3-\dfrac{1}{4}x^4+\cdots+\dfrac{(-1)^n}{n}x^n+O(x^n) \\ \sin x=x-\dfrac{1}{3!}x^3+\dfrac{1}{5!}x^5+\cdots+\dfrac{(-1)^n}{(2n+1)!}x^{2n+1}+O(x^{2n+1}) \\ \cos x=1-\dfrac{1}{2!}x^2+\dfrac{1}{4!}x^4+\cdots+\dfrac{(-1)^n}{(2n)!}x^{2n}+O(x^{2n}) \end{cases} \tag{2.4}$$

余弦函数和指数函数的泰勒展式见图 2.2 和图 2.3.

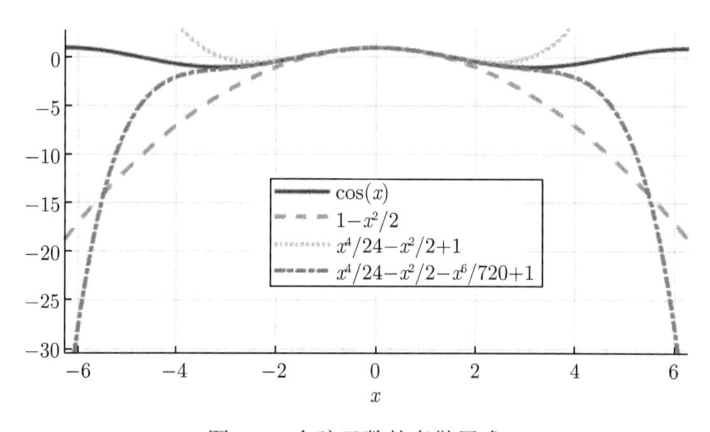

图 2.2　余弦函数的泰勒展式

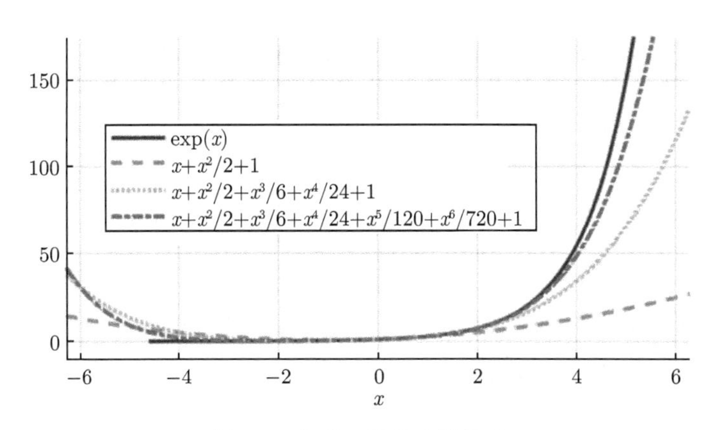

图 2.3 指数函数的泰勒展式

MATLAB 代码 2.1

```
close all,figure, set(gcf,'position',[100,100,600,300])
color = {'k','r','g','b','m','y'};
linestyle = {'-','--',':','-.','none'};
markerstyle = {'','','','.','',''};
hold on; syms x,fx  = exp(x);% fx  = exp(x)
fig = ezplot(fx)
set(fig,'color',color{1},'linestyle',linestyle{1},'linewidth',2)
titles = {};temp = get(gca,'title');titles=[titles, temp.String]
for n=3:2:7
    Pn=taylor(fx,'Order',n), hold on
    fig = ezplot(Pn),set(fig,'color',color{(n+1)/2},'linestyle',
        linestyle{(n+1)/2},'linewidth',2)
    temp = get(gca,'title');     titles = [titles, temp.String]
end
grid on; legend(titles); title(''), xlim([0,4.5]); ylim([-0,60])
    % exp(x)
```

泰勒公式在数据处理中的作用主要包括:

(1) 函数逼近. 多项式是最简单的初等函数, 其运算包括有限个加法和乘法, 余项是 $(x-x_0)^n$ 的高阶小量. 这意味着, 只要阶数 n 足够大, 就可以用多项式逼近未知函数. 例如, 尽管我们能理解余弦函数 $\cos(x)$ 的几何意义, 即直角边与斜边的比值, 但是我们却很难获得 $\cos(x)$ 的确切取值, 如 $\cos(0.5)$. 泰勒展式可以以任意精度计算 $\cos(0.5)$. 例如, 若精度要求为 0.01, 因 $0.5^4/4! = 0.0026$, 故有道理认为 $\cos(0.5) \approx 1-0.5^2/2$; 若精度要求为 0.0001, 则有道理认为 $\cos(0.5) \approx 1-0.5^2/2+0.5^4/24$.

(2) 求非线性方程 $y = f(x)$ 的近似解. 对于一阶泰勒展式

$$y \approx f(x_0) + f^{(1)}(x_0)(x - x_0) \tag{2.5}$$

则如下近似解是合理的

$$x \approx x_0 + \left[f^{(1)}(x_0)\right]^{-1}[y - f(x_0)] \tag{2.6}$$

更精确的近似解参考第 5 章.

泰勒级数利用了 x_0 处的微分信息 $\left\{f^{(0)}(x_0), f^{(1)}(x_0), \cdots, f^{(n)}(x_0)\right\}$, 应用要求如下:

(1) 要求 $f(x)$ 是显函数, 即 f 的结构是已知的;

(2) 要求 $f(x)$ 在 x_0 的邻域内可导.

对于不可导, 甚至不连续的函数, 泰勒展式的信息要求太苛刻, 往往不能直接应用. 另外, 差分容易导致噪声膨胀, 这进一步限制了泰勒展式在函数逼近中的应用.

例 2.1 如图 2.4 所示, 设 $f(x)$ 是定义在 $[0,1]$ 上的方波函数, 在 $[1/4, 3/4]$ 上取值为 1, 在 $[0, 1/4)$ 和 $(3/4, 1]$ 上取值为 0. 该方波函数导数在 $[0,1]$ 上 "几乎处处" 为 0, 且在 1/4 和 3/4 不可导. 因此无法用泰勒级数逼近方波函数.

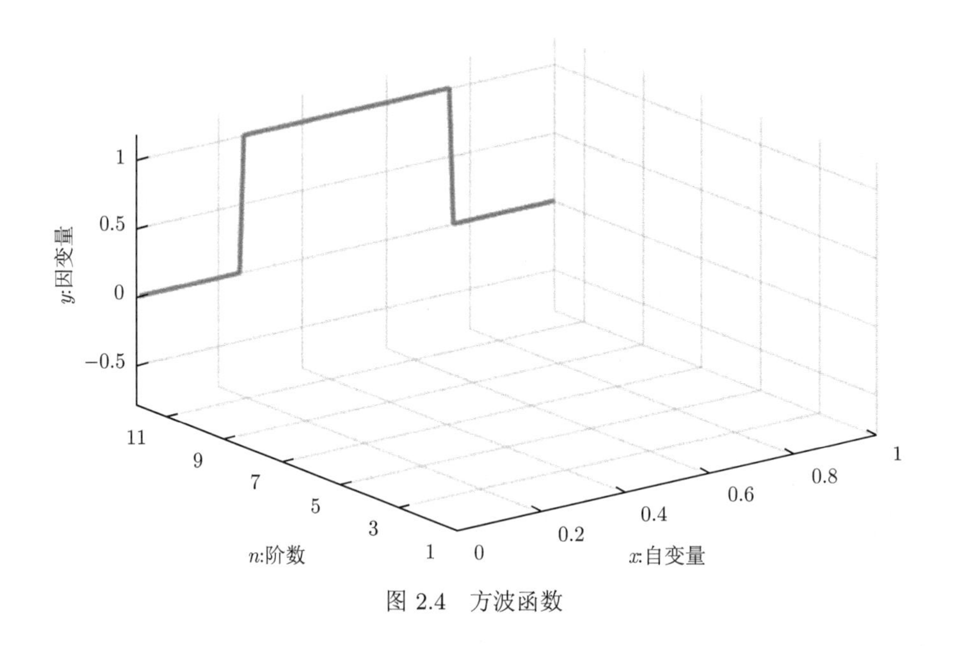

图 2.4 方波函数

2.1.2 采样信息

泰勒展式需要用到在某一点 x_0 的微分信息 $\{f^{(0)}(x_0), f^{(1)}(x_0), \cdots, f^{(n)}(x_0)\}$, 而且要求函数的结构 f 是已知的. 而插值不要求微分信息, 也不要求函数的结构 f 是已知的, 只需要有限个采样点上的取值 $\{f(x_1), \cdots, f(x_n)\}$. 插值公式就是用函数的多点采样信息描述其邻域取值的公式. 更确切地说, 在给定某些点 $\{x_1, \cdots, x_n\}$ 的采样值 $\{f(x_1), \cdots, f(x_n)\}$ 的条件下, 插值公式可以构建一个多项式近似函数, 求得在区间 $[x_1, x_n]$ 内的任意值.

2.1.2.1 拉格朗日插值

定理 2.2 已知 $f(x)$ 在 $[0,1]$ 中 $n+1$ 个不同点 $\{x_1, \cdots, x_{n+1}\}$ 处的值 $\{f(x_1), \cdots, f(x_{n+1})\}$, 且 n 次拉格朗日插值多项式定义为

$$P_n(x) = \sum_{i=1}^{n+1} f(x_i)\, l_i(x) \tag{2.7}$$

其中 $l_i(x)\,(i = 1, 2, \cdots, n+1)$ 是 n 次多项式, 如下

$$l_i(x) = \frac{(x - x_1)\cdots(x - x_{i-1})(x - x_{i+1})\cdots(x - x_{n+1})}{(x_i - x_1)\cdots(x_i - x_{i-1})(x_i - x_{i+1})\cdots(x_i - x_{n+1})} \tag{2.8}$$

则有

$$P_n(x_i) = f(x_i) \quad (i = 1, 2, \cdots, n+1) \tag{2.9}$$

上述定理不证自明.

定理 2.3 设 $f(x) \in C^{n+1}[0,1]$, 即 f 是 $n+1$ 次连续可微函数, 给定 $f(x)$ 在 $[0,1]$ 中 $n+1$ 个不同点 $\{x_1, \cdots, x_{n+1}\}$ 处的值 $\{f(x_1), \cdots, f(x_{n+1})\}$, $P_n(x)$ 为 n 次拉格朗日插值多项式, 则对任意 $x \in [0,1]$, 存在 $\xi \in (0,1)$, 使得

$$f(x) - P_n(x) = \frac{w(x)}{(n+1)!} f^{(n+1)}(\xi) \tag{2.10}$$

其中 $w(x) = (x - x_1)(x - x_2)\cdots(x - x_{n+1})$.

证明 令

$$F(z) = f(z) - P_n(z) - \frac{w(z)}{w(x)}[f(x) - P_n(x)] \tag{2.11}$$

则有

$$F(x_1) = \cdots = F(x_{n+1}) = F(x) = 0 \tag{2.12}$$

上式说明 $F(z)$ 在 $[0,1]$ 上至少有 $n+2$ 个零点 $\{x_1,\cdots,x_{n+1},x\}$; 罗尔定理表明 $F^{(1)}(z)$ 在 $[0,1]$ 上至少有 $n+1$ 个零点; 类似地, $F^{(2)}(z)$ 在 $[0,1]$ 上至少有 n 个零点; 依次类推, $F^{(n+1)}(z)$ 在 $[0,1]$ 上至少有 1 个零点 ξ, 于是

$$0=F^{(n+1)}(\xi)=f^{(n+1)}(\xi)-0-\frac{(n+1)!}{w(x)}(f(x)-P_n(x)) \tag{2.13}$$

从而定理得证.

例 2.2　前面的例子表明, 泰勒级数无法有效逼近方波函数, 而拉格朗日插值多项式具有一定的逼近效果, 如图 2.5 所示.

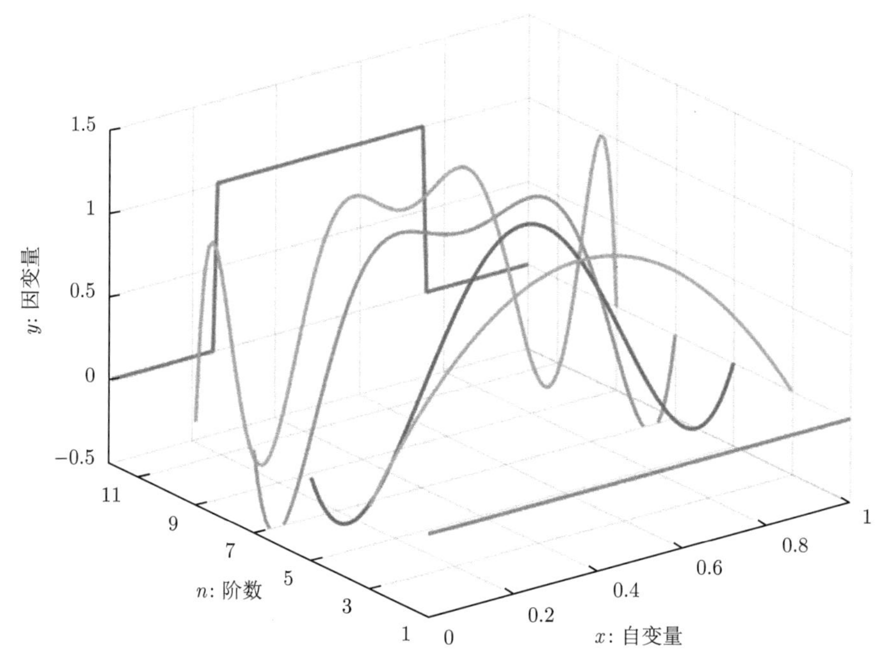

图 2.5　拉格朗日插值多项式逼近方波函数

但是, 函数在 1/4, 3/4 不可导, 导致拉格朗日插值多项式随着样本点 n 的增大, 不稳定性逐渐增强. 尽管在插值点处其逼近误差为 0, 但是非插值点处的逼近误差却非常大, 这就是插值问题中的龙格现象 (Runge Phenomenon).

MATLAB 代码 2.2

```
function test()
clc;clear;close all;
m = 100; n=10; %样本的容量 %阶数
Y = [zeros(1+m/4,1);ones(m/2,1);zeros(m/4,1)];t = [0:m]'/m;
figure;grid on,hold on;view(3);
```

```
plot3(t,(n+2)*ones(size(t)), Y,'linewidth',2);
xlabel('x: 自变量'); ylabel('n: 阶数'); zlabel('y: 因变量');
    axis('tight');
zlim([-0.8 1.2]); ylim([1 n+2]); set(gca,'ytick', 1:2:n+2);
T = 1;syms x;
for i=1:2:n %当i是偶数时,傅里叶系数等于0
    sample = [0:i]'/i; %等距采样
    index = indexHZM(sample,t);
    index = sort(index);
    F = 0;     w = 1;
    for k = 0:i, w = w*(x - (index(k+1)-1) / m); end
    for k = 0:i
        temp1 = (w/(x - (index(k+1)-1) / m));
        temp2 = subs(temp1,(index(k+1)-1) / m);
        temp = temp1 / temp2; F = F+ Y(index(k+1)) * temp;
    end
    F = subs(F,t);plot3(t,i*ones(size(t)), F,'linewidth',2);
end

function index = indexHZM(y,Y)
% 从向量Y中找到与向量/数量y最近的分量的下标index
n = size(y,1);
index = ones(n,1);
for i =1:n
    temp = abs(Y-y(i));
    [~,index(i)] = min(temp);
end
```

2.1.2.2 伯恩斯坦逼近

定理 2.4 若 $f(x) \in C[0,1]$, 即 f 是连续函数, $x_1 = \dfrac{0}{n}, x_2 = \dfrac{1}{n}, x_3 = \dfrac{2}{n}, \cdots, x_{n+1} = \dfrac{n}{n}$, 且

$$B_n(x) = \sum_{i=1}^{n} f(x_i)\, \mathrm{C}_n^{i-1} x^n (1-x)^{n-i+1} \tag{2.14}$$

则对任意 $x \in [0,1]$, $B_n(x)$ 收敛到 $f(x)$.

表 2.1 给出了拉格朗日插值与伯恩斯坦逼近的差别.

例 2.3 前面的例子表明, 泰勒级数无法有效逼近方波函数, 拉格朗日插值多项式也可能会出现龙格现象, 而伯恩斯坦逼近效果相对更好, 见图 2.6.

表 2.1　拉格朗日插值与伯恩斯坦逼近

相同点：都依赖采样信息		不同点	
$\{f(x_1), \cdots, f(x_{n+1})\}$	$P_n(x) \to f(x)$	不一定均匀采样	$P_n(x_i) = f(x_i)$
$\{f(x_1), \cdots, f(x_{n+1})\}$	$B_n(x) \to f(x)$	均匀采样	$B_n(x_i) \neq f(x_i)$

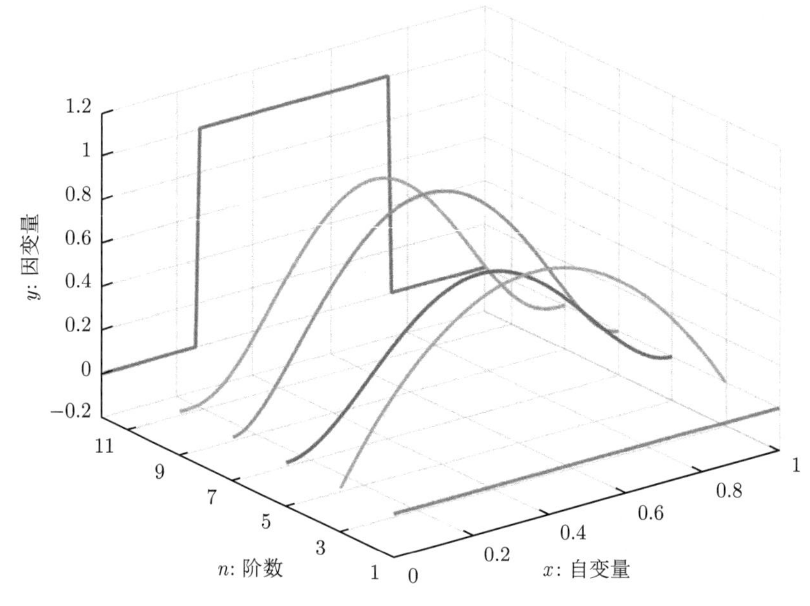

图 2.6　伯恩斯坦多项式逼近方波函数

逼近效果是否还有改进空间呢？我们将在 2.1.3 小节继续讨论函数逼近问题，并利用积分信息改进逼近效果.

MATLAB 代码 2.3

```
function test()
clc;clear;close all;
m = 100; n=10; %样本的容量  %阶数
Y = [zeros(1+m/4,1);ones(m/2,1);zeros(m/4,1)];t = [0:m]'/m;
figure;grid on,hold on;view(3);
plot3(t,(n+2)*ones(size(t)), Y,'linewidth',2);
xlabel('x: 自变量'); ylabel('n: 阶数'); zlabel('y: 因变量');
    axis('tight');
zlim([-0.8 1.2]); ylim([1 n+2]); set(gca,'ytick', 1:2:n+2);
T = 1;syms x;
for i=1:2:n %当i是偶数时,傅里叶系数等于0
    index = indexHZM([0:i]'/i,t);
```

```
    F = 0;
    for k = 0:i
        F = F + Y(index(k+1)) * nchoosek(i,k) * x^k *(1-x)^(i-k);
    end
    F = subs(F,t);
    plot3(t,i*ones(size(t)), F,'linewidth',2);
end
function index = indexHZM(y,Y)
% 从向量Y中找到与向量/数量y最近的分量的下标index
n = size(y,1);
index = ones(n,1);
for i =1:n
    temp = abs(Y-y(i));
    [~,index(i)] = min(temp);
end
```

2.1.2.3 一元一次插值

如图 2.7 所示, 已知直线上两个点 $\{x_1, x_2\}$, 对应的函数值为 $\{f(x_1), f(x_2)\}$, 在 $\{x_1, x_2\}$ 中间插入一个插值点 x, 满足

$$x = \lambda x_1 + (1-\lambda) x_2, \quad \lambda = \frac{x_2 - x}{x_2 - x_1} \tag{2.15}$$

则一维插值公式为

$$\hat{f}(x) = \lambda f(x_1) + (1-\lambda) f(x_2) \tag{2.16}$$

若 $\lambda \in [0,1]$, 称上述公式为**内插公式**; 否则, 为**外插公式**. 若无特别说明, 一般指内插公式.

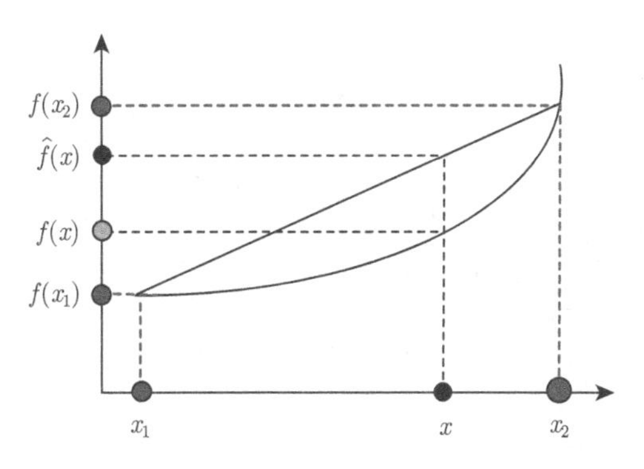

图 2.7 一维插值示意图

备注 2.1　如图 2.7 所示, 若真实曲线是下凸的, 则插值 $\hat{f}(x)$ 比真值 $f(x)$ 大; 否则, 插值 $\hat{f}(x)$ 比真值 $f(x)$ 小.

例 2.4　大气密度 ρ 与音速 v_s 是关于海拔 H 的函数, 可以用一维插值对大气密度 ρ 和音速 v_s 建模. 文件 "`atmosphere.txt`" 保存了不同海拔对应参数的数据, 利用插值方法可以计算任意海拔下不同参数的数据, 如图 2.8 所示. 值得注意的是, 当海拔大于最大值或者小于最小值时, 可以用外插公式, 也可以采用边界值.

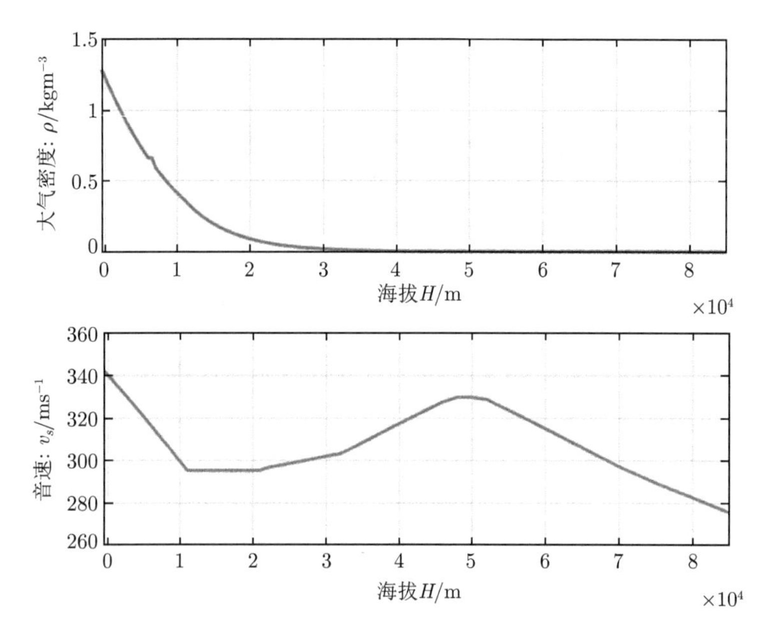

图 2.8　不同海拔对应的大气密度、音速插值示意图

MATLAB 代码 2.4
```
%% 下载标准大气数据
atmosphere = load('atmosphere.txt');
%% 画图
title={'海拔H/m','温度: T/K','压强: P/Pa','大气密度: ρ/kgm^{-3}','分
    子数:  n/m^{-3}','平均每秒碰撞次数: ν/s^{-1}', '平均自由程:
    l/m','绝对黏度: η/Pas','W/m^{-1}K^{-1}','音速: v_s/ms^{-1}',
    '重力加速度: g/ms^{-2}'};
Index = [1,4,10];min = 10;max = 79;figureHZM;
for i = 2:length(Index)
    subplot(2,1,i-1)
```

```
plot(atmosphere(min:max,1),atmosphere(min:max,Index(i)),'-',
    'linewidth',2);
    xlim([atmosphere(min,1),atmosphere(max,1)]);
    ylabel(title{Index(i)});    xlabel(title{1}); grid on;
end
```

2.1.2.4 二元一次插值

如图 2.9 所示, 已知平面上四个点

$$\{Q_{11}(x_1,y_1),Q_{12}(x_1,y_2),Q_{21}(x_2,y_1),Q_{22}(x_2,y_2)\} \tag{2.17}$$

对应的函数值为 $\{f(Q_{11}),f(Q_{12}),f(Q_{21}),f(Q_{22})\}$, 插值点为 $P(x,y)$.

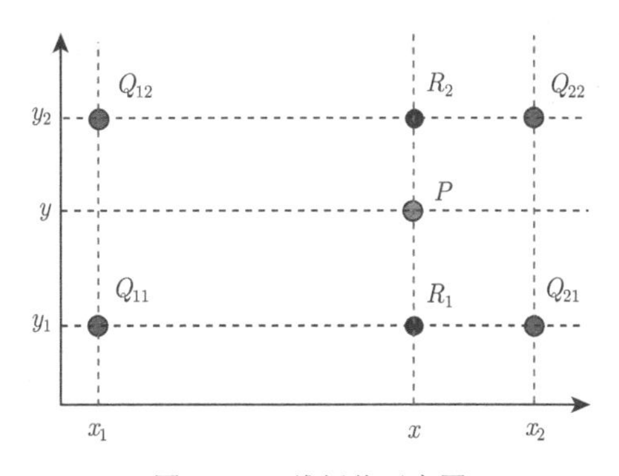

图 2.9 二维插值示意图

首先, 求点 $R_1(x,y_1)$ 和点 $R_2(x,y_2)$ 处的插值, 因

$$x=\lambda x_1+(1-\lambda)x_2,\quad \lambda=\frac{x_2-x}{x_2-x_1} \tag{2.18}$$

故由一维插值公式可得

$$\begin{cases} f(R_1)=\lambda f(Q_{11})+(1-\lambda)f(Q_{21}) \\ f(R_2)=\lambda f(Q_{12})+(1-\lambda)f(Q_{22}) \end{cases} \tag{2.19}$$

因

$$y=\alpha y_1+(1-\alpha)y_2,\quad \alpha=\frac{y_2-y}{y_2-y_1} \tag{2.20}$$

故由一维插值公式可得

$$f(P)=\alpha f(R_1)+(1-\alpha)f(R_2) \tag{2.21}$$

综上, 把 $\{f(R_1),f(R_2)\}$ 代入 $f(P)$ 得

$$f(P) = \alpha f(Q_{11})\lambda + \alpha f(Q_{21})(1-\lambda) + (1-\alpha) f(Q_{12})\lambda + (1-\alpha) f(Q_{22})(1-\lambda) \tag{2.22}$$

插值公式也可以写成矩阵乘法的形式

$$\begin{aligned} f(P) &= [\alpha, 1-\alpha] \begin{bmatrix} f(Q_{11}) & f(Q_{21}) \\ f(Q_{12}) & f(Q_{22}) \end{bmatrix} \begin{bmatrix} \lambda \\ 1-\lambda \end{bmatrix} \\ &= [\lambda, 1-\lambda] \begin{bmatrix} f(Q_{11}) & f(Q_{12}) \\ f(Q_{21}) & f(Q_{22}) \end{bmatrix} \begin{bmatrix} \alpha \\ 1-\alpha \end{bmatrix} \end{aligned} \tag{2.23}$$

例 2.5 阻力系数 C 是关于海拔 H 和马赫数 M 的二元函数, 可以用双线性插值方法对阻力系数 C 建模. 矩阵 Cx0 保存了不同海拔、不同马赫数的阻力系数. 利用插值方法可以计算任意海拔、任意马赫数对应的阻力系数, 如图 2.10 所示. 值得注意的是, 当海拔大于最高海拔、速度大于最大马赫数时, 可以采用边界值.

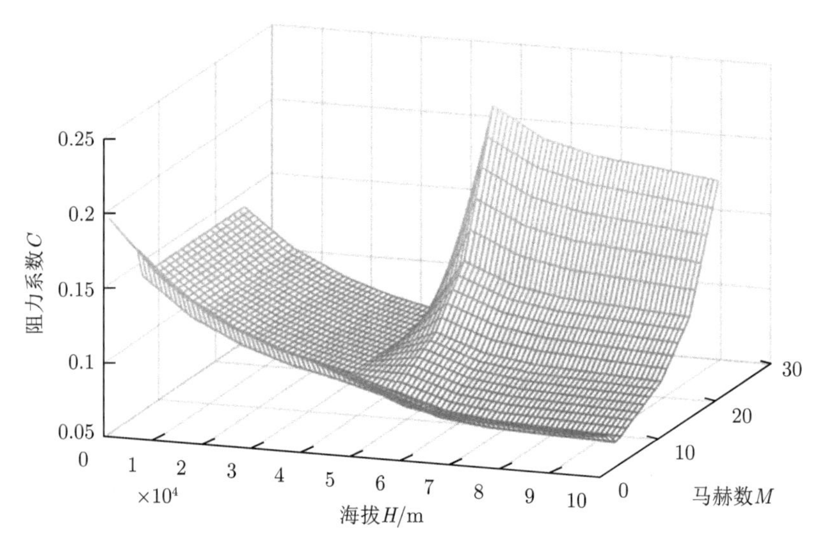

图 2.10 阻力系数插值示意图

MATLAB 代码 2.5

```
%空气阻力系数表中高度的范围
Height0 = 0:10000:80000;
%空气阻力系数表中速度的范围
Ma0 = [4 5 6 7 8 10 15 20 25];
%空气阻力系数表
```

```
Cx0 = [0.1733 0.1663 0.1613 0.1406 0.1406 0.1406 0.1406 0.1406
        0.1406;
    0.1416 0.1358 0.1319 0.1154 0.1154 0.1154 0.1154 0.1154
        0.1154;
    0.1214 0.1167 0.1135 0.0996 0.0996 0.0996 0.0996 0.0996
        0.0996;
    0.1079 0.1036 0.1009 0.0887 0.0887 0.0887 0.0887 0.0887
        0.0887;
    0.0985 0.0945 0.0921 0.0811 0.0811 0.0811 0.0811 0.0811
        0.0811;
    0.0871 0.0836 0.0814 0.0718 0.0739 0.0804 0.0955 0.1304
        0.2216;
    0.0749 0.0719 0.0701 0.0616 0.0636 0.0697 0.0839 0.1168
        0.2025;
    0.0700 0.0672 0.0656 0.0575 0.0595 0.0654 0.0791 0.1109
        0.1939;
    0.0684 0.0657 0.0640 0.0562 0.0581 0.0639 0.0773 0.1085
        0.1897];
%网格
[Height0,Ma0] = ndgrid(Height0,Ma0);
%插值获得模型, nearest, linear, spline, cubic
F = griddedInterpolant(Height0,Ma0,Cx0,'linear');
%取值,目标不超过100km高, 速度不超过25马赫
[Xq,Yq] = meshgrid(0:1000:95000,1:25);
Vq = F(Xq,Yq);
%画图
figure;grid on,hold on;view(3);mesh(Xq,Yq,Vq);
xlabel('高程H/m'),ylabel('马赫数M'),zlabel('阻力系数C')
```

2.1.3 积分信息

对于区间 $[x_0, x_0+T]$ 上的可积函数 $f(x)$, 若傅里叶系数存在, 即下式存在

$$\begin{cases} a_k = \dfrac{2}{T}\displaystyle\int_{x_0}^{x_0+T} f(x)\cos\left(\dfrac{2\pi kx}{T}\right)dx \\ b_k = \dfrac{2}{T}\displaystyle\int_{x_0}^{x_0+T} f(x)\sin\left(\dfrac{2\pi kx}{T}\right)dx \end{cases} \tag{2.24}$$

则 $f(x)$ 可以表示成不同频率的正弦、余弦之和的形式, 如下

$$f(x) = \frac{a_0}{2} + \sum_{k=1}^{\infty} a_k \cos\left(\frac{2\pi kx}{T}\right) + b_k \sin\left(\frac{2\pi kx}{T}\right) \tag{2.25}$$

备注 2.2　实际上, a_k 和 b_k 分别是 $f(x)$ 在基函数 $\cos\left(\frac{2\pi kx}{T}\right)$ 和 $\sin\left(\frac{2\pi kx}{T}\right)$ 上的投影系数. 上式表明 $f(x)$ 是基函数 $\left\{1, \cos\left(\frac{2\pi kx}{T}\right), \sin\left(\frac{2\pi kx}{T}\right)\right\}_{k=1}^{\infty}$ 的线性组合.

总结微分信息、采样信息和积分信息下的逼近公式如表 2.2 所示.

表 2.2　不同逼近方法的统计表

逼近方法	泰勒级数	拉格朗日插值	伯恩斯坦逼近	傅里叶级数
发明人	英国泰勒	法国拉格朗日	苏联伯恩斯坦	法国傅里叶
条件	连续可微	连续可微	连续	可积
记号	C^k	C^k	C^0	C^{-1}

例 2.6　已经表明, $f(x)$ 是定义在 $[0,1]$ 上的方波函数, 在 $[1/4, 3/4]$ 上取值为 1, 在 $[0, 1/4)$ 和 $(3/4, 1]$ 上取值为 0. 泰勒级数无法有效逼近方波函数, 拉格朗日插值多项式也可能会出现龙格现象, 而伯恩斯坦多项式逼近效果相对更好, 是否还有改进空间呢？答案是肯定的.

经计算, $T=1$, 方波函数的傅里叶系数为

$$\begin{cases} a_{2k} = \dfrac{2}{1}\displaystyle\int_{1/4}^{3/4} \cos(4k\pi x)\,dx = \dfrac{2}{4k\pi}\sin(4k\pi x)\Big|_{1/4}^{3/4} = 0 \\ b_k = \dfrac{2}{1}\displaystyle\int_{1/4}^{3/4} \sin(2\pi kx)\,dx = \dfrac{-2}{2k\pi}\cos(2\pi kx)\Big|_{1/4}^{3/4} = 0 \end{cases} \tag{2.26}$$

另外

$$\begin{aligned} a_{2k+1} &= \frac{2}{1}\int_{1/4}^{3/4} \cos(2(2k+1)\pi x)\,dx \\ &= \frac{2}{2(2k+1)\pi}\sin(2(2k+1)\pi x)\Big|_{1/4}^{3/4} \\ &= \frac{2}{2(2k+1)\pi}(\sin(3(2k+1)\pi/2) - \sin((2k+1)\pi/2)) \\ &= \frac{2}{2(2k+1)\pi}(\sin(3k\pi + 3\pi/2) - \sin(3k\pi + \pi/2)) \\ &= \frac{2}{2(2k+1)\pi}(\sin(k\pi + 3\pi/2) - \sin(k\pi + \pi/2)) \\ &= 2(-1)^{k+1}/((2k+1)\pi) \quad (k = 0, 1, 2, \cdots) \end{aligned}$$

得到如下傅里叶级数的逼近图, 见图 2.11.

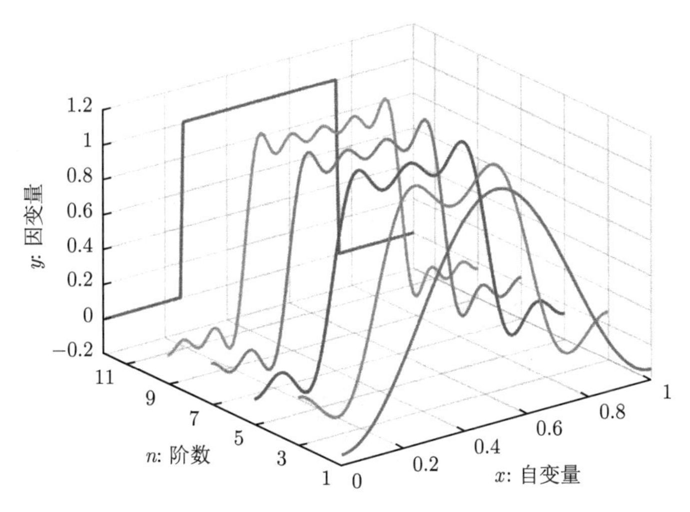

图 2.11 傅里叶级数逼近方波函数

MATLAB 代码 2.6

```
%% 生成数据
clc;clear;close all;
m = 100; %样本的容量
n=10; %谐波的阶数
Y = [zeros(1+m/4,1);ones(m/2,1);zeros(m/4,1)];
t = [0:m]'/m;
%% 作图
figure;grid on,hold on;view(3);
plot3(t,(n+2)*ones(size(t)), Y,'linewidth',2);
xlabel('x: 自变量'); ylabel('n: 阶数'); zlabel('y: 因变量');
    axis('tight');
zlim([-0.2 1.2]); ylim([1 n+2]); set(gca,'ytick', 1:2:n+2);
%% 傅里叶级数
T = 1;syms x;
Fourier=0.5*int(2*cos(2*pi*0*x/T)/T,x,T/4,3*T/4);
for i=1:2:n %当i是偶数时,傅里叶系数等于0
    a_i=int(2*cos(2*pi*i*x/T)/T,x,T/4,3*T/4)
    b_i=int(2*sin(2*pi*i*x/T)/T,x,T/4,3*T/4)
    Fourier=Fourier+a_i*cos(2*pi*i*t/T); %求傅里叶级数展开
    plot3(t,i*ones(size(t)), Fourier,'linewidth',2);
end
```

备注 2.3 实际应用中, 由于函数 $f(x)$ 的结构是未知的, 因此常用离散傅里叶变换代替傅里叶级数.

设采样频率为 fre, 采样周期为 $P=\frac{1}{\text{fre}}$, 样本容量为 n, 采样时刻为 $[x_1, x_2,\cdots,x_n]=[0,P,2P,\cdots,(n-1)P]$, 且 $T=nP$, 从而

$$\frac{2\pi kx_s}{T}=\frac{2\pi k(s-1)P}{nP}=\frac{2\pi(s-1)}{n}k \tag{2.27}$$

若 $\omega=\mathrm{e}^{-2\pi\mathrm{i}/n}$ 是复单位根, 则

$$\begin{cases}\cos\left(\dfrac{2\pi kx_s}{T}\right)=\operatorname{Re}\left(\omega^k\right)\\ \sin\left(\dfrac{2\pi kx_s}{T}\right)=-\operatorname{Im}\left(\omega^k\right)\end{cases} \tag{2.28}$$

在时间段 $[x_s,x_{s+1}]$ 内, 认为函数 $f(x)$ 取值恒为 $f(x_s)$, 从而傅里叶系数公式变为

$$\begin{cases}a_k=\dfrac{2}{n-1}\displaystyle\sum_{s=1}^{n}\operatorname{Re}\left(\omega^k\right)f(x_s)\\ -b_k=\dfrac{2}{n-1}\displaystyle\sum_{s=1}^{n}\operatorname{Im}\left(\omega^k\right)f(x_s)\end{cases} \tag{2.29}$$

设 $b_0=0$, 若记

$$y_{k+1}=\frac{n-1}{2}a_k-\mathrm{i}\frac{n-1}{2}b_k\quad(k=0,1,\cdots,n-1) \tag{2.30}$$

则

$$y_{k+1}=\omega^{k*0}f(x_1)+\omega^{k*1}f(x_2)+\cdots+\omega^{k*(n-1)}f(x_n) \tag{2.31}$$

可以认为 $|y_{k+1}|$ 是采样频率 $\frac{k}{n}*\text{fre}$ 分量上的能量投影, 对所有的 $k=0,1,\cdots,n-1$, 上式可以表示为

$$\begin{bmatrix}y_1\\y_2\\\vdots\\y_n\end{bmatrix}=\begin{bmatrix}\omega^0&\omega^1&\cdots&\omega^{(n-1)}\\\omega^{2*0}&\omega^{2*1}&\cdots&\omega^{2(n-1)}\\\vdots&\vdots&\ddots&\vdots\\\omega^{(n-1)*0}&\omega^{(n-1)*1}&\cdots&\omega^{(n-1)*(n-1)}\end{bmatrix}\begin{bmatrix}f(x_1)\\f(x_2)\\\vdots\\f(x_n)\end{bmatrix} \tag{2.32}$$

简记为

$$\boldsymbol{Y}=\boldsymbol{\Omega F} \tag{2.33}$$

直接使用傅里叶变换公式计算 $\boldsymbol{Y}=\boldsymbol{\Omega F}$ 需要数量级为 n^2 的浮点运算. 使用快速傅里叶变换算法, 则只需要数量级为 $n\ln n$ 的浮点运算. MATLAB 提供的 "fft" 可以快速计算采样的傅里叶变换, 采样数据和傅里叶变换的幅值见图 2.12.

MATLAB 代码 2.7

```
clc,clear,close all
F=50;T=1/F;%采样频率和周期
t = 0:T:10-T; n = length(t);
X = sin(2*pi*15*t) + sin(2*pi*20*t);
subplot(211),plot(t,X),title('采样')
Y = fft(X);      %傅里叶变换
f = (0:n-1)*F/n;%角频率
subplot(212),plot(f,abs(Y)),title('傅里叶变换的幅值')
```

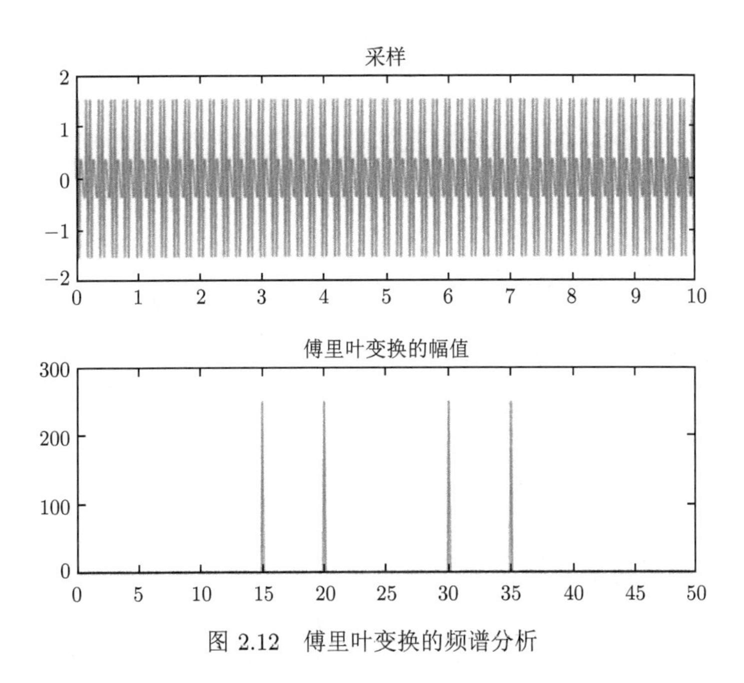

图 2.12 傅里叶变换的频谱分析

2.1.4 数值积分

龙格-库塔 (Runge-Kutta) 方法是一种在工程上应用广泛的高精度单步算法. 给定微分方程、状态初值及步长, 就可以预测未来任意时刻的状态. 该算法精度高, 实现原理也相对复杂.

函数 y 的微分方程为

$$\dot{y} = f(x, y) \tag{2.34}$$

一阶欧拉公式是泰勒展式的前两项

$$y_{i+1} = y_i + hK_i \tag{2.35}$$

其中 h 为步长, $K_i = f(x_i, y_i)$ 为微分值, 一阶欧拉公式局部截断误差为 $O(h^2)$.

左端点 x_i 处的斜率近似值为 K_1, 右端点 x_{i+1} 处的斜率为 K_2, 它们的算术平均值当作平均斜率 k, 依此得到二阶精度的改进欧拉公式

$$y_{i+1} = y_i + \frac{h}{2}(K_1 + K_2) \tag{2.36}$$

其中 $K_1 = f(x_i, y_i)$, $K_2 = f(x_i + h, y_i + hK_1)$.

依次类推, 在 $[x_i, x_{i+1}]$ 内计算多个点的斜率值 $K_1, K_2, \cdots, K_m$, 并将其加权平均当作平均斜率, 则可构造出更高精度的龙格-库塔公式, 一般的 p 阶龙格-库塔公式为

$$y_{i+1} = y_i + \sum_{i=1}^{p} c_i K_i \tag{2.37}$$

其中

$$\begin{cases} K_1 = hf(x_i, y_i) \\ K_2 = hf(x_i + a_2 h, y_i + b_{21} K_1) \\ \qquad \cdots\cdots \\ K_p = hf\left(x_i + a_p h, y_i + \displaystyle\sum_{j=1}^{p-1} b_{pj} K_j\right) \end{cases} \tag{2.38}$$

上述 $[a_i, b_{ij}, c_j]$ 为待定参数.

经典的龙格-库塔方法是四阶的, 即 $p = 4$, 四阶龙格-库塔公式具有四阶精度, 即局部截断误差是 $O(h^5)$, 其表达式为

$$y_{i+1} = y_i + c_1 K_1 + c_2 K_2 + c_3 K_3 + c_4 K_4 \tag{2.39}$$

其中

$$\begin{cases} K_1 = hf(x_i, y_i) \\ K_2 = hf(x_i + a_2 h, y_i + b_{21} K_1) \\ K_3 = hf(x_i + a_3 h, y_i + b_{31} K_1 + b_{32} K_2) \\ K_4 = hf(x_i + a_3 h, y_i + b_{41} K_1 + b_{42} K_2 + b_{43} K_3) \end{cases} \tag{2.40}$$

四阶龙格-库塔方法的推导过程的依据是泰勒展式, 但是推导过程非常繁琐. 利用全微分公式, 把 $[K_2, K_3, K_4]$ 分别在 x_i 点展开为 h 的幂级数, 并代入公式 (2.39) 右式, 然后将 $y(x_{i+1})$ 在 x_i 点上的泰勒展式代入左式, 使对应系数相等, 得到一组特解

$$\begin{cases} a_2 = a_3 = b_{21} = b_{32} = \dfrac{1}{2} \\ b_{31} = b_{41} = b_{42} = 0, a_4 = b_{43} = 1 \\ c_1 = c_4 = \dfrac{1}{6}, c_2 = c_3 = \dfrac{1}{3} \end{cases} \tag{2.41}$$

代入公式 (2.39) 得

$$y_{i+1} = y_i + \frac{1}{6}h\left(K_1 + 2K_2 + 2K_3 + K_4\right) \tag{2.42}$$

其中

$$\begin{cases} K_1 = f\left(x_i, y_i\right) \\ K_2 = f\left(x_i + \frac{1}{2}h, y_i + \frac{1}{2}hK_1\right) \\ K_3 = f\left(x_i + \frac{1}{2}h, y_i + \frac{1}{2}hK_2\right) \\ K_4 = f\left(x_i + h, y_i + hK_3\right) \end{cases} \tag{2.43}$$

2.2 表格视图

2.2.1 奇异值分解

定义 2.1 矩阵是具有确定行数 m 和确定列数 n 的数据表格, 通常记为

$$\boldsymbol{A} = \begin{bmatrix} a_{11} & \cdots & a_{1n} \\ \vdots & \ddots & \vdots \\ a_{m1} & \cdots & a_{mn} \end{bmatrix} \tag{2.44}$$

也记为 $\boldsymbol{A} = \left[a_{ij}\right]_{m\times n}$ 或者 $\boldsymbol{A} \in \mathbb{R}^{m\times n}$, 其中 m 和 n 分别表示矩阵的行数和列数, 全体 m 行 n 列的矩阵集合记为 $\mathbb{R}^{m\times n}$. 当 $m = n$ 时, 称 $\boldsymbol{A}$ 为方阵.

(1) $\boldsymbol{0}$ 表示所有元素都是 0 的矩阵, MATLAB 用 zeros 表示 0 矩阵;

(2) $\boldsymbol{1}$ 表示所有元素都是 1 的矩阵, MATLAB 用 ones 表示 1 矩阵;

(3) $\boldsymbol{I}$ 表示单位矩阵, 它的对角元都是 1, 非对角元都是 0, MATLAB 用 eye 表示单位矩阵;

(4) $\boldsymbol{\Lambda} = \mathrm{diag}\left(\boldsymbol{a}\right) = \mathrm{diag}\left(a_1, \cdots, a_m\right)$ 表示对角矩阵, 且对角元包含 $\boldsymbol{a} = [a_1, \cdots, a_m]$, 非对角元为 0.

简洁起见, 上面四种矩阵都没有注明它们的行数和列数, 称这些矩阵有"适当"的行数和列数, 即可以通过上下文判断它们的行数和列数.

数据的表现形式有: 数量 x、向量 $\boldsymbol{x}$ 和矩阵 $\boldsymbol{X}$. 它们的主要差别是维度, 一般来说 $x \in \mathbb{R}, \boldsymbol{x} \in \mathbb{R}^m, \boldsymbol{X} \in \mathbb{R}^{m\times n}$. 可以发现, 数量是特殊的向量, 向量是特殊的矩阵. 矩阵 $\boldsymbol{X} \in \mathbb{R}^{m\times n}$ 可以拉直变成向量 $\boldsymbol{x} \in \mathbb{R}^{mn}$; 向量 $\boldsymbol{x} \in \mathbb{R}^{mn}$ 可以折叠变成矩阵 $\boldsymbol{X} \in \mathbb{R}^{m\times n}$. 因此, 在编程语言 `C/C++` 中, "`double X[m][n]`" 和 "`double X[m*n]`" 都可以用于表示矩阵. 对于前者, 可以用 "`X[i][j]`" "`*(X[i]+j)`" 访问矩阵第 $i+1$

行第 $j+1$ 列上的元素; 对于后者, 用“x[i*n+j]”访问矩阵第 $i+1$ 行第 $j+1$ 列上的元素.

备注 2.4　由于 x 与 $\boldsymbol{x}$ 在板书中难以区别, 而向量与矩阵又可以方便地相互转换, 常用 $\boldsymbol{X}, \boldsymbol{Y}$ 表示数据构成的输入向量、输出向量, 用 $\boldsymbol{\beta}$ 表示参数向量, 用 $\boldsymbol{A}$ 表示设计矩阵.

定义 2.2　若 $\boldsymbol{A} \in \mathbb{R}^{m\times p}, \boldsymbol{B} \in \mathbb{R}^{p\times n}, \boldsymbol{C} \in \mathbb{R}^{m\times n}$,

$$c_{ij} = \sum_{k=1}^{n} a_{ik} b_{kj} \tag{2.45}$$

则称 $\boldsymbol{C}$ 是 $\boldsymbol{A}$ 和 $\boldsymbol{B}$ 的积, 记为 $\boldsymbol{C} = \boldsymbol{AB}$. 若 $\boldsymbol{A} = [a_{ij}]_{n\times n}, \boldsymbol{B} = [b_{ij}]_{n\times n}, \boldsymbol{BA} = \boldsymbol{I}$, 则称矩阵 $\boldsymbol{B}$ 是 $\boldsymbol{A}$ 的逆矩阵.

定义 2.3　若 $\boldsymbol{A} \in \mathbb{R}^{n\times n}$, 称 $\sum\limits_{i=1}^{n} a_{ii}$ 为 $\boldsymbol{A}$ 的迹, 记为 $\operatorname{trace}(\boldsymbol{A})$; 称 $\sum\limits_{i_1, i_2, \cdots, i_n} (-1)^{\tau(i_1 i_2 \cdots i_n)} a_{1i_1} \cdots a_{ni_n}$ 为 $\boldsymbol{A}$ 的行列式, 记为 $\det(\boldsymbol{A})$, 其中 $\tau(i_1 i_2 \cdots i_n)$ 表示排列 $i_1 i_2 \cdots i_n$ 的逆序数, 即前一个数大于后一个数的总次数.

定理 2.5　对于 $\boldsymbol{A} \in \mathbb{R}^{m\times n}, \boldsymbol{B} \in \mathbb{R}^{n\times m}$, 迹的基本性质为交换律, 如下

$$\operatorname{trace}(\boldsymbol{BA}) = \operatorname{trace}(\boldsymbol{AB}) \tag{2.46}$$

定理 2.6　对于任意矩阵 $\boldsymbol{A} \in \mathbb{R}^{m\times n}$(不妨设 $m > n$), 存在正交方阵 $\boldsymbol{U} \in \mathbb{R}^{m\times m}$、正交矩阵 $\boldsymbol{V} \in \mathbb{R}^{n\times n}$ 和对角矩阵 $\boldsymbol{\Lambda} = \begin{bmatrix} \boldsymbol{\Lambda}_1 & \boldsymbol{0} \\ \boldsymbol{0} & \boldsymbol{0} \end{bmatrix} \in \mathbb{R}^{m\times n}$, 其中 $\boldsymbol{\Lambda}_1 = \operatorname{diag}(\lambda_1, \cdots, \lambda_r)$, 且 $\lambda_1 \geqslant \cdots \geqslant \lambda_r > 0$, 使得

$$\boldsymbol{A} = \boldsymbol{U}\boldsymbol{\Lambda}\boldsymbol{V}^{\mathrm{T}} \tag{2.47}$$

称上式为矩阵 $\boldsymbol{A}$ 的奇异值分解, $\lambda_1, \cdots, \lambda_r$ 为非零奇异值, r 为 $\boldsymbol{A}$ 的秩, 记为 $\operatorname{rank}(\boldsymbol{A})$. 若 $\boldsymbol{U}$ 和 $\boldsymbol{V}$ 的前 r 列分别记为 $\boldsymbol{U}_1$ 和 $\boldsymbol{V}_1$, 则 $\boldsymbol{U} = [\boldsymbol{U}_1, \boldsymbol{U}_2], \boldsymbol{V} = [\boldsymbol{V}_1, \boldsymbol{V}_2]$, 称如下分解为 $\boldsymbol{A}$ 的简约奇异值分解

$$\boldsymbol{A} = \boldsymbol{U}_1\boldsymbol{\Lambda}_1\boldsymbol{V}_1^{\mathrm{T}} \tag{2.48}$$

有了上述定理, 很多性质就容易验证了.

定理 2.7　对于任意可逆矩阵 $\boldsymbol{A} \in \mathbb{R}^{n\times n}$, 若矩阵的奇异值分解为 $\boldsymbol{A} = \boldsymbol{U}\boldsymbol{\Lambda}\boldsymbol{V}^{\mathrm{T}}$, 其中 $\boldsymbol{\Lambda} = \begin{bmatrix} \boldsymbol{\Lambda}_1 & \boldsymbol{0} \\ \boldsymbol{0} & \boldsymbol{0} \end{bmatrix}$, $\boldsymbol{\Lambda}_1 = \operatorname{diag}(\lambda_1, \cdots, \lambda_r)$, $\lambda_1 \geqslant \cdots \geqslant \lambda_r > 0$, 则

$$
\begin{cases}
\operatorname{rank}(\boldsymbol{A}) = r \\
\operatorname{trace}(\boldsymbol{A}) = \sum_{i=1}^{r} \lambda_i \\
\det(\boldsymbol{A}) = \prod_{i=1}^{r} \lambda_i \\
\boldsymbol{A}^{-1} = \boldsymbol{V}\boldsymbol{\Lambda}^{-1}\boldsymbol{U}^{\mathrm{T}}
\end{cases}
\quad (n = r) \tag{2.49}
$$

2.2.2 梯度和黑塞矩阵

定义 2.4 假定 $f(\boldsymbol{\beta}) \in \mathbb{R}$ 是关于向量 $\boldsymbol{\beta} \in \mathbb{R}^n$ 的函数, 则称 $f(\boldsymbol{\beta})$ 对 $\boldsymbol{\beta}$ 的偏微分 $\dfrac{\partial f}{\partial \beta_i} \triangleq \dfrac{\partial}{\partial \beta_i} f(\boldsymbol{\beta})\ (i = 1, \cdots, n)$ 构成的向量为梯度向量 (Gradient Vector), 记为 $\boldsymbol{g}$, ∇f 或者 $\dfrac{\partial f}{\partial \boldsymbol{\beta}}$, 如下

$$
\boldsymbol{g} = \nabla f = \frac{\partial f}{\partial \boldsymbol{\beta}} = \left[\frac{\partial f}{\partial \beta_1}, \cdots, \frac{\partial f}{\partial \beta_n}\right]^{\mathrm{T}} \tag{2.50}
$$

例 2.7 已知 $\boldsymbol{x} \in \mathbb{R}^n$, $\boldsymbol{A} \in \mathbb{R}^{n \times n}$ 为对称矩阵, 求二次型的微分 $\dfrac{d\boldsymbol{x}^{\mathrm{T}}\boldsymbol{A}\boldsymbol{x}}{d\boldsymbol{x}}$.

解 设 $\boldsymbol{A}_i$ 是 $\boldsymbol{A}$ 的第 i 行, a_{ij} 是 $\boldsymbol{A}$ 的第 i 行第 j 列的元素, 因

$$
\boldsymbol{x}^{\mathrm{T}}\boldsymbol{A}\boldsymbol{x} = \sum_{i=1}^{n} a_{ij} x_i x_j = x_i^2 + 2x_i \sum_{j \neq i} a_{ij} x_j + 2 \sum_{k \neq i, s \neq i} a_{ks} x_k x_s
$$

故

$$
\frac{d\boldsymbol{x}^{\mathrm{T}}\boldsymbol{A}\boldsymbol{x}}{dx_i} = 2x_i + 2\sum_{j \neq i}^{n} a_{ij} x_j = 2\sum_{j=1}^{n} a_{ij} x_j = 2\boldsymbol{A}_i * \boldsymbol{x} \tag{2.51}
$$

从而

$$
\frac{d\boldsymbol{x}^{\mathrm{T}}\boldsymbol{A}\boldsymbol{x}}{d\boldsymbol{x}} = 2\begin{bmatrix} \boldsymbol{A}_1 * \boldsymbol{x} \\ \vdots \\ \boldsymbol{A}_n * \boldsymbol{x} \end{bmatrix} = 2\boldsymbol{A}\boldsymbol{x} \tag{2.52}
$$

定义 2.5 假定 $\boldsymbol{f}(\boldsymbol{\beta}) = [f_1(\boldsymbol{\beta}), \cdots, f_m(\boldsymbol{\beta})]^{\mathrm{T}} \in \mathbb{R}^m$ 是关于向量 $\boldsymbol{\beta} \in \mathbb{R}^n$ 的函数向量, 则称 $f(\boldsymbol{\beta})$ 对 $\boldsymbol{\beta}^{\mathrm{T}}$ 的偏微分构成的矩阵为雅可比矩阵 (Jacobian Matrix), 记为 $\boldsymbol{J}$ 或者 $\dfrac{\partial \boldsymbol{f}}{\partial \boldsymbol{\beta}^{\mathrm{T}}}$, 如下

$$
\boldsymbol{J}=\frac{\partial \boldsymbol{f}}{\partial \boldsymbol{\beta}^{\mathrm{T}}}=\left[\begin{array}{ccc}
\dfrac{\partial f_1}{\partial \beta_1} & \cdots & \dfrac{\partial f_1}{\partial \beta_n} \\
\vdots & \ddots & \vdots \\
\dfrac{\partial f_m}{\partial \beta_1} & \cdots & \dfrac{\partial f_m}{\partial \beta_n}
\end{array}\right] \in \mathbb{R}^{m \times n} \tag{2.53}
$$

定义 2.6　假定 $f(\boldsymbol{\beta}) \in \mathbb{R}$ 是关于向量 $\boldsymbol{\beta} \in \mathbb{R}^n$ 的函数, 则称 $\dfrac{\partial f}{\partial \boldsymbol{\beta}}=\left[\dfrac{\partial f}{\partial \beta_1}, \cdots, \dfrac{\partial f}{\partial \beta_n}\right]^{\mathrm{T}}$ 对 $\boldsymbol{\beta}^{\mathrm{T}}$ 的偏微分构成的对称矩阵为黑塞矩阵 (Hessian Matrix), 记为 $\boldsymbol{H}$, $\nabla^2 f$ 或者 $\dfrac{\partial^2 f}{\partial \boldsymbol{\beta} \partial \boldsymbol{\beta}^{\mathrm{T}}}$, 如下

$$
\boldsymbol{H}=\nabla^2 f=\frac{\partial^2 f}{\partial \boldsymbol{\beta} \partial \boldsymbol{\beta}^{\mathrm{T}}}=\left[\begin{array}{ccc}
\dfrac{\partial^2 f}{\partial^2 \beta_1} & \cdots & \dfrac{\partial^2 f}{\partial \beta_1 \partial \beta_n} \\
\vdots & \ddots & \vdots \\
\dfrac{\partial^2 f}{\partial \beta_n \partial \beta_1} & \cdots & \dfrac{\partial^2 f}{\partial^2 \beta_n}
\end{array}\right] \in \mathbb{R}^{n \times n} \tag{2.54}
$$

备注 2.5　简言之

(1) 梯度向量是数量对向量的微分, 可推广到数量对矩阵的微分或者向量对向量的微分;

(2) 雅可比矩阵是向量对向量的微分, 而且梯度向量是雅可比矩阵的特例;

(3) 黑塞矩阵是数量对向量的 2 阶微分.

例 2.8　假定 $f(\boldsymbol{\beta}) \in \mathbb{R}$ 是关于向量 $\boldsymbol{\beta} \in \mathbb{R}^n$ 的高阶连续可微函数, $\boldsymbol{\beta}^*$ 是 $f(\boldsymbol{\beta})$ 的极小值, 则

(1) 梯度向量 $\boldsymbol{J}$ 满足

$$
\boldsymbol{J}=\left.\nabla f\right|_{\boldsymbol{\beta}=\boldsymbol{\beta}^*}=\mathbf{0} \tag{2.55}
$$

(2) 黑塞矩阵 $\boldsymbol{H}$ 在 $\boldsymbol{\beta}=\boldsymbol{\beta}^*$ 处是正定的, 即

$$
\boldsymbol{H}=\left.\nabla^2 f\right|_{\boldsymbol{\beta}=\boldsymbol{\beta}^*} \geqslant \mathbf{0} \tag{2.56}
$$

证明　(1) 以 $n=2$ 为例, 利用一维函数的极值条件有

$$
\left.\frac{\partial}{\partial \beta_1} f(\beta_1, \beta_2)\right|_{\boldsymbol{\beta}=\boldsymbol{\beta}^*}=\left.\frac{\partial}{\partial \beta_1} f(\beta_1, \beta_2)\right|_{\beta_1=\beta_1^*, \beta_2=\beta_2^*}=\left.\frac{\partial f}{\partial \beta_1}(\beta_1, \beta_2^*)\right|_{\beta_1=\beta_1^*}=0
$$

同理

$$
\left.\frac{\partial}{\partial \beta_2} f(\beta_1, \beta_2)\right|_{\boldsymbol{\beta}=\boldsymbol{\beta}^*}=0
$$

从而第一个命题得证.

(2) 令 $\boldsymbol{\beta}=\boldsymbol{\beta}^{*}+\alpha\Delta\boldsymbol{\beta}=\boldsymbol{\beta}*+\alpha\boldsymbol{\gamma}$, 其中 $\boldsymbol{\gamma}=\Delta\boldsymbol{\beta}$ 是任意单位向量, α 是一个数值小量, 由泰勒展式可得

$$f(\boldsymbol{\beta})=f(\boldsymbol{\beta}^{*})+\alpha\boldsymbol{g}^{\mathrm{T}}\boldsymbol{\gamma}+\frac{1}{2}\alpha^{2}\boldsymbol{\gamma}^{\mathrm{T}}\boldsymbol{H}\boldsymbol{\gamma}+o\left(\alpha^{2}\|\boldsymbol{\gamma}\|^{2}\right)$$

若黑塞矩阵 $\boldsymbol{H}$ 在 $\boldsymbol{\beta}=\boldsymbol{\beta}^{*}$ 处是正定的, 则 $\boldsymbol{\gamma}^{\mathrm{T}}\boldsymbol{H}\boldsymbol{\gamma}>0$. 从而, 当 $\alpha\to 0$, $\boldsymbol{\beta}\to\boldsymbol{\beta}^{*}$ 时, $\boldsymbol{g}\to\boldsymbol{J}=\nabla f|_{\boldsymbol{\beta}=\boldsymbol{\beta}^{*}}=\mathbf{0}$, $f(\boldsymbol{\beta})>f(\boldsymbol{\beta}^{*})$, 从而第二个命题得证.

2.2.3 矩阵微分

定义 2.7 $\boldsymbol{A}\in\mathbb{R}^{m\times n}$ 的每个元素 $a_{ij}(t)\,(i=1,\cdots,m;j=1,\cdots,n)$ 都是关于变量 $t\in\mathbb{R}$ 的函数, 则称 $\boldsymbol{A}$ 为函数矩阵. 并称由 $\dfrac{da_{ij}(t)}{dt}$ 构成的矩阵为矩阵的微分, 记为 $\dfrac{d}{dt}\boldsymbol{A}$ 或者 $\dot{\boldsymbol{A}}$.

定理 2.8 矩阵微分的满足下列性质:

(1) 矩阵相加

$$\frac{d(\boldsymbol{A}+\boldsymbol{B})}{dt}=\frac{d\boldsymbol{A}}{dt}+\frac{d\boldsymbol{B}}{dt} \tag{2.57}$$

(2) 矩阵相乘

$$\frac{d(\boldsymbol{A}\boldsymbol{B})}{dt}=\frac{d\boldsymbol{A}}{dt}\boldsymbol{B}+\boldsymbol{A}\frac{d\boldsymbol{B}}{dt} \tag{2.58}$$

(3) 复合, 若 $u=f(t)$, 则

$$\frac{d\boldsymbol{A}(f(t))}{dt}=\frac{d\boldsymbol{A}(u)}{du}\frac{df(t)}{dt} \tag{2.59}$$

(4) 逆矩阵

$$\frac{d\boldsymbol{A}^{-1}}{dt}=-\boldsymbol{A}^{-1}\frac{d\boldsymbol{A}}{dt}\boldsymbol{A}^{-1} \tag{2.60}$$

证明 只证明命题 (4), 因为 $\boldsymbol{A}^{-1}\boldsymbol{A}=\boldsymbol{I}$, 所以

$$\mathbf{0}=\frac{d\boldsymbol{A}^{-1}\boldsymbol{A}}{dt}=\frac{d\boldsymbol{A}^{-1}}{dt}\boldsymbol{A}+\boldsymbol{A}^{-1}\frac{d\boldsymbol{A}}{dt}$$

移项后得证.

定理 2.9 若 $\boldsymbol{A}\in\mathbb{R}^{n\times n}$, $\boldsymbol{X}\in\mathbb{R}^{n\times m}$, 则矩阵二次型满足

$$\begin{cases}\dfrac{d}{d\boldsymbol{X}}\mathrm{tr}\left(\boldsymbol{X}^{\mathrm{T}}\boldsymbol{A}\boldsymbol{X}\right)=\left(\boldsymbol{A}+\boldsymbol{A}^{\mathrm{T}}\right)\boldsymbol{X}\\[2ex]\dfrac{d}{d\boldsymbol{X}^{\mathrm{T}}}\mathrm{tr}\left(\boldsymbol{X}^{\mathrm{T}}\boldsymbol{A}\boldsymbol{X}\right)=\boldsymbol{X}^{\mathrm{T}}\left(\boldsymbol{A}+\boldsymbol{A}^{\mathrm{T}}\right)\end{cases} \tag{2.61}$$

证明 不妨设 $l \neq s$, 则

$$
\begin{aligned}
&\frac{d}{dx_{ls}}\operatorname{tr}\left(\boldsymbol{X}^{\mathrm{T}}\boldsymbol{A}\boldsymbol{X}\right)\\
&=\frac{d}{dx_{ls}}\sum_{i=1}^{n}\left(\boldsymbol{X}^{\mathrm{T}}\boldsymbol{A}\boldsymbol{X}\right)_{ii}\\
&=\frac{d}{dx_{ls}}\sum_{i=1}^{n}\sum_{j=1}^{n}\left(\boldsymbol{X}^{\mathrm{T}}\boldsymbol{A}\right)_{ij}x_{ji}\\
&=\frac{d}{dx_{ls}}\sum_{i=1}^{n}\sum_{j=1}^{n}\sum_{k=1}^{n}x_{ki}a_{kj}x_{ji}\\
&=\frac{d}{dx_{ls}}\sum_{j=1}^{n}\sum_{k=1}^{n}a_{kj}x_{ks}x_{js}\\
&=\frac{d}{dx_{ls}}a_{ll}x_{ls}x_{ls}+\frac{d}{dx_{ls}}\sum_{j\neq l}^{n}a_{lj}x_{ls}x_{js}+\frac{d}{dx_{ls}}\sum_{k\neq l}^{n}a_{kl}x_{ks}x_{ls}\\
&=2a_{ll}x_{ls}+\sum_{j\neq l}^{n}a_{lj}x_{js}+\sum_{k\neq l}^{n}a_{kl}x_{ks}\\
&=\sum_{j=1}^{n}a_{lj}x_{js}+\sum_{k=1}^{n}a_{kl}x_{ks}\\
&=(\boldsymbol{A}\boldsymbol{X})_{ls}+\left(\boldsymbol{A}^{\mathrm{T}}\boldsymbol{X}\right)_{ls}\\
&=\left[\left(\boldsymbol{A}+\boldsymbol{A}^{\mathrm{T}}\right)\boldsymbol{X}\right]_{ls}
\end{aligned}
$$

从而第一式得证.

同理, 利用 $\dfrac{d}{dx_{ls}}\operatorname{trace}\left(\boldsymbol{X}^{\mathrm{T}}\boldsymbol{A}\boldsymbol{X}\right)=\left[\left(\boldsymbol{A}+\boldsymbol{A}^{\mathrm{T}}\right)\boldsymbol{X}\right]_{ls}=\left[\boldsymbol{X}^{\mathrm{T}}\left(\boldsymbol{A}+\boldsymbol{A}^{\mathrm{T}}\right)\right]_{sl}$, 得

$$
\frac{d}{d\boldsymbol{X}^{\mathrm{T}}}\operatorname{trace}\left(\boldsymbol{X}^{\mathrm{T}}\boldsymbol{A}\boldsymbol{X}\right)=\boldsymbol{X}^{\mathrm{T}}\left(\boldsymbol{A}+\boldsymbol{A}^{\mathrm{T}}\right) \tag{2.62}
$$

可以得到如下推论:

(1) 若 $\boldsymbol{A}$ 是对称的, 则

$$
\left\{\begin{array}{l}
\dfrac{d}{d\boldsymbol{X}}\operatorname{trace}\left(\boldsymbol{X}^{\mathrm{T}}\boldsymbol{A}\boldsymbol{X}\right)=2\boldsymbol{A}\boldsymbol{X}\\
\dfrac{d}{d\boldsymbol{X}^{\mathrm{T}}}\operatorname{trace}\left(\boldsymbol{X}^{\mathrm{T}}\boldsymbol{A}\boldsymbol{X}\right)=2\boldsymbol{X}^{\mathrm{T}}\boldsymbol{A}
\end{array}\right. \tag{2.63}
$$

进一步, 已知 $\boldsymbol{x}\in\mathbb{R}^{n}$, 则 $\dfrac{d\boldsymbol{x}^{\mathrm{T}}\boldsymbol{A}\boldsymbol{x}}{d\boldsymbol{x}}=2\boldsymbol{A}\boldsymbol{x}$, 由此可知例 2.7 是该命题的推论.

(2) 转置线性, 即

$$
\left\{
\begin{array}{l}
\dfrac{d}{d\boldsymbol{X}}\operatorname{trace}(\boldsymbol{A}\boldsymbol{X})=\boldsymbol{A}^{\mathrm{T}} \\
\dfrac{d}{d\boldsymbol{X}^{\mathrm{T}}}\operatorname{trace}(\boldsymbol{A}\boldsymbol{X})=\boldsymbol{A}
\end{array}
\right.
\tag{2.64}
$$

证明 实际上, 只需要证明等式 $\dfrac{d}{dx_{ls}}\operatorname{trace}(\boldsymbol{A}\boldsymbol{X})=\left(\boldsymbol{A}^{\mathrm{T}}\right)_{ls}$,

$$
\begin{aligned}
\frac{d}{dx_{ls}}\operatorname{trace}(\boldsymbol{A}\boldsymbol{X}) &= \frac{d}{dx_{ls}}\sum_{i=1}^{n}(\boldsymbol{A}\boldsymbol{X})_{ii}=\frac{d}{dx_{ls}}\sum_{i=1}^{n}\sum_{j=1}^{n}a_{ij}x_{ji} \\
&= \frac{d}{dx_{ls}}\sum_{i=1}^{n}a_{il}x_{li}=\frac{d}{dx_{ls}}a_{sl}x_{ls}=a_{sl}=\left(\boldsymbol{A}^{\mathrm{T}}\right)_{ls}
\end{aligned}
$$

2.3 决 策 视 图

2.3.1 累积分布函数

累积分布函数 (Cumulative Distribution Function, CDF) 是概率论的基本概念之一. 在实际问题中, 常常要研究一个随机变量 X 取值小于某一数值 x 的可能性大小, 它是 x 的函数[5,6].

定义 2.8 随机变量 X 的累积分布函数, 简称为分布函数, 记作 $F(x)$, 实质是随机变量 X 落入区间 $(-\infty, x]$ 内的概率, 即

$$
F(x)=P\{X\leqslant x\} \tag{2.65}
$$

随机变量包括离散型随机变量、连续型随机变量和混合型随机变量.

离散型随机变量的分布函数由分布律 $\{p_k, k=1,2,3,\cdots\}$ 决定, 如下

$$
F(x)=\sum_{k\leqslant x}p_k \tag{2.66}
$$

连续型随机变量的分布函数由密度函数 (Probability Density Function, PDF) $f(x)$ 决定, 如下

$$
F(x)=\int_{-\infty}^{x}f(t)\,dt \tag{2.67}
$$

备注 2.6 若无特殊说明, 本书的随机变量都是连续型随机变量.

概率论中的分布函数表示面积大小; 密度函数表示密度强弱; 分位数 (Inverse Cumulative Distribution Function, ICDF) 表示面积对应的点. 三者存在“点线面”的相互依赖关系, 如图 2.13 所示.

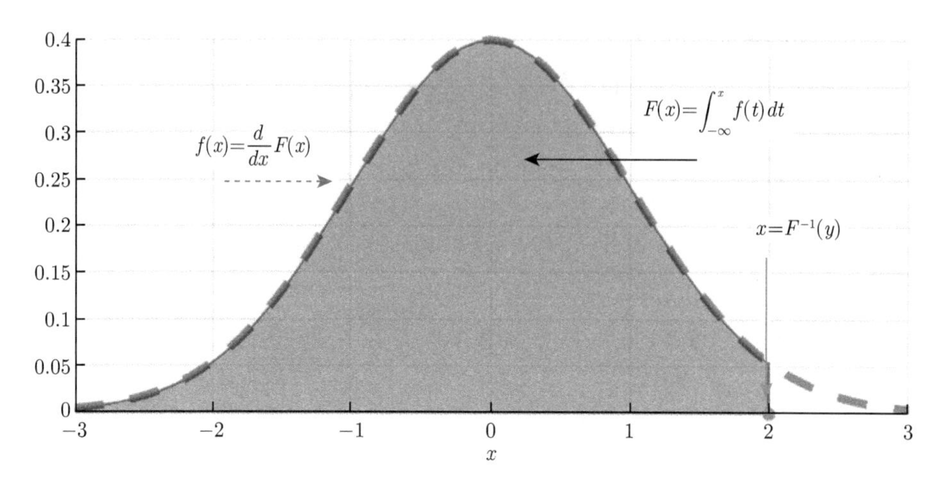

图 2.13　正态分布的分布函数、密度函数、分位数

分布函数、密度函数、分位数呈点线面关系, 其中

(1) “虚线” 是密度函数 PDF, $f(x) = dF(x)/dx$, 即密度函数是分布函数的导数.

(2) “阴影面” 是分布函数 CDF, $F(x) = \int_{-\infty}^{x} f(t)\,dt$, 即分布函数是密度函数的定积分.

(3) “实心点” 是分位数 ICDF, $x = F^{-1}(y)$, 即分位数是分布函数的反函数.

MATLAB 代码 2.8

```
%% 密度函数pdf
distribution_type ='norm';
x = -3:0.1:3;
fx = pdf(distribution_type,x,0,1);
plot(x,fx,'--','linewidth',5)
%% 分布函数cdf
x = -3:0.1:2; %注意是2
fx = pdf(distribution_type,x,0,1);
Fx=cdf(distribution_type,x,0,1);
hold on; grid on;
H_pa = patch([x(1),x,x(end)],[0,fx,0],[0 0 0]);
    %阴影面积就是分布函数
set(H_pa,'EdgeColor',[0 0 1],'EdgeAlpha',1,'FaceAlpha',0.7)
%% 分位数icdf
Fx= Fx(end);x = icdf(distribution_type,Fx,0,1);
fx = pdf(distribution_type,x,0,1);
plot(x,0,'*','linewidth',5);xlabel('x');
```

备注 2.7 MATLAB 软件的统计工具箱可以非常方便地计算密度函数、分布函数和分位数等各种概率相关的量.

(1) 在 MATLAB 软件中, 用 pdf 表示密度函数, 用 cdf 表示分布函数, 用 icdf 表示分位数.

(2) 分别用 `norm,chi2,t,f,exp` 表示正态分布、卡方分布、t 分布、F 分布、指数分布. 例如, 标准正态分布在 $x=2$ 处的密度为`pdf('norm',2,0,1)=0.0540`; 自由度为 5 的卡方分布在 $x=10$ 处的分布函数为`cdf('chi2',10,5)=0.9248`; 自由度为 5 的 t 分布对应于置信概率 0.95 的分位数为`icdf('t',0.95,5)=2.0150`.

(3) 分布函数是单调递增的, 因此不同类型的随机变量分布函数曲线图从形态上不容易区分. 相反, 密度函数曲线则更容易相互区分. 卡方分布、t 分布、F 分布、指数分布的密度函数的几何形态差异如图 2.14 所示.

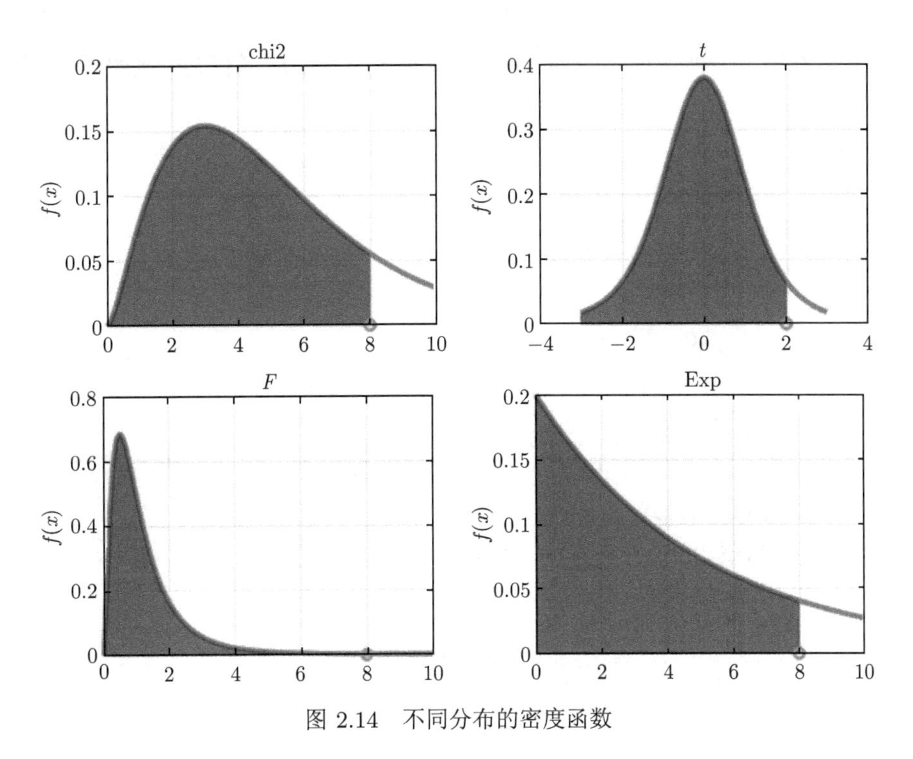

图 2.14 不同分布的密度函数

2.3.2 多维正态的衍生分布

备注 2.8 下文不区分随机向量 $\boldsymbol{X}$ 及其取值 $\boldsymbol{x}$.

定义 2.9 若 n 维随机向量 $\boldsymbol{x}$ 的概率密度函数满足

$$f(\boldsymbol{x})=(2\pi)^{-\frac{n}{2}}\left|\boldsymbol{\Sigma}^2\right|^{-\frac{1}{2}}\exp\left(-\frac{1}{2}(\boldsymbol{x}-\boldsymbol{u})^{\mathrm{T}}\boldsymbol{\Sigma}^{-2}(\boldsymbol{x}-\boldsymbol{u})\right) \tag{2.68}$$

则称 $\boldsymbol{x}$ 是服从正态分布的随机向量, 并记为 $\boldsymbol{x} \sim N(\boldsymbol{u}, \boldsymbol{\Sigma}^2)$.

例如, 一维正态分布记为 $x \sim N(u, \sigma^2)$, 其密度函数为

$$f(x) = \frac{1}{\sqrt{2\pi}\sigma} \exp\left(-\frac{(x-u)^2}{2\sigma^2}\right) \tag{2.69}$$

标准正态分布记为 $x \sim N(0, 1)$.

定理 2.10　若 $\boldsymbol{x} \sim N(\boldsymbol{u}, \boldsymbol{\Sigma}^2)$, 则 $\boldsymbol{u}$ 和 $\boldsymbol{\Sigma}^2$ 分别是随机向量 $\boldsymbol{x}$ 的期望向量和方差矩阵.

定理 2.11 (线性保正态)　若 $\boldsymbol{x} \sim N(\boldsymbol{u}, \boldsymbol{\Sigma}^2)$, $\boldsymbol{A} \in \mathbb{R}^{m\times n}, \boldsymbol{b} \in \mathbb{R}^{m\times 1}$, $\boldsymbol{A}$ 行满秩, 即 $\operatorname{rank}(\boldsymbol{A}) = m$, 则

$$\boldsymbol{A}\boldsymbol{x} + \boldsymbol{b} \sim N\left(\boldsymbol{A}\boldsymbol{u} + \boldsymbol{b}, \boldsymbol{A}\boldsymbol{\Sigma}^2\boldsymbol{A}^{\mathrm{T}}\right) \tag{2.70}$$

定义 2.10　若两个随机变量 $\{\boldsymbol{x}, \boldsymbol{y}\}$ 的联合概率密度 $f(\boldsymbol{x}, \boldsymbol{y})$ 函数可分离, 即可以表示为

$$f(\boldsymbol{x}, \boldsymbol{y}) = f_1(\boldsymbol{x}) f_2(\boldsymbol{y}) \tag{2.71}$$

则称 $\{\boldsymbol{x}, \boldsymbol{y}\}$ 相互独立, 记为 $\boldsymbol{x} \perp \boldsymbol{y}$.

定义 2.11　若 $\boldsymbol{x} \sim N(\boldsymbol{0}, \boldsymbol{I}_n)$, 则称随机变量

$$y = \boldsymbol{x}^{\mathrm{T}}\boldsymbol{x} \tag{2.72}$$

是服从自由度为 n 的 χ^2 分布, 记为 $y \sim \chi^2(n)$.

例 2.9　求证：对于标准正态随机变量 x, 奇数矩 $\mathrm{E}\left(x^{2k+1}\right)$ 等于 0; 偶数矩 $\mathrm{E}\left(x^{2(k+1)}\right)$ 为 $(2k+1)!!$.

证明　因奇函数在 $\mathbb{R}$ 上积分等于零, 故奇数矩 $\mathrm{E}\left(x^{2k+1}\right)$ 等于 0, 下面只需用归纳法证明偶数矩公式.

若 $f(x)$ 表示标准正态分布的密度函数, 显然, 当 $n = 0$ 时, 有 $\int_{-\infty}^{\infty} f(x)\,dx = 1$; $f(x)$ 的不定积分为

$$\int x f(x)\,dx = f(x) \tag{2.73}$$

实际上

$$\begin{aligned}\int x f(x)\,dx &= \int \frac{1}{\sqrt{2\pi}} \exp\left(-\frac{x^2}{2}\right) d\frac{x^2}{2} \\ &= \frac{1}{\sqrt{2\pi}} \int \exp(-t)\,dt = \frac{-1}{\sqrt{2\pi}} \exp\left(-\frac{x^2}{2}\right) = -f(x)\end{aligned}$$

假定 $n = 2k$, 有 $\int_{-\infty}^{\infty} x^{2k} f(x)\,dx = 1 = (2k-1)!!$, 则当 $n = 2(k+1)$ 时, 利

用分部积分公式

$$\int_a^b fgdx = fG|_a^b - \int_a^b \frac{d}{dx}(f)\,Gdx$$

得

$$\begin{aligned}
&\int_{-\infty}^{\infty} x^{2(k+1)} f(x)\,dx \\
&= \int_{-\infty}^{\infty} x^{2k+1} x f(x)\,dx \\
&= -x^{2k+1}\left[\int x f(x)\,dx\right]\Big|_{-\infty}^{\infty} + (2k+1)\int_{-\infty}^{\infty} x^{2k}\left[\int x f(x)\,dx\right]dx \\
&= -x^{2k+1} f(x)\,|_{-\infty}^{\infty} + (2k+1)\int_{-\infty}^{\infty} x^{2k} f(x)\,dx \\
&= (2k+1)(2k-1)!! = (2k+1)!!
\end{aligned}$$

定义 2.12 若 $x \sim N(0,1), y \sim \chi^2(n)$, 且 $x \perp y$, 则称随机变量

$$T = \frac{x}{\sqrt{y/n}} \tag{2.74}$$

为服从自由度为 n 的 t 分布, 记为 $T \sim t(n)$.

定义 2.13 若随机变量 $x \sim \chi^2(m), y \sim \chi^2(n)$, 且 $x \perp y$, 则称随机变量

$$F = \frac{X/m}{Y/n} \tag{2.75}$$

为服从自由度为 (m,n) 的 F 分布, 记为 $F \sim F(m,n)$.

2.4 可视化视图

一般来说, 数据处理前端都有预处理过程, 而可视化是最重要的预处理手段之一. 人的视觉结合领域知识, 可以激发数据处理的灵感, 促使数据处理人员获取更优的数据处理方法.

数据往往是高维的, 高维特征的低维可视化, 可以实现特征从“可想象”到“可看见”的跨越. 为了在低维空间中尽可能多地表征特征信息, 需要构建高信息保留的可视化映射, 其构建主要依赖于数据的降维方法. 下面给出特征选择、特征提取的基本思路.

2.4.1 相关性热力图

为了消除均值及量纲影响, 需要对数据进行标准化处理. 标准化处理包括两个环节：中心化和单位化. 具体操作如下：记 m 个 n 维原始数据为 $\boldsymbol{Z} = [\boldsymbol{z}_1, \cdots, \boldsymbol{z}_m]^{\mathrm{T}}$, 对原始数据标准化处理得到 $\boldsymbol{X} = [\boldsymbol{x}_1, \cdots, \boldsymbol{x}_m]^{\mathrm{T}}$, 如下

$$\boldsymbol{x}_i = (\boldsymbol{z}_i - \boldsymbol{\mu})\,\boldsymbol{S}^{-1} \tag{2.76}$$

其中, $\boldsymbol{\mu} \in \mathbb{R}^n$ 为 $\boldsymbol{Z}$ 的样本均值向量, 即

$$\boldsymbol{\mu} = \frac{1}{m}\sum_{i=1}^{m} \boldsymbol{z}_i \tag{2.77}$$

$\boldsymbol{S}^2 \in \mathbb{R}^{n\times n}$ 为 $\boldsymbol{Z}$ 的样本标准差构成的对角矩阵, 即

$$s_{jj}^2 = \frac{1}{m-1}\sum_{i=1}^{m} (z_{ij} - \mu_j)^2 \quad (j = 1, 2, \cdots, n) \tag{2.78}$$

定义 2.14 假定 $\boldsymbol{X}$ 是经过标准化处理后的数据矩阵, 称下式为第 i 与第 j 个变量的样本相关系数

$$r_{ij} = \sum_{i=1}^{m} x_{ki}x_{kj} \quad (i = 1, 2, \cdots, n, j = 1, 2, \cdots, n) \tag{2.79}$$

并称下式为样本相关系数矩阵, 简称样本相关矩阵

$$\boldsymbol{R} = \boldsymbol{X}^{\mathrm{T}}\boldsymbol{X} \tag{2.80}$$

若数据不进行中心化和单位化, 样本相关系数定义如下.

定义 2.15 数据矩阵 $\boldsymbol{Z} \in \mathbb{R}^{m\times n}$ 的第 i 个与第 j 个变量的样本相关系数为

$$r_{ij} = \sum_{i=1}^{m} \frac{(z_{ki} - \mu_i)(z_{kj} - \mu_j)}{s_{ii}s_{jj}} \quad (i = 1, \cdots, n; j = 1, 2, \cdots, n) \tag{2.81}$$

其中第 i 个变量的样本均值和样本方差分别为

$$\mu_i = \frac{1}{m}\sum_{k=1}^{m} z_{ki}, \quad s_i^2 = \frac{1}{m-1}\sum_{k=1}^{m} (z_{ki} - \mu_i)^2 \quad (i = 1, 2, \cdots, n) \tag{2.82}$$

样本相关系数的矩阵形式为

$$\boldsymbol{R} = \left(\boldsymbol{Z} - \boldsymbol{1}_m\boldsymbol{\mu}^{\mathrm{T}}\right)^{\mathrm{T}} \boldsymbol{S}^{-2} \left(\boldsymbol{Z} - \boldsymbol{1}_m\boldsymbol{\mu}^{\mathrm{T}}\right) \tag{2.83}$$

其中 $\boldsymbol{1}_m$ 是 m 维全 1 向量. 显然 $\boldsymbol{R} \in \mathbb{R}^{n\times n}$, 且

$$r_{ij} \in [-1, 1] \tag{2.84}$$

定义 2.16 用颜色块将数据矩阵 $\boldsymbol{Z} \in \mathbb{R}^{m\times n}$ 的样本相关系数的绝对值 $|r_{ij}|\,(i, j = 1, 2, \cdots, n)$ 作图, 得到的对称图形称为相关系数热力图.

例 2.10 已知数据集合 train.txt 中保存了 1500 个具有 21 个特征的电动车数据, 其中最后一个特征表示价格类别, 共有 4 种价格类别, 代号为 0, 1, 2, 3. 用 MATLAB 下载数据、计算相关系数矩阵, 并用图像把样本相关矩阵展示出来就得到相关系数热力图.

解 代码附后, 图像如图 2.15 所示, 最后一个 (即第 21 个) 特征为价格. 某个方格的颜色越热表示对应两个特征的相关性越强, 反之相关性越弱. 可以发现第 14 个特征与价格相关性最强, 第 1, 13, 12 次之. 并且 (5,11), (6,18) 是两个强相关特征对.

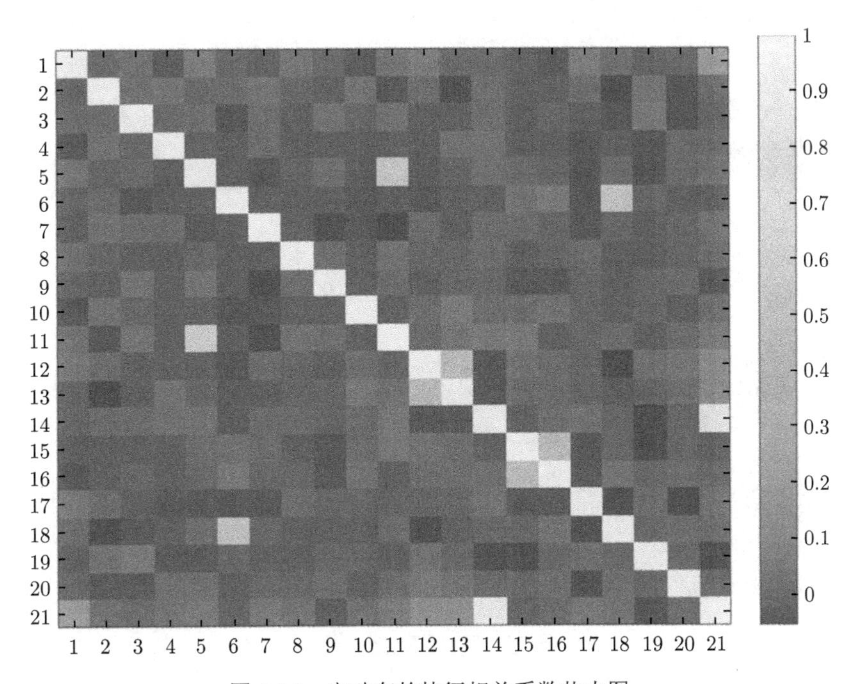

图 2.15 电动车的特征相关系数热力图

MATLAB 代码 2.9

```
X = load('train.txt');X = X(:,2:end); %去掉ID列
Vars = X(:,:);Covmat = corrcoef(Vars);
imagesc(Covmat); %相当于heatmap(Covmat);plotmatrix(Vars);
set(gca,'XTick',0:1:21);set(gca,'YTick',0:1:21);colorbar;
```

2.4.2 特征选择和特征提取

采集到的数据维数较高, 而可视化图往往只能显示 2 维平面、3 维立体. 此时就要对特征进行处理. 处理方法有两种：一种是特征选择, 另一种是特征提取.

例如, 通过依据热力图分析, 可以发现第 14 个特征与价格相关性最强. 为了分析不同特征对价格特征的影响, 从前面的 20 个特征中提取第 14 个特征、第 1 个特征、第 13 个特征, 舍去剩余的 17 个特征是合理思路. 1500 个数据在 (20, 1, 13) 三个特征下的可视化图如图 2.16 所示, 从特征选择 (左图) 可以发现分类效果不佳, 具有 “低内聚高耦合” 的特点.

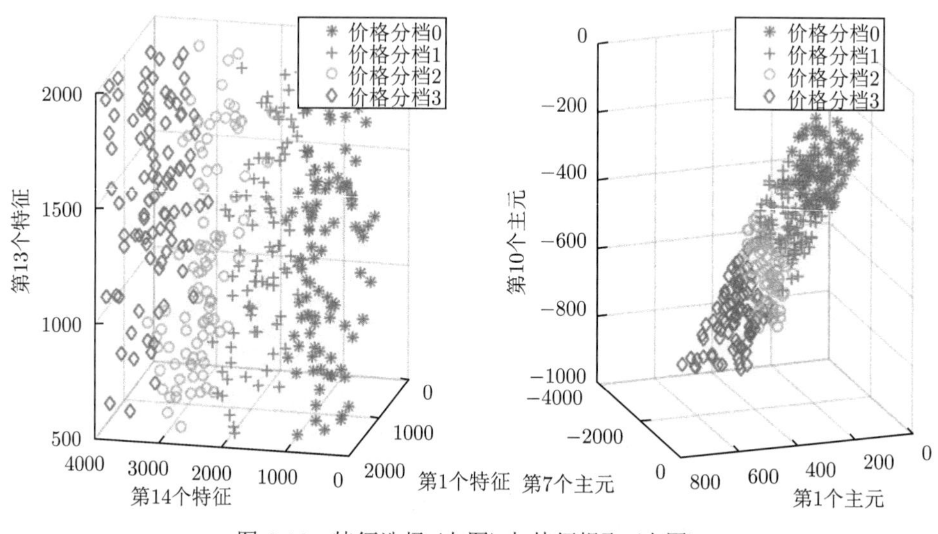

图 2.16　特征选择 (左图) 与特征提取 (右图)

下面介绍基于主元分析 (Principal Component Analysis, PCA) 的特征提取方法.

对标准化后的数据 $\boldsymbol{X}$ 进行奇异值分解处理, 如下

$$\boldsymbol{X}^{\mathrm{T}}\boldsymbol{X}=\boldsymbol{P}\boldsymbol{\Lambda}^2\boldsymbol{P}^{\mathrm{T}} \tag{2.85}$$

其中 $\boldsymbol{\Lambda}=\mathrm{diag}\,(\lambda_1,\cdots,\lambda_n)$ 是奇异值对角阵, 且 $\lambda_1\geqslant\cdots\geqslant\lambda_n$, 正交矩阵 $\boldsymbol{P}$ 称为负载矩阵, 得到如下主元矩阵

$$\boldsymbol{T}=\boldsymbol{X}\boldsymbol{P} \tag{2.86}$$

备注 2.9　$\boldsymbol{X}$ 的奇异值的平方恰好是 $\boldsymbol{X}^{\mathrm{T}}\boldsymbol{X}$ 的特征值. 特征值越大, 说明对应的变量可变化范围越大.

负载矩阵 $\boldsymbol{P}$ 是正交矩阵, 而主元矩阵 $\boldsymbol{T}$ 的不同列之间是相互正交的, 第 i 列的有偏样本标准差恰好是 λ_i, 而方差代表了数据的自信息 (Self-Information), 因此最前面的几列可以认为是 “重要的主元” 或者 “信息密度最高的主元”.

1500 个数据在 (1, 7, 10) 三个主元下的可视化图见图 2.16 的右图. 可以发现, 特征提取比特征选择的分离效果更优, 具有 “高内聚低耦合” 的特点.

2.4.3 基于距离的分类器

基于距离的分类器核心问题在于对距离的定义, 下面介绍欧氏距离、马氏距离、贝氏距离.

2.4.3.1 欧氏距离

定义 2.17 若 $\bar{\boldsymbol{Z}}_i$ 是类别 f_i 的训练数据的样本均值, 测试数据 $\boldsymbol{z}$ 与类别 f_i 的欧氏距离平方为

$$d_{\mathrm{E}}(\boldsymbol{z}, f_i) = \|\boldsymbol{z} - \bar{\boldsymbol{Z}}_i\|^2 \tag{2.87}$$

如果 $F = \{f_i|i = 1, \cdots, m\}$ 是具有 m 个类别的模式集合, 且 $d_{\mathrm{E}}(\boldsymbol{z}, f_{i_0}) = \min\{d_{\mathrm{E}}(\boldsymbol{z}, f_i)|f_i \in F\}$, 那么有道理认为测试数据 $\boldsymbol{z}$ 的类别就是 f_{i_0}.

2.4.3.2 马氏距离

定义 2.18 若 $\left(\bar{\boldsymbol{Z}}_i, \boldsymbol{S}_i^2\right)$ 是类别 f_i 的训练数据的样本均值和样本方差, 测试数据 $\boldsymbol{z}$ 与类别 f_i 的马尔可夫距离 (简称马氏距离) 平方为

$$d_{\mathrm{M}}(\boldsymbol{z}, f_i) = \left(\boldsymbol{z} - \bar{\boldsymbol{Z}}_i\right)^{\mathrm{T}} \boldsymbol{S}_i^{-2} \left(\boldsymbol{z} - \bar{\boldsymbol{Z}}_i\right) \tag{2.88}$$

如果 $F = \{f_i|i = 1, \cdots, m\}$ 是具有 m 个类别的模式集合, 且 $d_{\mathrm{M}}(\boldsymbol{z}, f_{i_0}) = \min\{d_{\mathrm{M}}(\boldsymbol{z}, f_i)|f_i \in F\}$, 那么有道理认为测试数据 $\boldsymbol{z}$ 的类别就是 f_{i_0}.

2.4.3.3 贝氏距离

马氏距离判别法没有考虑不同类别的先验信息, 比如某些类别发生的概率较大, 某些类别的概率较小, 那么有必要把这些先验信息用于调整类别决策规则, 此时的距离称为贝叶斯距离 (简称贝氏距离).

若 $P(f_i)$ 表示不同类别发生的先验概率, 类别 f_i 条件下测试数据 $\boldsymbol{z}$ 的概率密度为 $p(\boldsymbol{z}|f_i)$, 测试数据 $\boldsymbol{z}$ 的概率密度为 $p(\boldsymbol{z})$, 测试数据 $\boldsymbol{z}$ 属于类别 f_i 的概率为 $P(f_i|\boldsymbol{z})$, 由贝叶斯公式得

$$P(f_i|\boldsymbol{z}) = \frac{p(\boldsymbol{z}|f_i)\, P(f_i)}{p(\boldsymbol{z})} \tag{2.89}$$

如果 $F = \{f_i|i = 1, 2, \cdots, m\}$ 是具有 m 个类别的模式集合, 且 $P(f_i|\boldsymbol{z}) = \max\limits_i\{P(f_i|\boldsymbol{z})|f_i \in F\}$, 那么有道理认为测试数据 $\boldsymbol{z}$ 的类别就是 f_{i_0}.

正态分布概率密度公式为

$$p(\boldsymbol{z}|f_i) = (2\pi)^{-m/2}\left|\boldsymbol{S}_i^2\right|^{-\frac{1}{2}} \exp\left\{-\frac{1}{2}\left(\boldsymbol{z} - \bar{\boldsymbol{Z}}_i\right)^{\mathrm{T}} \boldsymbol{S}_i^{-2} \left(\boldsymbol{z} - \bar{\boldsymbol{Z}}_i\right)\right\} \tag{2.90}$$

定义 2.19　若 $\left(\bar{\boldsymbol{Z}}_i, \boldsymbol{S}_i^2\right)$ 是类别 f_i 的训练数据的样本均值和样本方差, 测试数据 $\boldsymbol{z}$ 与类别 f_i 的贝氏距离平方为

$$d_{\mathrm{M}}\left(\boldsymbol{z}, f_i\right) = -2\ln\left[P\left(f_i|\boldsymbol{z}\right)\right] - 2\ln\left(\left(2\pi\right)^{m/2} p\left(\boldsymbol{z}\right)\right) \tag{2.91}$$

可以验证

$$\begin{aligned} d_{\mathrm{B}}\left(\boldsymbol{z}, f_i\right) &= \left(\boldsymbol{z} - \bar{\boldsymbol{Z}}_i\right)^{\mathrm{T}} \boldsymbol{S}_i^{-2}\left(\boldsymbol{z} - \bar{\boldsymbol{Z}}_i\right) + \ln\left(\det(\boldsymbol{S}_i^2)\right) - \frac{1}{2}\ln P\left(f_i\right) \\ &= d_{\mathrm{M}}\left(\boldsymbol{z}, f_i\right) + \ln\left(\det(\boldsymbol{S}_i^2)\right) - \frac{1}{2}\ln P\left(f_i\right) \end{aligned} \tag{2.92}$$

如果 $F = \{f_i | i = 1, \cdots, m\}$ 是具有 m 个类别的模式集合, 且 $d_{\mathrm{B}}\left(\boldsymbol{z}, f_{i_0}\right) = \min\left\{d_{\mathrm{B}}\left(\boldsymbol{z}, f_i\right) | f_i \in F\right\}$, 那么有道理认为测试数据 $\boldsymbol{z}$ 的类别就是 f_{i_0}.

定理 2.12　若 $d_{\mathrm{B}}\left(\boldsymbol{z}, f_i\right)$ 定义如式 (2.92), 且不同类别的方差和先验概率相同, 则马氏距离判别法的结果与贝叶斯判别法的结果完全相同.

可以看出, 贝叶斯距离与马氏距离的区别在于贝叶斯距离考虑了不同类别样本数据的方差以及发生先验概率.

第 3 章　静态数据分析

若模型的当前输出数据依赖于过去输入数据, 则称模型是动态模型, 对应的观测数据是动态数据. 反之, 有静态模型、静态数据. 若模型中有未知的干扰 (噪声项), 则称该模型是随机模型, 对应数据为随机数据. 反之, 有确定性模型、确定性数据.

例 3.1　若选手的某项能力水平 u 为待测物理量, 比如英语演讲能力、歌手演唱水平或被面试对象的专业技能, m 个评委对选手直接打分, 如下

$$x_i = u + \varepsilon_i \quad (i = 1, 2, \cdots, m, m \geqslant 1) \tag{3.1}$$

其中 $\{\varepsilon_i, i = 1, 2, \cdots, m\}$ 是独立同正态分布的误差项, 方差为 σ^2.

上述模型是没有外部输入的静态随机模型, 产生的数据是静态随机数据. 本章主要解决一维静态数据的参数估计、精度分析、野点剔除, 以及一维向多维扩展的问题.

3.1　参 数 估 计

参数估计主要指点估计, 即给定观测数据 $\{x_i \sim N(u, \sigma^2)\}_{i=1}^{m}$ 估计 (3.1) 中的期望 u 和方差 σ^2.

3.1.1　基本定理

在参数估计中, 样本均值 $\bar{x}$ 和样本方差 S^2 起着关键的作用, 如下

$$\begin{cases} \bar{x} = \dfrac{1}{m}\displaystyle\sum_{i=1}^{m} x_i \\ S^2 = \dfrac{1}{m-1}\displaystyle\sum_{i=1}^{m} (x_i - \bar{x})^2 \end{cases} \tag{3.2}$$

另外, 静态数据处理理论常用到多元正态分布的 “线性保正态” 公式, 即若 $\boldsymbol{x} \sim N(\boldsymbol{u}, \boldsymbol{\Sigma}^2)$, 则

$$\boldsymbol{A}\boldsymbol{x} + \boldsymbol{b} \sim N\left(\boldsymbol{A}\boldsymbol{u} + \boldsymbol{b}, \boldsymbol{A}\boldsymbol{\Sigma}^2\boldsymbol{A}^{\mathrm{T}}\right) \tag{3.3}$$

定理 3.1 (静态数据基本定理)　设观测数据 $\{x_i \sim N(u, \sigma^2)\}_{i=1}^{m}$ 是独立同分布的, 样本均值为 $\bar{x}$, 样本方差为 S^2, 则下列命题成立:

(1)

$$\bar{x} \sim N\left(u, \frac{1}{m}\sigma^2\right) \tag{3.4}$$

(2)

$$(m-1)\frac{S^2}{\sigma^2} \sim \chi^2(m-1) \tag{3.5}$$

(3) $\bar{x}, S^2$ 相互独立;

(4)

$$\frac{\sqrt{m}(\bar{x}-u)}{S} \sim t(m-1) \tag{3.6}$$

证明 记 $\delta_i = x_i - u, i = 1, 2, \cdots, m$, 其样本均值和样本方差为 $\bar{\delta}, S_\delta^2$, 则

$$\frac{\delta_i}{\sigma} \sim N(0,1) \quad (i = 1, 2, \cdots, m) \tag{3.7}$$

$$\bar{x} = \sigma\bar{\delta} + u \tag{3.8}$$

$$S_\delta^2 = \frac{S^2}{\sigma^2} \tag{3.9}$$

(1) 构造如下正交变换, 其中

$$\begin{bmatrix} y_1 \\ \vdots \\ y_n \end{bmatrix} = \begin{bmatrix} m^{-1/2} & \cdots & m^{-1/2} \\ * & \cdots & * \\ * & \cdots & * \end{bmatrix} \begin{bmatrix} \delta_1 \\ \vdots \\ \delta_m \end{bmatrix} = \boldsymbol{B} \begin{bmatrix} \delta_1 \\ \vdots \\ \delta_m \end{bmatrix} \tag{3.10}$$

其中 $*$ 表示取值不影响推理, 因 $\boldsymbol{B}$ 是正交矩阵, 故

$$\sum_{i=1}^{m} y_i^2 = \sum_{i=1}^{m} \delta_i^2 \tag{3.11}$$

因 $[\delta_1, \cdots, \delta_n]^{\mathrm{T}} \sim N(\mathbf{0}, \boldsymbol{I}_m)$, 由线性保正态公式可知

$$[y_1, \cdots, y_m]^{\mathrm{T}} \sim N(\mathbf{0}, \boldsymbol{I}_m) \tag{3.12}$$

也就是说 $y_1, y_2, \cdots, y_m$ 服从标准正态分布, 且相互独立, 且 $\bar{\delta} = \frac{y_1}{\sqrt{m}} \sim N\left(0, \frac{1}{m}\right)$, 故可知 $\bar{x} = \sigma(\bar{\delta} + u) \sim N\left(u, \frac{1}{m}\sigma^2\right)$.

(2) 因

$$(m-1)S_\delta^2 = \sum_{i=1}^{m}(\delta_i - \bar{\delta})^2 = \sum_{i=1}^{m}\delta_i^2 - m\bar{\delta}^2 = \sum_{i=1}^{m} y_i^2 - y_1^2 = \sum_{i=2}^{m} y_i^2$$

又由卡方分布的定义可知 $(m-1)\,S_\delta^2 \sim \chi^2\,(m-1)$, 从而

$$(m-1)\,\frac{S^2}{\sigma^2} \sim \chi^2\,(m-1)$$

(3) 因 $\bar{\delta}$ 是 y_1 的函数, S_δ^2 是 $y_2,\cdots,y_m$ 的函数, 而 $y_1,y_2,\cdots,y_m$ 又相互独立, 故 $\bar{\delta}$ 与 S_δ^2 相互独立, 从而 $\bar{x}$ 与 σ_s^2 相互独立.

(4) 结合 t 分布的定义, 以及结论 (1)、结论 (2)、结论 (3) 可知 $\dfrac{\sqrt{m}\,(\bar{x}-u)}{S} \sim t\,(m-1)$.

备注 3.1 静态数据是线性数据的特例. 在第 4 章利用协方差的定义, 将会给出更简洁的关于 $\bar{x}$ 与 σ_s^2 相互独立性的证明.

3.1.2 逻辑推理法

假定 $\boldsymbol{x}=[x_1,\cdots,x_m]^{\mathrm{T}} \in \mathbb{R}^{m\times 1}$ 是已知的观测数据, $[1,\cdots,1]^{\mathrm{T}} \in \mathbb{R}^{m\times 1}$ 是已知的列满秩的设计矩阵, $\mu \in \mathbb{R}$ 是未知的参数, 满足

$$[1,\cdots,1]^{\mathrm{T}}\,\mu=[x_1,\cdots,x_m]^{\mathrm{T}} \tag{3.13}$$

一般来说, 测量数据是冗余的, 导致 $m \geqslant 1$, 即方程多、参数少, 使得上式是矛盾方程, 方程没有解析解. 在这种情况下, 可以依据矩阵的乘法规则, 通过逻辑推理获得一个看似合理的解, 过程如下.

在上式两边同时左乘 $[1,\cdots,1]$, 得

$$[1,\cdots,1]\,[1,\cdots,1]^{\mathrm{T}}\,\mu=[1,\cdots,1]\,[x_1,\cdots,x_m]^{\mathrm{T}} \tag{3.14}$$

此时 $[1,\cdots,1]\,[1,\cdots,1]^{\mathrm{T}}=m \in \mathbb{R}$ 是数字, 故上式两边同时左乘 m^{-1}, 得

$$\hat{\mu}=m^{-1}\,[1,\cdots,1]\,\boldsymbol{x}=m^{-1}\sum_{i=1}^{m}x_i=\bar{x} \tag{3.15}$$

下面从 “极大似然” 视角分析上式的性质.

3.1.3 极大似然估计

可以用极大似然估计的准则估计 $\{u,\sigma^2\}$, 因 $\{x_i \sim N\,(u,\sigma^2)\}_{i=1}^{m}$, 故联合密度的对数为

$$\begin{aligned} L\left(u,\sigma^2\right) &= \ln\prod_{i=1}^{m}\frac{1}{\sigma\sqrt{2\pi}}\exp\left(-\frac{\left(x_i-u\right)^2}{2\sigma^2}\right) \\ &= \sum_{i=1}^{m}\left(-\ln\left(\sigma\sqrt{2\pi}\right)-\frac{\left(x_i-u\right)^2}{2\sigma^2}\right) \end{aligned} \tag{3.16}$$

令

$$\begin{cases} \dfrac{\partial}{\partial u}L = \dfrac{-m\left(u-\bar{x}\right)}{\sigma^2} = 0 \\ \dfrac{\partial}{\partial \sigma^2}L = -\dfrac{m}{2\sigma^2} + \displaystyle\sum_{i=1}^{m} \dfrac{\left(x_i-u\right)^2}{2\left(\sigma^2\right)^2} = 0 \end{cases} \tag{3.17}$$

解得

$$\begin{cases} \hat{u} = \bar{x} \\ \hat{\sigma}^2 = \dfrac{1}{m}\displaystyle\sum_{i=1}^{m}\left(x_i-\hat{u}\right)^2 = \dfrac{m-1}{m}S^2 \end{cases} \tag{3.18}$$

3.1.4 Bessel 校正和 Peter 估计

当 m 比较大时, 用贝塞尔校正 (Bessel's Correction) 公式估计期望和方差

$$\begin{cases} \hat{u} = \bar{x} \\ \hat{\sigma}^2 = S^2 \end{cases} \tag{3.19}$$

用式 (3.19) 代替式 (3.18) 的好处是：式 (3.19) 具有无偏性, 即

$$\begin{cases} \mathrm{E}\left(\hat{u}\right) = u \\ \mathrm{E}\left(\hat{\sigma}^2\right) = \sigma^2 \end{cases} \tag{3.20}$$

实际上, $\mathrm{E}\left(\hat{u}\right) = u$ 可以由 $\bar{x} \sim N\left(u, \dfrac{1}{m}\sigma^2\right)$ 证得, $\mathrm{E}\left(\sigma^2\right) = \sigma^2$ 可以由 $(m-1)\dfrac{S^2}{\sigma^2} \sim \chi^2\left(m-1\right)$ 和卡方分布的期望公式证得. $\mathrm{E}\left(\sigma^2\right) = \sigma^2$ 还可以如下证明：设 $\{\delta_i = x_i - u, i = 1, 2, \cdots, m\}$, 则

$$\begin{aligned} &\mathrm{E}\left[\sum_{i=1}^{m}(x_i-\bar{x})^2\right] \\ =&\mathrm{E}\left[\sum_{i=1}^{m}\left(u+\delta_i-\frac{1}{m}\sum_{j=1}^{m}\left(u+\delta_i\right)\right)^2\right] \\ =&\mathrm{E}\left[\sum_{i=1}^{m}\left(\delta_i-\frac{1}{m}\sum_{j=1}^{m}\delta_i\right)^2\right] \\ =&\mathrm{E}\left[\sum_{i=1}^{m}\left(\delta_i^2+\left(\frac{1}{m}\sum_{j=1}^{m}\delta_j\right)^2-2\delta_i\frac{1}{m}\sum_{j=1}^{m}\delta_j\right)\right] \end{aligned}$$

$$= \sum_{i=1}^{n} \mathrm{E}\left(\delta_i^2\right) + \frac{1}{m^2}\mathrm{E}\left(\sum_{j=1}^{m}\delta_j\right)^2 - \frac{2}{m}\sum_{i=1}^{m}\mathrm{E}\left(\delta_i\left(\sum_{j=1}^{m}\delta_j\right)\right)$$

$$= m\sigma^2 + \frac{1}{m^2}m \cdot m\sigma^2 - \frac{2}{m} \cdot m\sigma^2 = (m-1)\,\sigma^2$$

备注 3.2 $\hat{\sigma}^2 = S^2$ 称为 Bessel 估计, 还有另一种更加稳健的估计方法, 称为 Peter 估计, 该估计也是无偏的. Peter 估计公式为

$$\hat{\sigma}_P = \sqrt{\frac{\pi}{2}}\frac{\sum_{i=1}^{m}|x_i - \bar{x}|}{\sqrt{m\,(m-1)}} \approx 1.25\frac{\sum_{i=1}^{m}|x_i - \bar{x}|}{\sqrt{m\,(m-1)}} \tag{3.21}$$

定理 3.2 Peter 估计为 σ 的无偏估计.

证明 因 $\bar{x} \sim N\left(u, \dfrac{\sigma^2}{m}\right)$, 故

$$x_i - \bar{x} = \frac{m-1}{m}x_i - \frac{1}{m}\sum_{j\neq i}^{m}x_j \sim N\left(0, \frac{m-1}{m}\sigma^2\right) \tag{3.22}$$

从而

$$\frac{1}{\sigma}\sqrt{\frac{m}{m-1}}\,(x_i - \bar{x}) \sim N\,(0,1) \tag{3.23}$$

故

$$\mathrm{E}\left(\frac{1}{\sigma}\sqrt{\frac{m}{m-1}}\,|x_i - \bar{x}|\right) = 2\int_0^{\infty}\frac{1}{\sqrt{2\pi}}x\mathrm{e}^{-\frac{1}{2}x^2}dx$$

$$= \sqrt{\frac{2}{\pi}}\int_0^{\infty}\mathrm{e}^{-x}dx = \sqrt{\frac{2}{\pi}} \cdot \mathrm{e}^{-t}|_{\infty}^{0} = \sqrt{\frac{2}{\pi}} \tag{3.24}$$

且

$$\mathrm{E}\left(|x_i - \bar{x}|\right) = \sigma\sqrt{\frac{2}{\pi}}\sqrt{\frac{m-1}{m}} \tag{3.25}$$

所以

$$\mathrm{E}\left(\hat{\sigma}_P\right) = \sqrt{\frac{\pi}{2}}\frac{\sum_{i=1}^{m}\mathrm{E}\left(|x_i - \bar{x}|\right)}{\sqrt{m\,(m-1)}} = \sqrt{\frac{\pi}{2}}\frac{m\mathrm{E}\left(|x_i - \bar{x}|\right)}{\sqrt{m\,(m-1)}} = \sqrt{\frac{\pi}{2}}\frac{m\sigma\sqrt{\frac{2}{\pi}}\sqrt{\frac{m-1}{m}}}{\sqrt{m\,(m-1)}} = \sigma$$

与二次函数相比, 一次函数的曲线形态更加平缓. 反之, 二次函数曲线形态更加陡峭, 幅值越大越陡峭, 所以 Peter 估计比 Bessel 估计更加稳健. 表现为：当测量数据中含幅值非常大的过失误差时, $\hat{\sigma}_P^2$ 比 S^2 更接近真值.

例 3.2　共有 $m=101$ 个静态观测数据, 其中第 101 个数据含过失误差.

(1) $\sigma=0$, 即真实的标准差取极端情况 $\sigma=0$, 如下：$x_1=\cdots=x_{100}=0$, $x_{101}=101$, 则 $\bar{x}=1$, 用 Bessel 公式、Peter 公式估计标准差为

$$\hat{\sigma}_B=\sqrt{\frac{\sum_{i=1}^{m}(x_i-\bar{x})^2}{m-1}}=\sqrt{\frac{1}{100}\left(1+\cdots+1+100^2\right)}=\sqrt{101}>10\gg 0=\sigma$$

$$\hat{\sigma}_P=\sqrt{\frac{\pi}{2}}\frac{\sum_{i=1}^{m}|x_i-\bar{x}|}{\sqrt{m(m-1)}}\approx\frac{1.25\,(1+\cdots+1+100)}{100}=2.5<\sqrt{101}=\hat{\sigma}_B$$

结果也可以参考图 3.1.

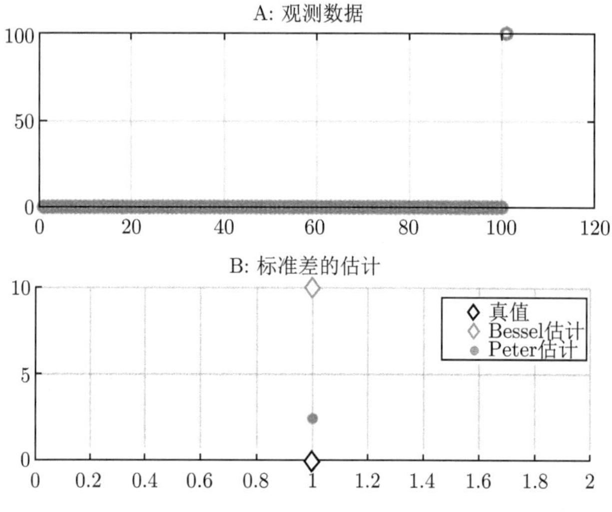

图 3.1　Bessel 估计和 Peter 估计的对比图 ($\sigma=0$)

(2) $\sigma=10$, 如下: $x_{101}=101$, 则 $\bar{x}=0.5198$, 用 Bessel 公式、Peter 公式估计标准差为

$$\hat{\sigma}_B=\sqrt{\frac{\sum_{i=1}^{m}(x_i-\bar{x})^2}{m-1}}=14.1423>10=\sigma$$

$$\hat{\sigma}_P=\sqrt{\frac{\pi}{2}}\frac{\sum_{i=1}^{m}|x_i-\bar{x}|}{\sqrt{m(m-1)}}=11.4641<14.1423=\hat{\sigma}_B$$

结果也可以参考图 3.2.

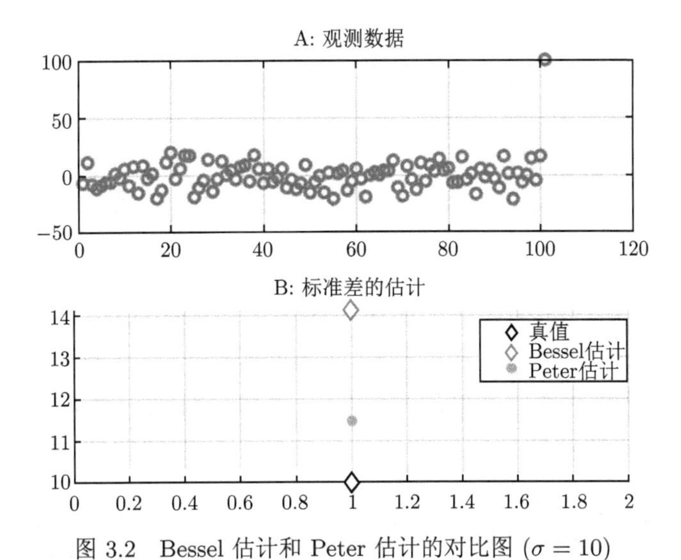

图 3.2 Bessel 估计和 Peter 估计的对比图 ($\sigma = 10$)

MATLAB 代码 3.1

```
%% 数据生成
close all,clc,clear,
rng(1),m=101;sigma = 10;
x = sigma*randn(m,1);x(m)=m;
subplot(211)
plot(x,'o','linewidth',2)
mean_x = mean(x)
sigma_Bessel = std(x)
sigma_Peter = sqrt(pi/2)*sum(abs(x-mean_x))/sqrt(m*(m-1))
hold on
grid on
title('A:观测数据','Fontsize',18)
%% 参数估计
subplot(212)
hold on
grid on
plot(sigma,'d','linewidth',2)
plot(sigma_Bessel,'d','linewidth',2)
plot(sigma_Peter,'*','linewidth',2)
legend('真值','Bessel估计','Peter估计')
title('B:标准差的估计','Fontsize',18)
```

3.2 精 度 分 析

3.2.1 精度管道和管道半径

精度分析的实质是区间估计, 可形象地称之为**管道分析**. 对于模型 $\{x_i = u + \varepsilon_i, i = 1, 2, \cdots, m\}$, 由于观测存在误差 $\{\varepsilon_i, i = 1, 2, \cdots, m\}$, 因此估计的参数值 $\{\hat{u}, \hat{\sigma}^2\}$ 有不确定度, 其中 $\hat{u}$ 的管道 $[\hat{u} - \Delta u, \hat{u} + \Delta u]$ 尤其关键. 不确定度 Δu 就是管道半径, 依赖于显著性水平 α(也称为 I 类决策风险, 或者 I 类犯错概率), 一般 α 控制在 5%以内, 显著性水平越大, 管道半径就越大. 精度分析就是先给定显著性水平 α, 后计算不确定度 Δu(Δu 也称为**精度**, 或者**精度指标**), 从而得到置信区间 $[\hat{u} - \Delta u, \hat{u} + \Delta u]$.

由定理 3.1 可知, 若参数的估计式为 $\hat{u} = \bar{x}, \hat{\sigma}^2 = S^2$, 则 $\dfrac{\sqrt{m}(\bar{x} - u)}{S} \sim t(m-1)$. 给定显著性水平 α, $t_{1-\alpha/2}$ 为自由度为 $m-1$ 的 t 分布对应于 $1 - \dfrac{\alpha}{2}$ 的分位数, 即

$$P\left\{\left|\sqrt{m}\frac{\bar{x} - u}{S}\right| < t_{1-\alpha/2}\right\} = 1 - \alpha \tag{3.26}$$

整理得

$$P\left\{\bar{x} - \frac{t_{1-\alpha/2}S}{\sqrt{m}} < u < \bar{x} + \frac{t_{1-\alpha/2}S}{\sqrt{m}}\right\} = 1 - \alpha \tag{3.27}$$

一般来说, 显著性水平 α 非常小 (0.01~0.05), 也就是说决策者在误判概率为 α 的条件下可以以 $1-\alpha$ 的信心认为真值 u 就在如下区间内

$$\left[\bar{x} - \frac{t_{1-\alpha/2}\sigma_s}{\sqrt{m}}, \bar{x} + \frac{t_{1-\alpha/2}\sigma_s}{\sqrt{m}}\right] \tag{3.28}$$

正因如此, 称该区间为置信区间 (或者置信管道), 称 $P_\alpha = 1 - \alpha$ 为置信概率 (或置信度), 称 $\dfrac{1}{\sqrt{m}} t_{1-\alpha/2} S$ 为测量值 u 的精度指标 (或者管道半径).

备注 3.3 一维参数对应区间估计、二维参数对应椭圆估计、多维参数对应 n 维超球估计.

备注 3.4 当 m 较大时, 分位数满足 $t_{1-\alpha/2} \approx u_{1-\alpha/2}$, 例如, 当 $\alpha = 0.05$, $m = 10$ 时, $t_{1-\alpha/2} = 2.2621 > 1.9599 = u_{1-\alpha/2}$; 当 $m = 20$ 时, $t_{1-\alpha/2} = 2.0930 > 1.9599 = u_{1-\alpha/2}$.

备注 3.5 可以发现精度指标 $\dfrac{1}{\sqrt{m}} t_{1-\alpha/2} S$ 依赖于样本容量 m 和显著性水平 $\alpha : m$ 越大, 管道越小; α 越大, 管道越小. 反之, 若要提高决策精度, 即让管道变小, 就要增加样本容量, 比如靶场试验中需要增加设备, 演讲比赛中需要增加评委.

3.2.2 精度分析的应用

例 3.3 某空军试验基地需要鉴定基地测控雷达的可靠度. 常采用 4 次或者 5 次静止试验, 假定静止试验的样本均值为 $\bar{x} = 40.021\,\mathrm{km}$, 样本标准差为 $S = 100\ \mathrm{m}$, 给定显著性水平 $\alpha = 0.05$, 回答下列问题：

(1) 求 5 次静止试验条件下该测控雷达的精度半径、精度管道. (备注：自由度为 4 的 t 分布的右分位数 $t_{1-\alpha/2} = 2.7764$.)

(2) 若用该测控雷达观测某备试品状态, 且可靠半径 R 不得大于 50 m, 求 5 次静止试验下的可靠度, 该空军基地静止试验次数满足可靠度要求吗?

(3) 若用该测控雷达观测某备试品状态, 且可靠半径 R 不得大于 50 m, 求静止试验的最少次数.

解 (1) 本问题实质是已知置信概率 $1-\alpha$ 求置信半径 R. 若 m 表示静止试验次数, 则精度半径为 $\dfrac{t_{1-\alpha/2}}{\sqrt{m}}S = 124.1664$, 从而精度管道为

$$\bar{x} \pm \frac{t_{1-\alpha/2}}{\sqrt{m}}S = [39897, 40145]$$

(2) 本问题实质是已知置信半径 R 求置信概率 $P\{|\bar{x}-\mu| < R\}$, 该空军基地静止试验次数不满足可靠度要求, 因为

$$\begin{aligned} P\{|\bar{x}-\mu| < R\} &= P\left\{\frac{\sqrt{m}\,|\bar{x}-\mu|}{S} < \frac{\sqrt{m}R}{S}\right\} \\ &= 1 - 2\left(1 - P\left\{\frac{\sqrt{m}\,|\bar{x}-\mu|}{S} < \frac{\sqrt{m}R}{S}\right\}\right) \\ &= 2P\left\{\frac{\sqrt{m}\,|\bar{x}-\mu|}{S} < \frac{\sqrt{m}R}{S}\right\} - 1 = 0.6738 < 0.95 = 1-\alpha \end{aligned}$$

说明静止试验次数过少.

(3) 本问题实质是已知置信半径 R 和置信概率 $1-\alpha$ 求试验次数 m. 至少进行 18 次静止试验才能保证该置信半径是可靠的, 因为

$$\begin{aligned} P\{|\bar{x}-\mu| < R\} &= 2P\left\{\frac{\sqrt{m}\,|\bar{x}-\mu|}{S} < \frac{\sqrt{m}R}{S}\right\} - 1 \\ &= \begin{cases} 0.9441 < 0.95 = 1-\alpha, & m = 17 \\ 0.9511 > 0.95 = 1-\alpha, & m = 18 \end{cases} \end{aligned}$$

MATLAB 代码 3.2

```
%% 求精度半径
m=5;alpha =0.05;sigma = 100;
```

```
x_mean = 40021;R = 50; %给定置信半径
t_alpha = tinv(1-alpha/2,m-1)
%% 求置信区间
t_alpha*sigma/sqrt(m)
[x_mean-t_alpha*sigma/sqrt(m), x_mean+t_alpha*sigma/sqrt(m)]
%% 求置信概率
cdf_left = cdf('t',sqrt(m)*R/sigma,m-1)
cdf_left = 1- (1-cdf_left)*2
```

例 3.4 设测量某工件 25 次, 得 $\bar{x}=40.021, S=0.002$, 若用正态分布代替 t 分布, 问

(1) 在置信概率为 95%时精度为多少？置信区间是多少？

(2) 测量结果在 $[40.021-0.0006, 40.021+0.0008]$ 内时的置信概率是多少？

解 (1) 查正态分布表得 $t_{1-\alpha/2}=1.96$, 所以精度为 $\pm\dfrac{t_{1-\alpha/2}}{\sqrt{m}}S=\pm\dfrac{1.96}{\sqrt{25}}\times 0.002=\pm 0.0008$; 测量的结果为 40.021 ± 0.0008.

(2) 测量的精度为 $-\dfrac{t_1}{\sqrt{m}}S=0.0006, \dfrac{t_2}{\sqrt{m}}S=0.0008$, 故

$$t_1=\sqrt{m}0.0006/S=1.5, \quad t_2=0.0008\sqrt{m}/S=2$$

得置信概率

$$P_\alpha=P\{x<2\}-P\{x<-1.5\}=0.9772-0.0668=0.9104$$

MATLAB 代码 3.3

```
%% 求精度半径
m=25;alpha =0.05;x_mean = 40.021; sigma = 0.002;
t_alpha = norminv(1-alpha/2)
%% 求置信区间
t_alpha*sigma/sqrt(m)
[x_mean-t_alpha*sigma/sqrt(m), x_mean+t_alpha*sigma/sqrt(m)]
%% 求置信概率
cdf_left = cdf('norm',- sqrt(m)*0.0006/sigma,0,1)
cdf_right = cdf('norm', sqrt(m)*0.0008/sigma,0,1)
cdf_right - cdf_left
```

例 3.5 设某测量中 $m=5, \bar{x}=1.12, S=0.01$, 要求置信概率 $P=1-\alpha=0.95$, 此时测量精度为多少？

解 $m=5$ 对应自由度为 $m-1=4$ 的 t 分布, 当 $P_\alpha=0.95$ 时, 查 t 分布表得 $t_{1-\alpha/2}=2.776$, 所以测量精度为 $\pm\dfrac{t_{1-\alpha/2}}{\sqrt{m}}S=\pm 0.012$.

MATLAB 代码 3.4

```
%% 求精度半径
m=5;alpha =0.05;sigma = 0.01;x_mean = 1.12;
t_alpha = tinv(1-alpha/2,m-1)
t_alpha*sigma/sqrt(m)
```

例 3.6 医院共抽取了 16 例正常血液体检报告, 测得血液白细胞浓度为 $\bar{x}=7$(单位是 10^9/L), 给定显著性水平 $\alpha=0.001$.

(1) 若已知样本标准差为 $S=3$, 求 16 例正常血液体检报告下白细胞浓度的精度半径、精度管道. (备注: t 分布的分位数为 $t(1-\alpha/2,16-1)=4.0728$).

(2) 若样本标准差是未知的, 精度半径为 $R=3$, 求置信管道、样本标准差 S.

(3) 若已知样本标准差为 $S=3$, 显著性水平变为 $\alpha=0.01$, 且精度半径为 $R=3$, 求至少需要多少个正常血液样本才能保证可靠度.

解 (1) 本小题实质是已知置信概率求置信半径. 若 m 表示样本数, 则精度半径为 $\dfrac{t(1-\alpha/2,m-1)}{\sqrt{m}}S=3.0546$, 从而精度管道为

$$\bar{x}\pm\frac{t(1-\alpha/2,m-1)}{\sqrt{m}}S=[3.9454,10.0546]$$

(2) 自由度为 $m-1=15$ 的 t 分布的分位数为 $t(1-\alpha/2,m-1)=4.0728$, 测量精度为 $\dfrac{t_{1-\alpha/2}}{\sqrt{m}}S=\dfrac{4.0728\times S}{\sqrt{16}}=3$, 得

$$S\approx 2.9464$$

(3) 本问题实质是已知置信半径和置信概率求试验次数. 这批至少需要 11 个正常血液样本才能保证可靠度, 因为

$$\begin{aligned}
P\{|\bar{x}-\mu|<R\}&=P\left\{\frac{\sqrt{m}\,|\bar{x}-\mu|}{S}<\frac{\sqrt{m}R}{S}\right\}\\
&=1-2\left(1-P\left\{\frac{\sqrt{m}\,|\bar{x}-\mu|}{S}<\frac{\sqrt{m}R}{S}\right\}\right)\\
&=2P\left\{\frac{\sqrt{m}\,|\bar{x}-\mu|}{S}<\frac{\sqrt{m}R}{S}\right\}-1\\
&=\begin{cases}0.9885<0.99=1-\alpha, & m=10\\ 0.9922>0.99=1-\alpha, & m=11\end{cases}
\end{aligned}$$

MATLAB 代码 3.5

```
%% 血液体检报告
m=16;alpha =0.001;
```

```
x_mean = 7; sigma = 3
%% 求置信区间
t_alpha = tinv(1-alpha/2,m-1)
R = t_alpha*sigma/sqrt(m)
-t_alpha*sigma/sqrt(m) + x_mean
t_alpha*sigma/sqrt(m) + x_mean
%% 求样本方差
R = 3;%给定置信半径3=7-4=10-7
sigma = R*sqrt(m)/t_alpha
%% 分布函数
alpha =0.01;R = 3;sigma = 3;m=10;
cdf_left = cdf('t',sqrt(m)*R/sigma, m-1)
cdf_left = 1- (1-cdf_left)*2
```

例 3.7 飞行器 P 绕测角经纬仪 O 作等距最佳巡航, 测站到目标的距离为 R, 飞行器 P 的水平投影坐标为 $\boldsymbol{P} = [x, z]^{\mathrm{T}}$, 求定位的 x 和 z 的精度半径 σ_x 和 σ_z.

备注 3.6 依据经验可知最佳俯仰角为 $E = 45°$ 时, "等距最佳巡航" 就是指测站到目标的距离 R 为常值、$E = 45°$ 且飞行器飞行轨迹为圆形.

解 如图 3.3 所示, 测站到目标的距离记为 R, 方位角和俯仰角分别记为 A 和 E, 方位角就是观测线 OP 在水平面的投影 OP' 到测站系 x 轴的到角 A, 俯仰角就是观测线 OP 在水平面的投影到观测线 OP 的到角 E. 记

$$\begin{bmatrix} x \\ z \end{bmatrix} = \begin{bmatrix} R\cos E\cos A \\ R\cos E\sin A \end{bmatrix} \tag{3.29}$$

两边同时取微分得

$$\begin{aligned}
\begin{bmatrix} dx \\ dz \end{bmatrix} &= R\begin{bmatrix} (-\sin E)*\cos A & \cos E*(-\sin A) \\ (-\sin E)*\sin A & \cos E*(\cos A) \end{bmatrix}\begin{bmatrix} dE \\ dA \end{bmatrix} \\
&= R\begin{bmatrix} -\cos A & -\sin A \\ -\sin A & \cos A \end{bmatrix}\begin{bmatrix} \sin E & 0 \\ 0 & \cos E \end{bmatrix}\begin{bmatrix} dE \\ dA \end{bmatrix} \\
&= R\begin{bmatrix} -\cos A & -\sin A \\ -\sin A & \cos A \end{bmatrix}\begin{bmatrix} \sqrt{2}/2 & 0 \\ 0 & \sqrt{2}/2 \end{bmatrix}\begin{bmatrix} dE \\ dA \end{bmatrix} \\
&= \frac{\sqrt{2}}{2}R\boldsymbol{M}\begin{bmatrix} dE \\ dA \end{bmatrix}
\end{aligned}$$

其中变换矩阵 $\boldsymbol{M}=\begin{bmatrix}-\cos A & -\sin A\\ -\sin A & \cos A\end{bmatrix}$ 为正交矩阵 (行列式等于 -1 的反射矩阵). 假定测角误差满足零均值, 即 $\{dE,dA\}\sim N\left(0,0,\sigma_1^2,\sigma_2^2,r\right)$, 其密度函数为

$$f\left(e,a\right)=\frac{1}{2\pi\sigma_1\sigma_2\sqrt{1-r^2}}\exp\left(\frac{-1}{2\left(1-r^2\right)}\left(\frac{e^2}{\sigma_1^2}-2r\frac{e}{\sigma_1}\frac{a}{\sigma_2}+\frac{a^2}{\sigma_2^2}\right)\right) \tag{3.30}$$

dx,dz 的协方差矩阵为

$$\boldsymbol{H}=\frac{1}{2}R^2\boldsymbol{M}\begin{bmatrix}\sigma_1^2 & r\sigma_1\sigma_1\\ r\sigma_1\sigma_1 & \sigma_2^2\end{bmatrix}\boldsymbol{M}^{\mathrm{T}} \tag{3.31}$$

特别地, 因为 $\boldsymbol{M}$ 是正交的, 当 $\sigma_1=\sigma_2=\sigma,r=0$ 时, $[dx,dz]$ 的协方差矩阵为

$$\boldsymbol{H}=\frac{1}{2}R^2\begin{bmatrix}\sigma^2 & 0\\ 0 & \sigma^2\end{bmatrix} \tag{3.32}$$

此时, 等距最佳巡航的条件下, x 和 z 的精度半径为

$$\sigma_x=\sigma_z=\frac{\sqrt{2}}{2}R\sigma \tag{3.33}$$

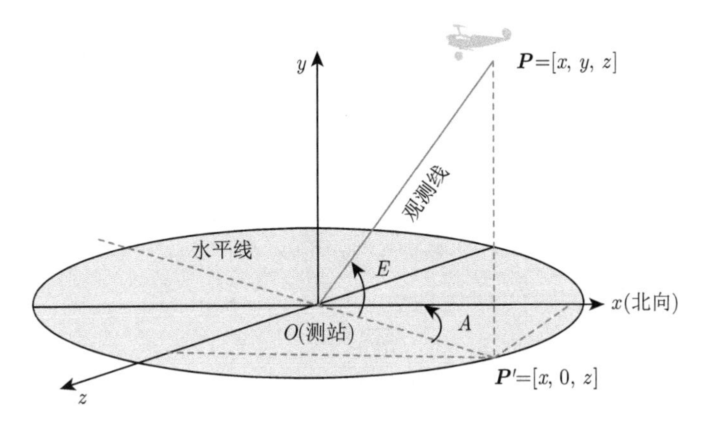

图 3.3 “等距最佳巡航” 条件下的方位角和俯仰角

3.3 野点剔除

野点也称为过失误差. 与随机误差和系统误差不同, 过失误差的幅值一般比较大. 该类误差可能由试验人员的主观立场、职业态度、精神状态、经验技能造成读数或记录错误, 也可能是客观环境、被测对象、仪器突发等突发故障引起的

客观误差. 例如, 跟踪测量运载火箭, 级间分离时, 测量对象、环境都会发生急剧变化. 应对野点的方法分为两个方面：一方面, 事先预防, 强化管理, 优化方案, 增加测量设备、测量次数, 避免人为过失误差; 另一方面, 事后处理, 增强算法, 识别并剔除野点对试验的影响. 对于静态模型, 罗曼诺夫斯基 (Romanovsky) 统计量和格拉布斯 (Grubbs) 统计量是两个常用的野点剔除统计量.

3.3.1 基本准则

构造故障检测统计量的基本原则是 "运动员、裁判员不可得兼". 例如, 假定 $\{x_1, x_2, \cdots, x_{m-1}, x_m\}$ 是样本容量为 m 的一维监控数据序列, 若要判断最后一个数据 x_m 是否为野点, 那么 x_m 就是运动员, 剩下的 $m-1$ 个数据 $\{x_1, x_2, \cdots, x_{m-1}\}$ 就相当于裁判员. 所以野点检测的基本思路为：先利用裁判数据 $\{x_1, x_2, \cdots, x_{m-1}\}$ 构建统计量 $g(x_1, x_2, \cdots, x_{m-1})$, 然后通过比较 x_m 与 $g(x_1, x_2, \cdots, x_{m-1})$ 的差异判断 x_m 是否为野点数据. 下面这个定理是构建检测统计量的关键依据.

定理 3.3 设数据集 $\{x_1, x_2, \cdots, x_{m-1}, x_m\}$ 中最多有一个野点, 当没有野点时, 它们为独立同正态分布的, 即 $x_i \overset{\text{i.i.d.}}{\sim} N(\mu, \sigma^2)$, 其中 μ 为期望, σ^2 为方差. 记 x_m 的异己均值为

$$\bar{x}_m = \frac{1}{m-1} \sum_{i=1}^{m-1} x_i \tag{3.34}$$

异己方差为

$$S_m^2 = \frac{1}{m-2} \sum_{i=1}^{m-1} (x_i - \bar{x}_m)^2 \tag{3.35}$$

检测残差为

$$r_m = x_m - \bar{x}_m \tag{3.36}$$

异己检测统计量为

$$T_m = \sqrt{\frac{m-1}{m}} \frac{x_m - \bar{x}_m}{S_m} \tag{3.37}$$

则

$$T_m \sim t(m-2) \tag{3.38}$$

实际上, 作正交变换如下

$$\boldsymbol{y} = \begin{bmatrix} y_1 \\ \vdots \\ y_{m-1} \end{bmatrix} = \begin{bmatrix} & * & \\ \frac{1}{\sqrt{m-1}}, \cdots, & \frac{1}{\sqrt{m-1}}, & \frac{1}{\sqrt{m-1}} \end{bmatrix} \begin{bmatrix} x_1 \\ \vdots \\ x_{m-1} \end{bmatrix} = \boldsymbol{A}\boldsymbol{x} \tag{3.39}$$

记 $\boldsymbol{u}=[u,\cdots,u]^{\mathrm{T}}\in\mathbb{R}^{m-1}$, 由线性保正态公式可得如下三个结论

$$\boldsymbol{y}=\boldsymbol{A}\boldsymbol{x}\sim N\left(\boldsymbol{A}\boldsymbol{u},\sigma^{2}\boldsymbol{I}_{m-1}\right) \tag{3.40}$$

$$\sum_{i=1}^{m-1}y_i^2=\boldsymbol{y}^{\mathrm{T}}\boldsymbol{y}=\boldsymbol{x}^{\mathrm{T}}\boldsymbol{A}^{\mathrm{T}}\boldsymbol{A}\boldsymbol{x}=\boldsymbol{x}^{\mathrm{T}}\boldsymbol{x}=\sum_{i=1}^{m-1}x_i^2 \tag{3.41}$$

$$y_{m-1}=\left[\frac{1}{\sqrt{m-1}},\cdots,\frac{1}{\sqrt{m-1}}\right]\begin{bmatrix}x_1\\ \vdots\\ x_{m-1}\end{bmatrix}=\bar{x}_m\sqrt{m-1} \tag{3.42}$$

由线性保正态公式可得

$$\bar{x}_m=\left[\frac{1}{m-1},\cdots,\frac{1}{m-1}\right]\begin{bmatrix}x_1\\ \vdots\\ x_{m-1}\end{bmatrix}\sim N\left(u,\frac{1}{m-1}\sigma^2\right) \tag{3.43}$$

利用线性变换方法可以验证:

$$\begin{cases}x_m-\bar{x}_m\sim N\left(0,\dfrac{m}{m-1}\sigma^2\right)\\ \dfrac{(m-1)\,S_m^2}{\sigma^2}\sim\chi^2\,(m-2)\end{cases} \tag{3.44}$$

而且 $x_m-\bar{x}$ 与 S_m^2 相互独立, 再利用 t 分布的定义可知 $T_m\sim t\,(m-2)$.

若把 x_m 替换为任意的 $x_j, j=1,\cdots,m$, 得 x_j 的异己均值

$$\bar{x}_j=\frac{1}{m-1}\sum_{i\neq j}x_i \tag{3.45}$$

x_j 的异己方差为

$$S_j^2=\frac{1}{m-2}\sum_{i\neq j}\left(x_i-\bar{x}_j\right)^2 \tag{3.46}$$

x_j 的异己残差为

$$r_j=x_j-\bar{x}_j \tag{3.47}$$

x_j 的异己检测统计量为

$$T_j=\sqrt{\frac{m-1}{m}}\frac{x_j-\bar{x}_j}{S_j} \tag{3.48}$$

依据定理 3.1 得

$$T_j\sim t\,(m-2) \tag{3.49}$$

基于上述公式, 可以构造如下野点剔除的准则.

准则 3.1　设数据集 $\{x_1, x_2, \cdots, x_{m-1}, x_m\}$ 为独立同正态分布的测量数据序列, 且 $x_i \overset{\text{i.i.d.}}{\sim} N(\mu, \sigma^2)$, 其中最多有一个野点. 设 α 为给定的显著性水平, $t_{1-\alpha/2}$ 为自由度为 $m-2$ 的 t 分布对应于 $1-\alpha/2$ 的右分位数, 即概率值满足

$$P\left\{\sqrt{\frac{m-1}{m}}\frac{|x_j - \bar{x}_j|}{S_j} > t_{1-\alpha/2}\right\} = \alpha \tag{3.50}$$

若

$$T_j = \sqrt{\frac{m-1}{m}}\frac{|x_j - \bar{x}_j|}{S_j} > t_{1-\alpha/2} \tag{3.51}$$

则认为 x_j 是野点, 应剔除 x_j, 否则应保留 x_j.

算法 3.1　野点剔除——罗曼诺夫斯基准则

输入 1：数据 $\{x_1, x_2, \cdots, x_{m-1}, x_m\}$;

输入 2：显著性水平 α;

输出 1：判断每个数据 x_j 是否为野点;

for $j = 1, \cdots, m$

步骤 1：依据 (3.45) 计算异己均值 $\bar{x}_j$;

步骤 2：依据 (3.46) 计算异己方差 S_j^2;

步骤 3：依据 (3.47) 计算异己残差 r_j;

步骤 4：依据 (3.48) 计算异己检测统计量 T_j;

步骤 5：依据 α 计算分位数 $t_{1-\alpha/2}$;

步骤 6：若 $T_j > t_{1-\alpha/2}$, 则 x_j 为野点, 剔除之; 否则为正常数据.

end

备注 3.7　若 x_j 不是野点, 则仍有 $\alpha * 100\%$的误判概率. 若 x_j 是野点, 仍有可能漏判, 漏判的概率与野点的幅值有关. 一方面, 幅值越大, 则漏判的可能性越小; 另一方面, 样本容量越少, 误判率和漏判率越高, 确定需要多少个样本点则是试验设计中“已知概率求分位点”的问题, 本书不进一步讨论.

备注 3.8　若数据集中有多个野点, 3.3.2 小节和 3.3.3 小节用顺序统计量逐个剔除野点.

备注 3.9　为了判断具有 m 个样本点的数据集是否有一个野点, 需要计算 m 次异己均值 $\bar{x}_j$、异己方差 S_j^2, 计算量比较大. 为什么不使用日常的“去掉一个最高分, 去掉一个最低分, 平均分是多少”的规则呢?

例 3.8 若选手的某项能力水平 $u = 8.5$ 为待测物理量, 则 $m = 10$ 个评委对选手直接打分, 多数评委能够公正评分, 评分满足如下模型

$$x_i = u + \varepsilon_i \quad (i = 1, 2, \cdots, m) \tag{3.52}$$

分数数据如图 3.4 所示, 因为评委同时亮分, 所以干扰项 $\{\varepsilon_i, i = 1, 2, \cdots, m\}$ 相互独立. 其中有一个评委对该选手有显著偏见, 模拟评委数据, 见图 3.4, 并找到有显著偏见的评委. 可以发现第 5 个点满足 $2.6662 = T_5 > t_{1-\frac{\alpha}{2}}$.

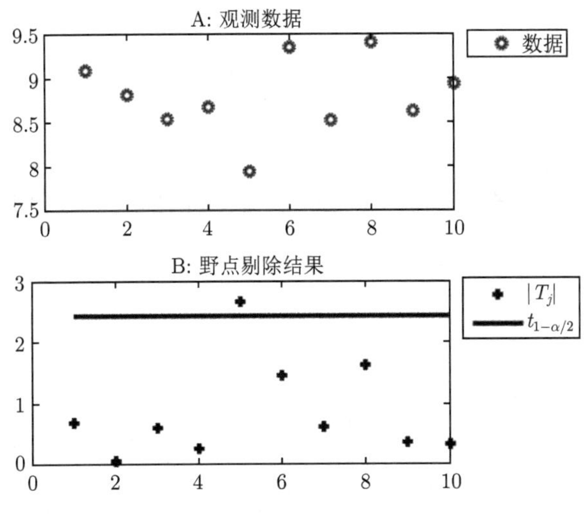

图 3.4 模拟评委数据和野点剔除过程

MATLAB 代码 3.6

```
clc,close all,clear
m=10; mu =8.5; sigma = 0.5; alpha = 0.05;
threshold = sqrt(m/(m-1)) * tinv(1- alpha/2,m-2);
randn('seed',0); x = mu + sigma*randn(m,1)
[~,index]=min(x);x(index)= x(index) - 0.2;
subplot(211),plot(x,'ko','linewidth',3),title('A:观测数据')
legend('数据','Location','NorthEastOutside')
T = zeros(1,m); Threhold = zeros(1,m);
for i = 1:m
    sigma_i = std(x( [1:i-1,i+1:m]))
    Threhold(i) = threshold;
    T(i) = sqrt((m-1)/(m))*abs(x(i) - mean(x( [1:i-1,i+1:m])))/
        sigma_i;
end
```

```
subplot(212),plot(T,'k+' ,'linewidth',3),hold on,
plot(Threhold,'k-','linewidth',3),hold off
legend('|T_j|','t_{1-\alpha/2}','Location','NorthEastOutside')
title('B:野点剔除结果')
```

3.3.2 第一次改进

直觉上, 如果数据集中只有一个野点, 则必然是最大点或者最小点. 更确切地说, 若对于 j, 有

$$\frac{|x_j-\bar{x}_j|}{S_j}\geqslant\max\left\{\frac{|x_1-\bar{x}_1|}{S_1},\frac{|x_2-\bar{x}_2|}{S_2},\cdots,\frac{|x_{m-1}-\bar{x}_{m-1}|}{S_{m-1}},\frac{|x_m-\bar{x}_m|}{S_m}\right\}\tag{3.53}$$

其中所有的异己均值 $\bar{x}_j$、异己方差 S_j^2 源于 (3.45) 和 (3.46), 则对应的数据 x_j 就是野点. 若分别记数据集 $\{x_1,x_2,\cdots,x_{m-1},x_m\}$ 中的极大值和极小值为

$$x_{\max}=\max_{i=1,\cdots,m}\{x_i\},\quad x_{\min}=\min_{i=1,\cdots,m}\{x_i\}\tag{3.54}$$

可得如下命题.

命题 3.1 若数据集 $\{x_1,x_2,\cdots,x_{m-1},x_m\}$ 中有且只有一个野点 x_j, 则必有 $x_j=\max\limits_{i=1,\cdots,m}\{x_i\}$ 或者 $x_j=\min\limits_{i=1,\cdots,m}\{x_i\}$.

证明 不失一般性, 不妨设只有三个数据, $x_1<x_2<x_3$, 且 x_1 不是野点, 下面证明最大值 x_3 必然是野点 (同理, 若 x_3 不是野点, 可证 x_1 是野点), 即只要证明

$$\frac{|x_3-\bar{x}_3|}{S_3}>\max\left\{\frac{|x_1-\bar{x}_1|}{S_1},\frac{|x_2-\bar{x}_2|}{S_2}\right\}\tag{3.55}$$

实际上, 因 $x_1<x_2<x_3$, 故

$$S_1^2=\frac{(x_3-x_2)^2}{2}<\frac{(x_3-x_1)^2}{2}=S_2^2\tag{3.56}$$

由图 3.5 可知

$$\begin{aligned}|x_1-\bar{x}_1|&=\frac{x_2-x_1+x_3-x_1}{2}>\frac{|x_2-x_1+x_3-x_2|}{2}\\&=\frac{|x_1-x_2|+|x_3-x_2|}{2}\geqslant\frac{|x_1-x_2+x_3-x_2|}{2}=|x_2-\bar{x}_2|\end{aligned}\tag{3.57}$$

由式 (3.56) 可得

$$\frac{|x_1-\bar{x}_1|}{S_1}>\frac{|x_1-\bar{x}_1|}{S_2}>\frac{|x_2-\bar{x}_2|}{S_2}\tag{3.58}$$

同理可证

$$\frac{|x_3-\bar{x}_3|}{S_3} > \frac{|x_2-\bar{x}_2|}{S_2} \tag{3.59}$$

因假定了 x_1 不是野点, 所以必有

$$\frac{|x_3-\bar{x}_3|}{S_3} > \frac{|x_1-\bar{x}_1|}{S_1} \tag{3.60}$$

综合式 (3.58) 和 (3.60) 可得

$$\frac{|x_3-\bar{x}_3|}{S_3} > \frac{|x_1-\bar{x}_1|}{S_1} > \frac{|x_2-\bar{x}_2|}{S_2} \tag{3.61}$$

这就证明了最大值 x_3 必然是野点.

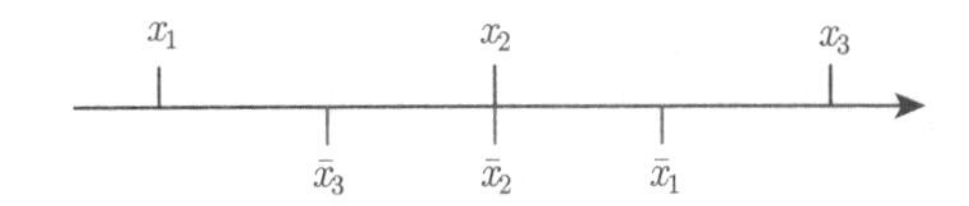

图 3.5 顺序统计量及其异己均值

基于命题 3.1 提出如下改进的野点剔除准则.

准则 3.2 设数据集 $\{x_1, x_2, \cdots, x_{m-1}, x_m\}$ 为独立同正态分布的测量数据序列, 且 $x_i \overset{\text{i.i.d.}}{\sim} N(\mu, \sigma^2)$, 其中最多有一个野点. 设 α 为给定的显著性水平, $t_{1-\alpha/2}$ 为自由度为 $m-2$ 的 t 分布对应于 $1-\alpha/2$ 的右分位数, 见定义 (3.50), 若

$$\frac{|x_j-\bar{x}_j|}{S_j} = \max\left\{\frac{|x_{\max}-\bar{x}_{\max}|}{S_{\max}}, \frac{|x_{\min}-\bar{x}_{\min}|}{S_{\min}}\right\} \tag{3.62}$$

且

$$T_j \triangleq \sqrt{\frac{m-1}{m}}\frac{|x_j-\bar{x}_j|}{S_j} > t_{1\ \ \alpha/2} \tag{3.63}$$

则认为 x_j 是野点, 应剔除 x_j, 否则应保留 x_j.

备注 3.10 与准则 1 相比, 准则 2 的计算量减小了. 准则 1 需要计算 m 次异己均值、异己方差, 而准则 2 需要计算 1 次排序、2 次异己均值和 2 次异己方差, 如下.

算法 3.2 野点剔除——第一次改进

输入 1：数据 $\{x_1, x_2, \cdots, x_{m-1}, x_m\}$;

输入 2：显著性水平 α;

输出 1：极值是否为野点;

步骤 1：依据 (3.54) 计算最大值和最小值 $x_{\max}$, $x_{\min}$;

步骤 2：依据 (3.45) 计算异己均值 $\bar{x}_{\max}, \bar{x}_{\min}$;
步骤 3：依据 (3.46) 计算异己方差 $S^2_{\max}, S^2_{\min}$;
步骤 4：依据 (3.47) 计算异己残差 $r_{\max}, r_{\min}$;
步骤 5：依据 (3.48) 计算异己检测统计量 $T_{\max}, T_{\min}$;
步骤 6：依据 (3.62) 计算统计量 T_j;
步骤 7：依据 α 计算分位数 $t_{1-\alpha/2}$;
步骤 8：若 $T_j > t_{1-\alpha/2}$, 则 x_j 为野点, 剔除之并回到步骤 1; 否则为正常数据, 退出迭代.

3.3.3 第二次改进

准则 1 需要计算 m 次异己均值和异己方差, 准则 2 需要计算 2 次异己均值和异己方差. 一个自然的问题是能否改进方法, 只计算一次异己均值和异己方差?

直觉上, 偏离总体样本均值最远的那个点就是野点剔除.

命题 3.2 若数据集 $\{x_1, x_2, \cdots, x_{m-1}, x_m\}$ 中有且只有一个野点, 样本均值为 $\bar{x} = \frac{1}{m}\sum_{i=1}^{m} x_i$, 样本方差为 $S^2 = \frac{1}{m-1}\sum_{i=1}^{m}(x_i - \bar{x})^2$; 最大值为 $x_{\max} = \max\limits_{i=1,\cdots,m}\{x_i\}$, 对应的异己均值和异己标准差分别为 $\bar{x}_{\max}, S_{\max}$; 最小值为 $x_{\min} = \min\limits_{i=1,\cdots,m}\{x_i\}$, 对应的异己均值和异己标准差分别为 $\bar{x}_{\max}, S_{\max}$, 则 $\frac{|x_{\max} - \bar{x}_{\max}|}{S_{\max}} > \frac{|x_{\min} - \bar{x}_{\min}|}{S_{\min}}$ 的充分必要条件是 $|x_{\max} - \bar{x}| > |x_{\min} - \bar{x}|$.

证明 不失一般性, 不妨设只有三个数据, 而且 $x_1 < x_2 < x_3$, 则 $\frac{|x_3 - \bar{x}_3|}{S_3} > \frac{|x_1 - \bar{x}_1|}{S_1}$ 的充分必要条件是 $|x_3 - \bar{x}| > |x_1 - \bar{x}|$. 实际上, 若记 $a = x_3 - x_2, b = x_2 - x_1$, 则

$$
\begin{aligned}
&\frac{|x_3 - \bar{x}_3|}{S_3} > \frac{|x_1 - \bar{x}_1|}{S_1} \\
\Leftrightarrow &\frac{(2x_3 - (x_1 + x_2))^2}{(x_2 - x_1)^2} > \frac{(2x_1 - (x_2 + x_3))^2}{(x_3 - x_2)^2} \\
\Leftrightarrow &\frac{x_3 - x_2}{x_2 - x_1} > \frac{(x_3 - x_1) + (x_2 - x_1)}{(x_3 - x_2) + (x_3 - x_1)} \\
\Leftrightarrow &\frac{a}{b} > \frac{a + 2b}{2a + b} \Leftrightarrow 2a^2 + ab > ab + 2b^2 \\
\Leftrightarrow &a^2 > b^2 \Leftrightarrow a > b \Leftrightarrow x_3 - x_2 > x_2 - x_1 \\
\Leftrightarrow &x_3 - x_2 + x_3 - x_1 > x_2 - x_1 + x_3 - x_1
\end{aligned}
$$

$$
\begin{aligned}
&\Leftrightarrow 2x_3-(x_1+x_2)>(x_2+x_3)-2x_1\\
&\Leftrightarrow 3x_3-(x_1+x_2+x_3)>(x_1+x_2+x_3)-3x_1\\
&\Leftrightarrow |x_3-\bar{x}|>|x_1-\bar{x}|
\end{aligned}
$$

基于命题 3.2 提出如下第二次改进野点剔除准则.

准则 3.3 设数据集 $\{x_1,x_2,\cdots,x_{m-1},x_m\}$ 为独立同正态分布的测量数据序列, 且 $x_i\overset{\text{i.i.d.}}{\sim}N(\mu,\sigma^2)$, 其中最多有一个野点. 设 α 为给定的显著性水平, $t_{1-\alpha/2}$ 为自由度为 $m-2$ 的 t 分布对应于 $1-\alpha/2$ 的右分位数, 见定义 (3.50), 而且 $|x_j-\bar{x}|=\max\{|x_{\max}-\bar{x}|,|x_{\min}-\bar{x}|\}$, 若

$$
T_j=\sqrt{\frac{m-1}{m}}\frac{|x_j-\bar{x}_j|}{S_j}>t_{1-\alpha/2} \tag{3.64}
$$

则认为 x_j 是野点剔除, 应剔除 x_j, 否则应保留 x_j.

备注 3.11 若数据集 $\{x_1,x_2,\cdots,x_{m-1},x_m\}$ 有多个野点数据就要多次计算 $\bar{x}_j$ 和 S_j, 为了进一步减少计算量, 提出如下命题.

命题 3.3 对于数据集 $\{x_1,x_2,\cdots,x_{m-1},x_m\}$ 中的数据 x_j, 其异己均值 $\bar{x}_j$ 和异己方差 S_j^2 与总样本均值 $\bar{x}$ 和样本方差 S^2 的关系可以用如下递归公式来刻画

$$
\begin{cases}
\bar{x}_j=\dfrac{m\bar{x}-x_j}{m-1}\\[2ex]
S_j^2=\dfrac{(m-1)S^2-\dfrac{m}{m-1}(\bar{x}-x_j)^2}{m-2}
\end{cases} \tag{3.65}
$$

证明 利用 (3.45) 得

$$
(m-1)\bar{x}_j=\sum_{i\neq j}^{n}x_i=m\bar{x}-x_j \tag{3.66}
$$

所以 (3.65) 第一式成立, 利用 (3.45) 和 (3.46) 可以验证下述公式成立

$$
(m-1)S^2=\sum_{i=1}^{m}x_i^2-m\bar{x}^2 \tag{3.67}
$$

同理

$$
\begin{aligned}
(m-2)S_j^2&=\sum_{i\neq j}^{m}x_i^2-(m-1)\bar{x}_j^2\\
&=\sum_{i\neq j}^{m}x_i^2-(m-1)\left(\frac{m\bar{x}-x_j}{m-1}\right)^2
\end{aligned}
$$

$$
\begin{aligned}
&= \sum_{i \neq j}^{m} x_i^2 - \frac{1}{m-1}(m\bar{x} - x_j)^2 \\
&= (m-1) S^2 + m\bar{x}^2 - x_j^2 - \frac{1}{m-1}\left(m^2\bar{x}^2 + x_j^2 - 2mx_j\bar{x}\right) \\
&= (m-1) S^2 - \frac{m}{m-1}\left(x_j^2 + \bar{x}^2 - 2x_j\bar{x}\right) \\
&= (m-1) S^2 - \frac{m}{m-1}(\bar{x} - x_j)^2
\end{aligned} \tag{3.68}
$$

所以 (3.65) 第二式成立.

备注 3.12　与准则 1、准则 2 相比, 准则 3 的计算量更小. 准则 1 需要计算 m 次异己均值、异己方差, 而准则 2 需要排序、计算 2 次异己均值和 2 次异己方差. 若有多个野点数据, 准则 2 仍要计算异己均值、异己方差, 基于准则 3 和命题 3, 可以只计算一次异己均值、异己方差和多次递归运算. 假定数据样本容量为 m, 其中有 $k(k \ll m)$ 个野点, 那么三个准则计算的计算量可用表 3.1 来描述.

表 3.1　三个算法计算量对比

	算法 3.1	算法 3.2	算法 3.3
计算 $\bar{x}_j, S_j^2$	km	$2k$	2
排序	0	1	1
递归次数	0	0	$2k$

算法 3.3　野点剔除——第二次改进

输入 1：数据 $\{x_1, x_2, \cdots, x_{m-1}, x_m\}$;
输入 2：显著性水平 α;
输出 1：极值是否为野点;
步骤 1：依据 (3.54) 计算最大值和最小值 $x_{\min}, x_{\max}$;
步骤 2：依据 (3.45) 计算异己均值 $\bar{x}$;
步骤 3：依据 (3.46) 计算异己方差 S^2;
步骤 4：依据 $\max\{|x_{\max} - \bar{x}|, |x_{\min} - \bar{x}|\}$ 确定下标 j;
步骤 5：依据 (3.65) 第二式计算 S_j;
步骤 6：依据 (3.62) 检测统计量 T_j;
步骤 7：依据 α 计算分位数 $t_{1-\alpha/2}$;
步骤 8：若 $T_j > t_{1-\alpha/2}$, 则 x_j 为野点, 剔除之并回到步骤 1; 否则为正常数据, 退出迭代.

备注 3.13　需注意 $x_j - \bar{x}$ 与 S 不是相互独立的, 不能直接构造 t 检测统计量. 独立性构造方法参考第 4 章的第三次改进准则.

例 3.9 如图 3.6 所示, 若某飞行器 M 的地心系位置坐标 $[x, y, z]$、速度坐标 $[\dot{x}, \dot{y}, \dot{z}]$ 为待测物理量, 可用多台连续波雷达测量该物理量. 地心系的原点为地球参考椭球体的中心, Ox 轴平行赤道面指向本初子午线, Oy 轴平行赤道面指向东经 90° 方向, Oz 轴平行地球自转轴. 第 i 个雷达站的站址坐标为 $[x_i, y_i, z_i]$, 飞行器到该雷达站的距离为 $R_i(i = 1, 2, \cdots, m)$、径向速率为 $\dot{R}_i(i = 1, 2, \cdots, m), m \geqslant 3$,

$$R_i = \sqrt{(x - x_i)^2 + (y - y_i)^2 + (z - z_i)^2} \tag{3.69}$$

$$\dot{R}_i = \frac{dR_i}{dt} = \frac{x - x_i}{R_i}\dot{x} + \frac{y - y_i}{R_i}\dot{y} + \frac{z - z_i}{R_i}\dot{z} \tag{3.70}$$

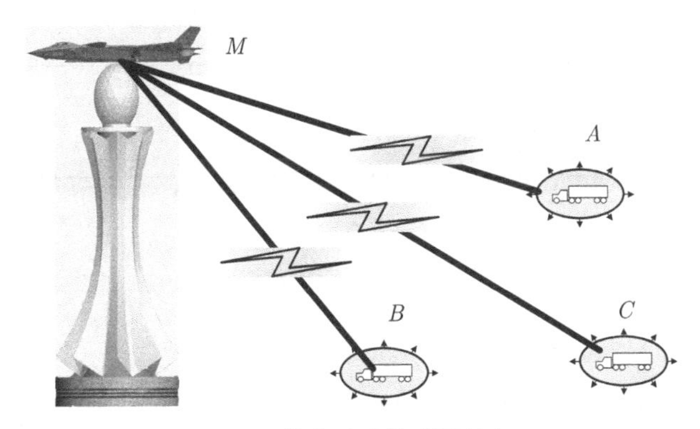

图 3.6 静态试验的观测几何

图 3.6 给出了三站静态试验的简图. 静态目标为塔顶的飞行器模型, 其纬度、经度、高程分别为

$$[B, L, H] = [30.6220074, 103.5488880, 622.329]$$

对应的地心系坐标为

$$[x, y, z] = [-1287104.650, 5341095.850, 3230218.600]$$

三个地面站雷达车的纬度、经度、高程分别为

$$\begin{bmatrix} B_1 & L_1 & H_1 \\ B_2 & L_2 & H_2 \\ B_3 & L_3 & H_3 \end{bmatrix} = \begin{bmatrix} 30.6236025 & 103.5501743 & 569.275 \\ 30.6235330 & 103.5504197 & 569.062 \\ 30.6239375 & 103.5503118 & 570.918 \end{bmatrix}$$

对应的地心系坐标为

$$\begin{bmatrix} x_1 & y_1 & z_1 \\ x_2 & y_2 & z_2 \\ x_3 & y_3 & z_3 \end{bmatrix} = \begin{bmatrix} -1287192.763 & 5340934.988 & 3230343.766 \\ -1287216.507 & 5340933.114 & 3230337.026 \\ -1287201.471 & 5340914.879 & 3230376.568 \end{bmatrix}$$

三台雷达车的测距监控图见图 3.7.

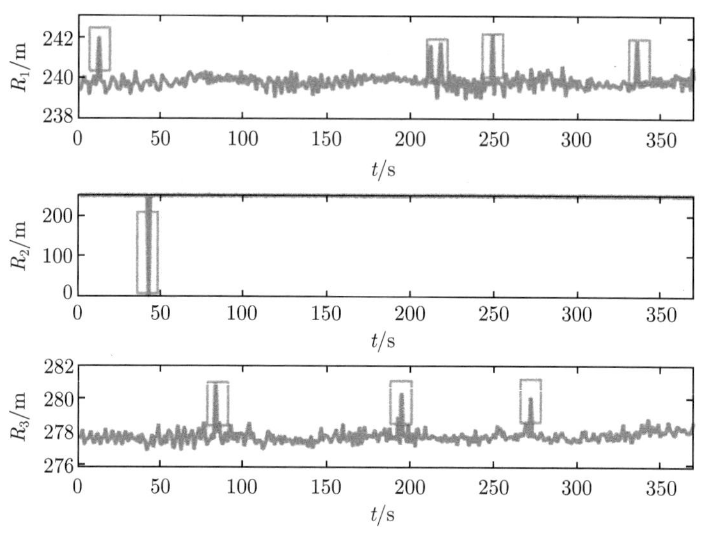

图 3.7　三个距离监控图

三台雷达车的测速监控图见图 3.8.

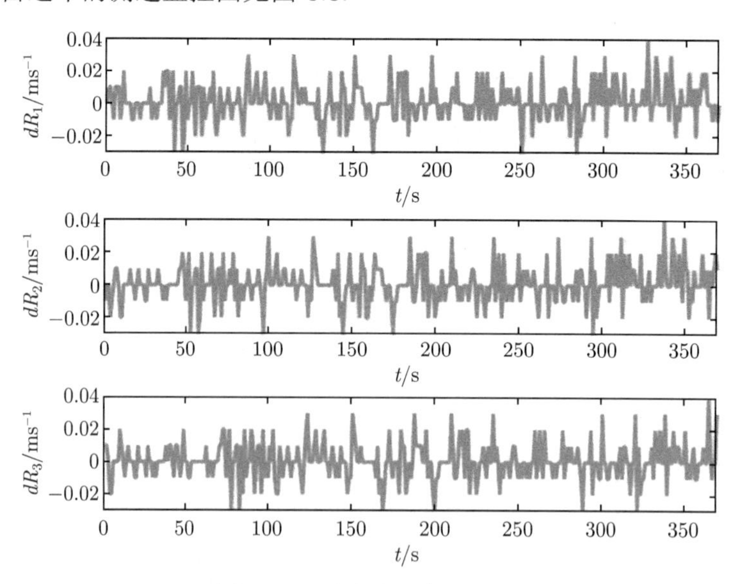

图 3.8　三个径向速率监控图

可以发现径向速度监控图没有明显的间歇突变点, 但是测距监控图包含了明显的间歇突变点. 其中 R_2 的第 43 点出现丢帧, 数值为零, 是一个明显的野点, 剔除该数据后剩余数据的监控图见图 3.9.

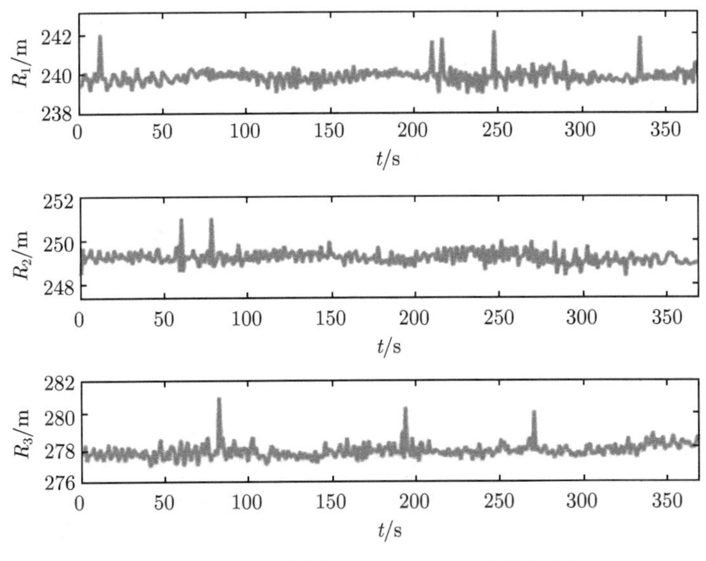

图 3.9 剔除丢帧点 (第 43 点) 后的监控图

另外, 剔除丢帧点后, R_1, R_2, R_3 还存在其他间歇突变点: R_1 的间歇突变点有 13, 212, 218, 249, 336; R_2 的间歇突变点有 43, 62, 80; R_3 的间歇突变点有 84, 195, 272.

如图 3.10 所示, 当显著性水平为 $\alpha = 0.05$ 时, 对 $m = 370$ 个样本点, 共有

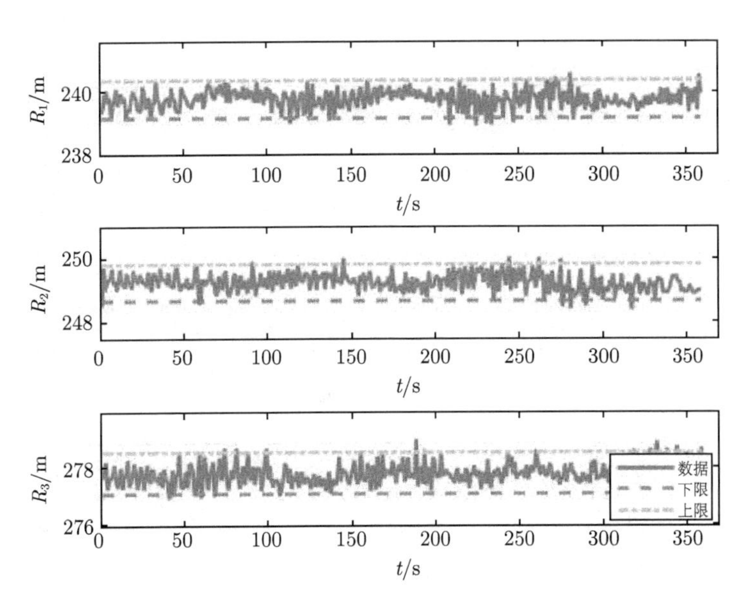

图 3.10 间歇突变检测图

$k=12$ 处明显的间歇突变点, 用算法 1 需要计算 $km=4440$ 次样本均值、样本方差才能剔除间歇突变点; 算法 2 计算 $2k=24$ 次样本均值、样本方差, 1 次排序; 而算法 3 需要 2 次样本均值、样本方差, 以及 1 次排序和 $2k=24$ 次递归运算.

剔除间歇突变点前的位置解算误差见图 3.11.

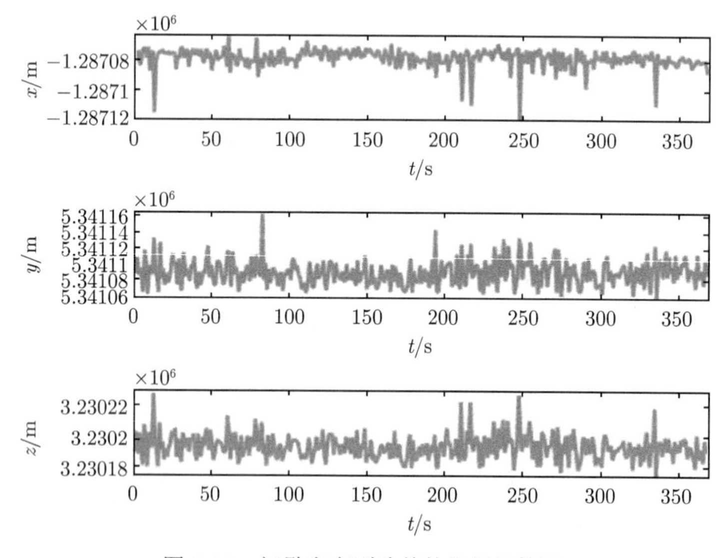

图 3.11　间歇突变剔除前的位置解算图

x 方向的样本标准差为 $s_{\text{before}}=6.0277$. 剔除间歇突变点后的位置解算误差见图 3.12.

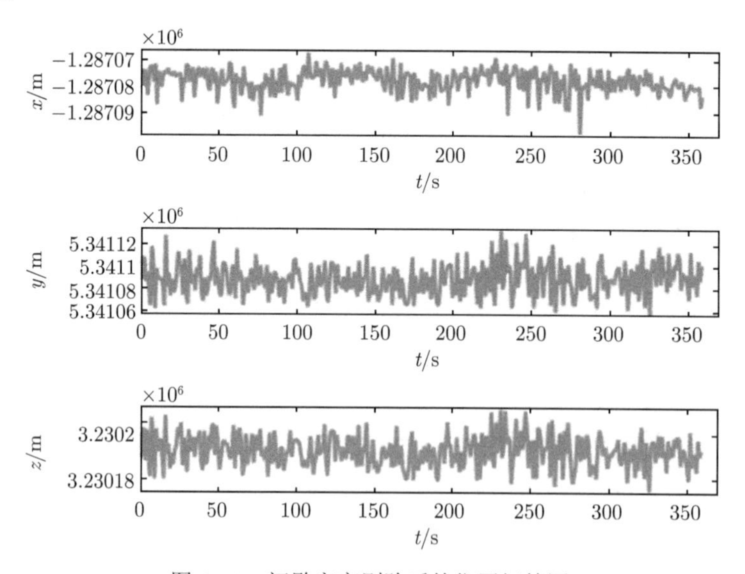

图 3.12　间歇突变剔除后的位置解算图

x 方向的样本标准差为 $s_{\text{after}} = 4.3406 < s_{\text{before}} = 6.0277$, 也就是说剔除间歇突变点可以提高数据解算的精度.

MATLAB 代码 3.7

```
RdR0727 = xlsread('RdR0727.xlsx');
%% 测元数据R,dR
RdR0727([13,212,218,249,336,43,62,80,84,195,272],:)=[];
R_data = RdR0727(:,1:3);
dR_data = RdR0727(:,4:6);
%% 野点剔除
m=length(RdR0727); alpha = 0.05;
threshold = sqrt(m/(m-1)) * tinv(1- alpha/2,m-2);
x = RdR0727;
figure
for j = 1:3
    %% 数据图
    subplot(3,1,j)
    plot(RdR0727(:,j),'linewidth',2)
    xlim([0,370])
    ylim([min(RdR0727(:,j))-1,max(RdR0727(:,j))+1])
    xlabel('{\it{t}}/s')
    ylabel(['{\it{R}}_',num2str(j),'/m'])
    %% 检测图
    hold on
    low = zeros(1,m);high = zeros(1,m); Threhold = zeros(1,m);
    for i = 1:m
        sigma_i = std(x([1:i-1,i+1:m],j));
        Threhold(i) = threshold *sigma_i;
        low(i) = mean(x([1:i-1,i+1:m],j))- Threhold(i);
        high(i) = mean(x([1:i-1,i+1:m],j))+Threhold(i);
    end
    plot(low,'--','linewidth',2)
    plot(high,'-.','linewidth',2)
end
legend('data','low threshold','high threshold')
```

第 4 章　线性数据分析

如图 4.1 所示, 线性数据分析包括计算参数、计算残差、计算参数管道、计算

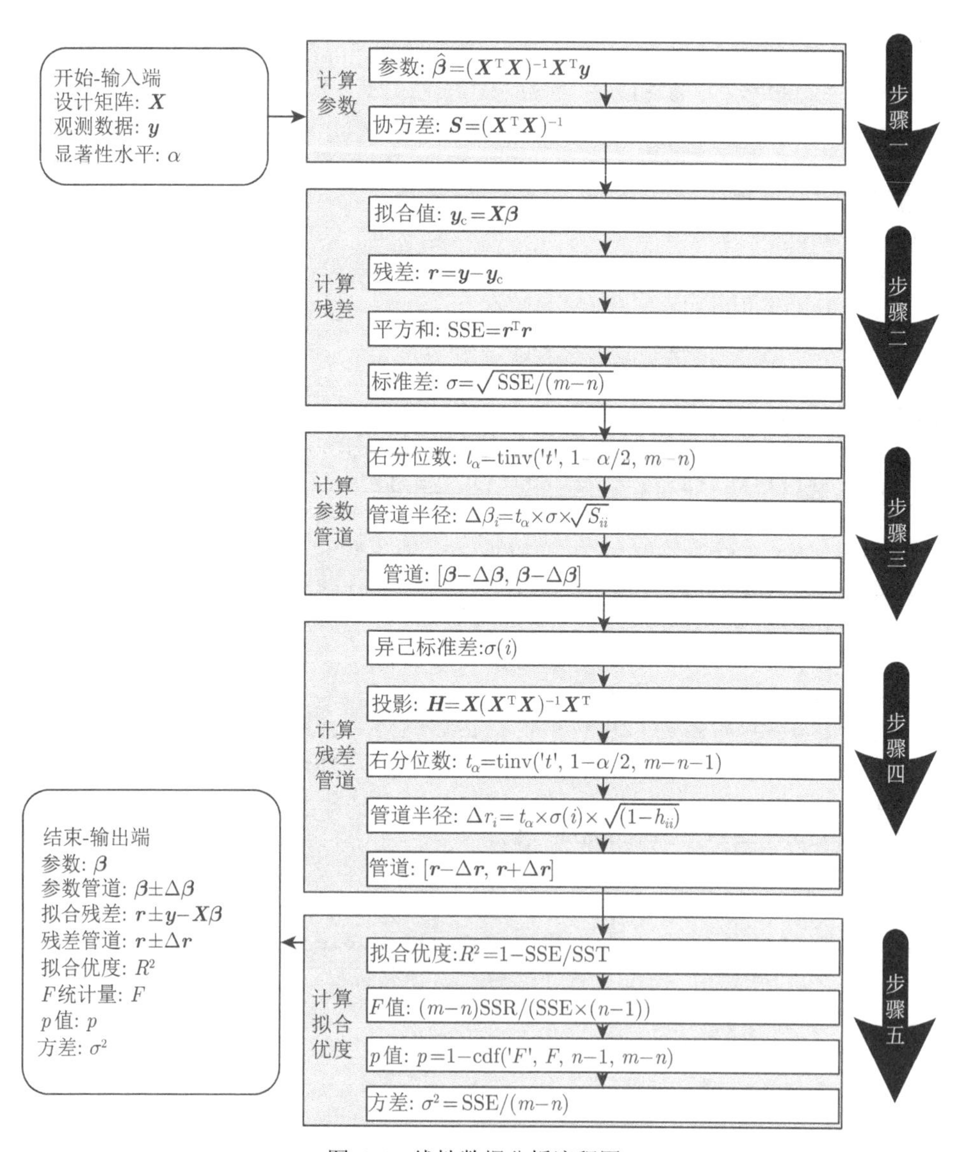

图 4.1　线性数据分析流程图

残差管道、计算拟合优度等步骤. 这些步骤可以划分到线性数据分析的三个基本任务中, 即点估计、区间估计和野点剔除. 点估计就是要估算线性模型的未知参数, 区间估计就是要确定未知参数的置信管道, 野点剔除就是要找到并替换具有过失误差的数据. 此外, 有偏估计方法是线性数据分析的扩展内容, 包括主元估计、改进主元估计、岭估计、广义岭估计、广义压缩类方法, 等等. 本章介绍线性数据分析的三个基本任务, 第 7 章介绍有偏估计方法. 图 4.1 概括了线性数据分析的输入端、基本步骤和输出端. 在 MATLAB 中, regress、fit 等命令常用于线性数据分析.

4.1 参数估计

4.1.1 线性问题

下面给出三个典型的线性数据分析案例.

例 4.1 在客观世界中广泛存在继承律和回归律现象. 比如, "龙生龙, 凤生凤, 老鼠的儿子打地洞" 揭示了继承律. 又如, "穷不过三代, 富不过三代" 揭示了回归律. 回归 (Regression) 一词, 来源于遗传对身高的影响的分析. 一方面, 继承律决定了高父辈的下一代往往不矮. 另一方面, 回归律决定了个子特高的父母, 子女一般比他们矮; 个子特矮的父母, 子女比他们高. 英国生物统计学家 F. Galton 和 K. Pearson 对上千个家庭做了测量, 发现子代身高 y 与父代身高 x 存在线性关系

$$y = 0.8567 + 0.516x \tag{4.1}$$

其中 $0.516 > 0$ 表明子代与父代存在正相关性, 体现了继承律; $0.516 < 1$ 表明子代与父代存在弱相关性, 体现了回归律.

系数 $[0.8567, 0.516]$ 是如何估计出来的?

例 4.2 铜棒的膨胀系数 $[\alpha, \beta, \gamma, \zeta]$ 为待测物理量, 其中 α 为 0°C 时铜棒的精确长度, 可用高精度测量设备测量不同温度 t 下铜棒的长度 y, 假定膨胀过程可以用 $y = \alpha + \beta t^2 + \gamma t^2 + \zeta t^3$ 刻画, 测得一组数据

$$y_i = \alpha + \beta t_i + \gamma t_i^2 + \zeta t_i^3 \quad (i = 1, 2, \cdots, m, m \geqslant 4) \tag{4.2}$$

如何估计系数 $[\alpha, \beta, \gamma, \zeta]$? 四个参数是否显著为 0?

例 4.3 若已知某飞行器 M 的地心系位置坐标 $[x, y, z]$, 而速度坐标 $[\dot{x}, \dot{y}, \dot{z}]$ 为待测物理量, 可用多台连续波雷达测量该物理量. 地心系的原点为地心, Ox 轴平行赤道指向本初子午线, Oy 轴平行赤道指向东经 90 度方向, Oz 轴平行地球自转轴. 第 i 个雷达站的站址坐标为 $[x_i, y_i, z_i]$, 测得飞行器到该雷达站的径向速率

为 $\dot{R}_i\,(i=1,2,\cdots,m)\,,m\geqslant 3$, 满足

$$\dot{R}_i \triangleq \frac{d\dot{R}_i}{dt} = \frac{x-x_i}{R_i}\dot{x} + \frac{y-y_i}{R_i}\dot{y} + \frac{z-z_i}{R_i}\dot{z} \tag{4.3}$$

如何估计系数 $[\dot{x},\dot{y},\dot{z}]$? 估计的精度如何计算?

4.1.2 参数估计方法

4.1.2.1 逻辑推理

假定 $\boldsymbol{y}=[y_1,\cdots,y_m]^{\mathrm{T}}\in\mathbb{R}^{m\times 1}$ 是已知的观测数据, $\boldsymbol{X}\in\mathbb{R}^{m\times n}$ 是已知的列满秩的设计矩阵, $\boldsymbol{\beta}=[\beta_1,\cdots,\beta_n]^{\mathrm{T}}\in\mathbb{R}^{n\times 1}$ 是未知的参数, 满足

$$\boldsymbol{X\beta}=\boldsymbol{y} \tag{4.4}$$

一般来说, 测量数据是冗余的, 导致 $m\geqslant n$, 即方程多、参数少, 使得上式是矛盾方程, 方程没有解析解. 在这种情况下, 可以依据矩阵的乘法规则, 通过逻辑推理获得一个看似合理的解, 过程如下.

在上式两边同时左乘 $\boldsymbol{X}^{\mathrm{T}}$, 得

$$\boldsymbol{X}^{\mathrm{T}}\boldsymbol{X\beta}=\boldsymbol{X}^{\mathrm{T}}\boldsymbol{y} \tag{4.5}$$

此时 $\boldsymbol{X}^{\mathrm{T}}\boldsymbol{X}\in\mathbb{R}^{n\times n}$ 是方阵, 因为设计矩阵是列满秩的, 所以逆矩阵 $\left(\boldsymbol{X}^{\mathrm{T}}\boldsymbol{X}\right)^{-1}$ 存在, 故上式两边同时左乘 $\left(\boldsymbol{X}^{\mathrm{T}}\boldsymbol{X}\right)^{-1}$, 得

$$\hat{\boldsymbol{\beta}}=\left(\boldsymbol{X}^{\mathrm{T}}\boldsymbol{X}\right)^{-1}\boldsymbol{X}^{\mathrm{T}}\boldsymbol{y} \tag{4.6}$$

下面从“极大似然”“最小二乘”“最优拟合优度”“最小方差”等视角分析上式的性质.

4.1.2.2 极大似然估计

假定测量数据 $\boldsymbol{y}=[y_1,\cdots,y_m]^{\mathrm{T}}$ 含有随机的观测误差 $\boldsymbol{\varepsilon}=[\varepsilon_1,\cdots,\varepsilon_m]^{\mathrm{T}}$, 则

$$\varepsilon_i = y_i - \boldsymbol{x}_i^{\mathrm{T}}\boldsymbol{\beta}\quad (i=1,2,\cdots,m) \tag{4.7}$$

若 σ^2 是 ε_i 的方差, $\{\varepsilon_i\}_{i=1}^m$ 独立同正态分布, 即

$$y_i \overset{\text{i.i.d.}}{\sim} N\left(\boldsymbol{x}_i^{\mathrm{T}}\boldsymbol{\beta},\sigma^2\right) \tag{4.8}$$

则 $\{\varepsilon_i\}_{i=1}^m$ 的联合密度的对数是关于未知参数 $\{\boldsymbol{\beta},\sigma^2\}$ 的函数, 如下

$$L\left(\boldsymbol{\beta},\sigma^2\right) = \sum_{i=1}^{m}\ln\left(\frac{1}{\sigma\sqrt{2\pi}}\exp\left(-\frac{\left(y_i-x_i^{\mathrm{T}}\boldsymbol{\beta}\right)^2}{2\sigma^2}\right)\right)$$

$$= m\ln\left(\frac{1}{\sigma\sqrt{2\pi}}\right) - \frac{1}{2\sigma^2}(\boldsymbol{y}-\boldsymbol{X\beta})^{\mathrm{T}}(\boldsymbol{y}-\boldsymbol{X\beta}) \tag{4.9}$$

若记残差平方和为

$$\mathrm{SSE}(\boldsymbol{\beta}) = (\boldsymbol{X\beta}-\boldsymbol{y})^{\mathrm{T}}(\boldsymbol{X\beta}-\boldsymbol{y}) \tag{4.10}$$

则有

$$L(\boldsymbol{\beta},\sigma^2) = -\frac{1}{2}m\ \ln(2\pi\sigma^2) - \frac{1}{2\sigma^2}\mathrm{SSE}(\boldsymbol{\beta}) \tag{4.11}$$

可以用似然函数度量现象的存在合理性, 似然函数越大, 现象存在越合理, 这就是“存在即合理”准则. 令似然函数取值最大, 则

$$\begin{cases} \dfrac{\partial}{\partial\boldsymbol{\beta}}L(\boldsymbol{\beta},\sigma^2) = -\dfrac{2}{\sigma^2}\boldsymbol{X}^{\mathrm{T}}(\boldsymbol{X\beta}-\boldsymbol{y}) = 0 \\ \dfrac{\partial}{\partial\sigma^2}L(\boldsymbol{\beta},\sigma^2) = -\dfrac{1}{2}\dfrac{1}{\sigma^2}\left[m - \dfrac{1}{\sigma^2}\mathrm{SSE}(\boldsymbol{\beta})\right] = 0 \end{cases} \tag{4.12}$$

解得

$$\begin{cases} \hat{\boldsymbol{\beta}} = \left(\boldsymbol{X}^{\mathrm{T}}\boldsymbol{X}\right)^{-1}\boldsymbol{X}^{\mathrm{T}}\boldsymbol{y} \\ \hat{\sigma}^2 = \dfrac{\mathrm{SSE}(\boldsymbol{\beta})}{m} \end{cases} \tag{4.13}$$

备注 4.1 为了控制成本, 生产实践和科学试验中的 m 往往是有限的, 甚至是很小的. 为了得到无偏估计, 改用下列估计方差

$$\hat{\sigma}^2 = \frac{\mathrm{SSE}(\boldsymbol{\beta})}{m-n} \tag{4.14}$$

4.1.2.3 最小二乘估计

残差平方和 $\mathrm{SSE}(\boldsymbol{\beta})$ 展开得

$$\mathrm{SSE}(\boldsymbol{\beta}) = \boldsymbol{y}^{\mathrm{T}}\boldsymbol{y} + \boldsymbol{\beta}^{\mathrm{T}}\boldsymbol{X}^{\mathrm{T}}\boldsymbol{X\beta} - 2\boldsymbol{\beta}^{\mathrm{T}}\boldsymbol{X}^{\mathrm{T}}\boldsymbol{y} \tag{4.15}$$

显然, $\mathrm{SSE}(\boldsymbol{\beta})$ 是关于 $\boldsymbol{\beta}$ 的 n 元连续可微函数, 取 $\mathrm{SSE}(\boldsymbol{\beta})$ 的极小值, 令

$$\frac{\partial}{\partial\boldsymbol{\beta}}\mathrm{SSE}(\boldsymbol{\beta}) = \boldsymbol{0} \tag{4.16}$$

由矩阵微分公式可得

$$\begin{cases} \dfrac{\partial}{\partial\boldsymbol{\beta}}\boldsymbol{\beta}^{\mathrm{T}}\boldsymbol{X}^{\mathrm{T}}\boldsymbol{X\beta} = 2\boldsymbol{X}^{\mathrm{T}}\boldsymbol{X\beta} \\ \dfrac{\partial}{\partial\boldsymbol{\beta}}\boldsymbol{\beta}^{\mathrm{T}}\boldsymbol{X}^{\mathrm{T}}\boldsymbol{y} = \boldsymbol{X}^{\mathrm{T}}\boldsymbol{y} \end{cases} \tag{4.17}$$

解得

$$\hat{\boldsymbol{\beta}} = \left(\boldsymbol{X}^{\mathrm{T}}\boldsymbol{X}\right)^{-1}\boldsymbol{X}^{\mathrm{T}}\boldsymbol{y} \tag{4.18}$$

SSE$(\boldsymbol{\beta})$ 有下界无上界, 下界就是最小值, 因此上式解得的参数 $\boldsymbol{\beta}$ 称为最小二乘估计.

4.1.2.4 最大拟合优度

定义 4.1 设 $\boldsymbol{y} = [y_1, \cdots, y_m]^{\mathrm{T}}$ 是测量数据, $\hat{\boldsymbol{\beta}}$ 是参数 $\boldsymbol{\beta}$ 的最小二乘估计, $\hat{\boldsymbol{y}} = \boldsymbol{X}\hat{\boldsymbol{\beta}}$ 是 $\boldsymbol{y}$ 的拟合值, 称下列三式分别为总差平方和 (Total Sum of Squares, SST)、残差平方和 (Sum of Squared Errors, SSE)、回归平方和 (Sum of Squares of the Regression, SSR)

$$\begin{cases} \mathrm{SST} = \sum\limits_{i=1}^{m} (y_i - \bar{y})^2 \\ \mathrm{SSE} = \sum\limits_{i=1}^{m} (y_i - \hat{y}_i)^2 \\ \mathrm{SSR} = \sum\limits_{i=1}^{m} (\hat{y}_i - \bar{y})^2 \end{cases} \tag{4.19}$$

备注 4.2 一般来说, 方差代表变化的大小, 因此方差可以当作信息的度量指标, 方差越大信息越多. SST 与样本方差成比例, 代表了数据具有的“信息总和”. 若 $\hat{\boldsymbol{y}}$ 拟合 $\boldsymbol{y}$ 的能力越强, 则 SSE 就越小, 因此 SSE 可以认为是 $\boldsymbol{y}$ 中没有被解释的信息. 后文将会发现 SSR = SST − SSE, 因此 SSR 可以认为是 $\boldsymbol{y}$ 中被解释的信息.

备注 4.3 有的文献用 RSS(Residual Sum of Squares) 表示残差平方和, 容易与回归平方和 SSR 混淆, 因此本书统一用 SSE 表示残差平方和.

定义 4.2 设 $\boldsymbol{y} = [y_1, \cdots, y_m]^{\mathrm{T}}$ 为测量数据, $\boldsymbol{X}$ 为设计矩阵, $\hat{\boldsymbol{\beta}}$ 为某种方法估计的参数值, $\hat{\boldsymbol{y}} = \boldsymbol{X}\hat{\boldsymbol{\beta}}$ 为拟合值, 拟合优度定义为

$$R^2 = 1 - \frac{\mathrm{SSE}}{\mathrm{SST}} \tag{4.20}$$

备注 4.4 显然 $R^2 \leqslant 1$. SST 与样本方差成比例, 完全是由测量数据决定的, 为固定值. 某方法的 SSE 越小, 表明该方法的拟合性能越优. 因最小二乘估计的目的是使得 SSE 最小, 故最小二乘估计是拟合优度最大的估计.

备注 4.5 若拟合值固定为样本均值, 即 $\hat{y}_i = \bar{y} = \dfrac{1}{m}\sum\limits_{j=1}^{m} y_j (i = 1, 2, \cdots, m)$, 则拟合优度 $R^2 = 1 - \dfrac{\mathrm{SSE}}{\mathrm{SST}} = 0$. 当构建的模型为最简单的常值模型时, 拟合优度都等于 0, 所以若某种方法的拟合优度居然小于零, 则该方法是没有意义的. 另外,

插值方法的拟合值与观测值完全相等, 则拟合优度 $R^2 = 1 - \dfrac{\text{SSE}}{\text{SST}} = 1$. 综上, 对于一般方法, 拟合优度满足

$$R^2 = 1 - \frac{\text{SSE}}{\text{SST}} \in [0,1] \tag{4.21}$$

记 $\boldsymbol{I}_m \in \mathbb{R}^{m\times m}$ 为 m 阶单位矩阵; $\mathbf{1}_m = [1,\cdots,1]^{\mathrm{T}} \in \mathbb{R}^{m\times 1}$ 表示元素全为 1 的 m 维向量, 且 $\mathbf{1}_m$ 是 $\boldsymbol{X}$ 的第一列. $\boldsymbol{X}$ 的左逆矩阵为 $\boldsymbol{X}^+ = \left(\boldsymbol{X}^{\mathrm{T}}\boldsymbol{X}\right)^{-1}\boldsymbol{X}^{\mathrm{T}} \in \mathbb{R}^{n\times m}$, $\mathbf{1}_m$ 的左逆矩阵为 $\mathbf{1}_m^+ = \dfrac{1}{m}[1,\cdots,1] \in \mathbb{R}^{1\times m}$. $\boldsymbol{X}$ 上的投影矩阵为 $\boldsymbol{H}_{\boldsymbol{X}} = \boldsymbol{X}\boldsymbol{X}^+$, $\mathbf{1}_m$ 上的投影矩阵为 $\boldsymbol{H}_{\mathbf{1}_m} = \mathbf{1}_m\mathbf{1}_m^+$, 即

$$\boldsymbol{H}_{\mathbf{1}_m} = \frac{1}{m}\begin{bmatrix} 1 & \cdots & 1 \\ \vdots & \ddots & \vdots \\ 1 & \cdots & 1 \end{bmatrix} \in \mathbb{R}^{m\times m} \tag{4.22}$$

$\boldsymbol{X}$ 上的补投影矩阵为 $\boldsymbol{H}_{\boldsymbol{X}}^{\perp} = \boldsymbol{I}_m - \boldsymbol{X}\boldsymbol{X}^+, \mathbf{1}_m$ 上的补投影矩阵为 $\boldsymbol{H}_{\mathbf{1}_m}^{\perp} = \boldsymbol{I}_m - \mathbf{1}_m\mathbf{1}_m^+$, 即

$$\boldsymbol{H}_{\mathbf{1}_m}^{\perp} = \frac{1}{m}\begin{bmatrix} m-1 & -1 & \cdots & -1 \\ -1 & m-1 & \ddots & \vdots \\ \vdots & \ddots & \ddots & -1 \\ -1 & \cdots & -1 & m-1 \end{bmatrix} \tag{4.23}$$

容易验证下列引理成立.

引理 4.1 对于投影矩阵和补投影, 下列命题成立:

(1) 对任意 $\boldsymbol{X}$, $\boldsymbol{H}_{\boldsymbol{X}}$ 和 $\boldsymbol{H}_{\boldsymbol{X}}^{\perp}$ 都是对称幂等矩阵;

(2) 对任意 $\boldsymbol{X}$, $\boldsymbol{H}_{\boldsymbol{X}}$ 与 $\boldsymbol{H}_{\boldsymbol{X}}^{\perp}$ 正交, 即

$$\boldsymbol{H}_{\boldsymbol{X}}^{\mathrm{T}}\boldsymbol{H}_{\boldsymbol{X}}^{\perp} = 0 \tag{4.24}$$

(3) 对任意 $\boldsymbol{X} \in \mathbb{R}^{m\times n}$ 和 $\boldsymbol{y} \in \mathbb{R}^m$, 它的最小二乘估计拟合值 $\hat{\boldsymbol{y}}$ 满足

$$\begin{cases} \hat{\boldsymbol{y}} = \boldsymbol{H}_{\boldsymbol{X}}\boldsymbol{y} \\ \boldsymbol{y} - \hat{\boldsymbol{y}} = \boldsymbol{H}_{\boldsymbol{X}}^{\perp}\boldsymbol{y} \\ \|\boldsymbol{y}\|^2 = \|\boldsymbol{H}_{\boldsymbol{X}}\boldsymbol{y}\|^2 + \|\boldsymbol{H}_{\boldsymbol{X}}^{\perp}\boldsymbol{y}\|^2 \end{cases} \tag{4.25}$$

定理 4.1 若设计矩阵 $\boldsymbol{X}$ 中有一个非零常值列, 则有

(1)

$$\boldsymbol{H}_{\boldsymbol{X}}\boldsymbol{H}_{\mathbf{1}_m} = \boldsymbol{H}_{\mathbf{1}_m} \tag{4.26}$$

(2)

$$\mathrm{SST}=\mathrm{SSE}+\mathrm{SSR} \tag{4.27}$$

证明　(1) 不妨设设计函数第一列为全 1 列, 即 $\mathbf{1}_m=\boldsymbol{X}[1,0,\cdots,0]^{\mathrm{T}}$, 则

$$\begin{aligned}\boldsymbol{H}_{\boldsymbol{X}}\boldsymbol{H}_{\mathbf{1}_m}&=\left[\boldsymbol{X}\left(\boldsymbol{X}^{\mathrm{T}}\boldsymbol{X}\right)^{-1}\boldsymbol{X}^{\mathrm{T}}\right]\left[\boldsymbol{X}[1,0,\cdots,0]^{\mathrm{T}}\left(\mathbf{1}_m^{\mathrm{T}}\mathbf{1}_m\right)^{-1}\mathbf{1}_m^{\mathrm{T}}\right]\\&=\boldsymbol{X}[1,0,\cdots,0]^{\mathrm{T}}\left(\mathbf{1}_m^{\mathrm{T}}\mathbf{1}_m\right)^{-1}\mathbf{1}_m^{\mathrm{T}}=\mathbf{1}_m\left(\mathbf{1}_m^{\mathrm{T}}\mathbf{1}_m\right)^{-1}\mathbf{1}_m^{\mathrm{T}}=\boldsymbol{H}_{\mathbf{1}_m}\end{aligned}$$

(2) 记 $\bar{\boldsymbol{y}}=[\bar{y},\cdots,\bar{y}]^{\mathrm{T}}$, 因

$$\bar{\boldsymbol{y}}=\mathbf{1}_m^{+}\boldsymbol{y} \tag{4.28}$$

再结合 $\hat{\boldsymbol{y}}=\boldsymbol{H}_{\boldsymbol{X}}\boldsymbol{y}$ 有

$$\begin{aligned}\mathrm{SST}&=\|\boldsymbol{y}-\bar{\boldsymbol{y}}\|^2=\|\boldsymbol{y}-\hat{\boldsymbol{y}}+\hat{\boldsymbol{y}}-\bar{\boldsymbol{y}}\|^2\\&=\|\boldsymbol{y}-\hat{\boldsymbol{y}}\|^2+\|\hat{\boldsymbol{y}}-\bar{\boldsymbol{y}}\|^2+2(\boldsymbol{y}-\hat{\boldsymbol{y}})^{\mathrm{T}}(\hat{\boldsymbol{y}}-\bar{\boldsymbol{y}})\\&=\mathrm{SSE}+\mathrm{SSR}+2\boldsymbol{y}^{\mathrm{T}}\left(\boldsymbol{I}-\boldsymbol{H}_{\boldsymbol{X}}\right)\left(\boldsymbol{H}_{\boldsymbol{X}}-\boldsymbol{H}_{\mathbf{1}_m}\right)\boldsymbol{y}\end{aligned} \tag{4.29}$$

又由 (4.26) 得

$$\begin{aligned}&\left(\boldsymbol{I}-\boldsymbol{H}_{\boldsymbol{X}}\right)\left(\boldsymbol{H}_{\boldsymbol{X}}-\boldsymbol{H}_{\mathbf{1}_m}\right)\\=&\left(\boldsymbol{H}_{\boldsymbol{X}}-\boldsymbol{H}_{\mathbf{1}}\right)-\left(\boldsymbol{H}_{\boldsymbol{X}}\boldsymbol{H}_{\boldsymbol{X}}\quad\boldsymbol{H}_{\boldsymbol{X}}\boldsymbol{H}_{\mathbf{1}_m}\right)\\=&\left(\boldsymbol{H}_{\boldsymbol{X}}-\boldsymbol{H}_{\mathbf{1}_m}\right)-\left(\boldsymbol{H}_{\boldsymbol{X}}-\boldsymbol{H}_{\mathbf{1}_m}\right)=\mathbf{0}\end{aligned} \tag{4.30}$$

从而

$$\mathrm{SST}=\mathrm{SSE}+\mathrm{SSR} \tag{4.31}$$

4.1.2.5　最小方差

因测量存在误差 $\boldsymbol{\varepsilon}$, 且方程数大于未知参数的个数, 导致方程组 $\boldsymbol{y}=\boldsymbol{X}\boldsymbol{\beta}$ 无解, 实际的方程应变更为

$$\boldsymbol{y}=\boldsymbol{X}\boldsymbol{\beta}+\varepsilon \tag{4.32}$$

其中设计矩阵 $\boldsymbol{X}$ 满足

$$\mathrm{rank}\left(\boldsymbol{X}\right)=n \tag{4.33}$$

$$\boldsymbol{\varepsilon}\sim N\left(\mathbf{0},\sigma^2\boldsymbol{I}\right) \tag{4.34}$$

定义 4.3　若模型 (4.32) 满足 (4.32)~(4.34), 则称模型满足高斯-马尔可夫条件, 简记为 G-M 条件.

定义 4.4　假定 $\tilde{\boldsymbol{\beta}}$ 是 $\boldsymbol{\beta}$ 的任意一个估计, 则偏差矩阵 (Bias Matrix) 定义为

$$\mathrm{BIA}\left(\tilde{\boldsymbol{\beta}}\right)=\left[\boldsymbol{\beta}-E\left(\tilde{\boldsymbol{\beta}}\right)\right]\left[\boldsymbol{\beta}-E\left(\tilde{\boldsymbol{\beta}}\right)\right]^{\mathrm{T}} \tag{4.35}$$

若 $\mathrm{BIA}\left(\tilde{\boldsymbol{\beta}}\right)=\mathbf{0}$, 则称 $\tilde{\boldsymbol{\beta}}$ 为 $\boldsymbol{\beta}$ 的无偏估计. 显然 $\mathrm{BIA}\left(\tilde{\boldsymbol{\beta}}\right)=\mathbf{0}$ 等价于 $\mathbf{0}=\boldsymbol{\beta}-E\left(\tilde{\boldsymbol{\beta}}\right)$.

定义 4.5 假定 $\tilde{\boldsymbol{\beta}}$ 是 $\boldsymbol{\beta}$ 的任意一个估计, 协方差矩阵 (Covariance Matrix) 定义为

$$\mathrm{COV}\left(\tilde{\boldsymbol{\beta}}\right)=\mathrm{E}\left(\left[\tilde{\boldsymbol{\beta}}-\mathrm{E}(\tilde{\boldsymbol{\beta}})\right]\left[\tilde{\boldsymbol{\beta}}-\mathrm{E}\left(\tilde{\boldsymbol{\beta}}\right)\right]^{\mathrm{T}}\right) \tag{4.36}$$

定义 4.6 假定 $\tilde{\boldsymbol{\beta}}$ 是 $\boldsymbol{\beta}$ 的任意一个估计, 均方差矩阵 (Mean Square Error Matrix) 定义为

$$\mathrm{MSE}\left(\tilde{\boldsymbol{\beta}}\right)=\mathrm{E}\left(\left(\tilde{\boldsymbol{\beta}}-\boldsymbol{\beta}\right)\left(\tilde{\boldsymbol{\beta}}-\boldsymbol{\beta}\right)^{\mathrm{T}}\right) \tag{4.37}$$

可以验证

$$\mathrm{MSE}\left(\tilde{\boldsymbol{\beta}}\right)=\mathrm{BIA}\left(\tilde{\boldsymbol{\beta}}\right)+\mathrm{COV}\left(\tilde{\boldsymbol{\beta}}\right) \tag{4.38}$$

定理 4.2 模型 $\boldsymbol{y}=\boldsymbol{X}\boldsymbol{\beta}+\boldsymbol{\varepsilon}$ 满足 G-M 条件, 则参数 $\boldsymbol{\beta}$ 的最小二乘估计 $\hat{\boldsymbol{\beta}}$ 是无偏估计, 且 $\hat{\boldsymbol{\beta}}$ 的协方差矩阵为

$$\mathrm{COV}\left(\hat{\boldsymbol{\beta}}\right)=\sigma^2\left(\boldsymbol{X}^{\mathrm{T}}\boldsymbol{X}\right)^{-1} \tag{4.39}$$

即

$$\hat{\boldsymbol{\beta}}\sim N\left(\boldsymbol{\beta},\sigma^2\left(\boldsymbol{X}^{\mathrm{T}}\boldsymbol{X}\right)^{-1}\right) \tag{4.40}$$

证明 由线性保正态公式可知

$$\begin{aligned}\mathrm{E}\left(\hat{\boldsymbol{\beta}}\right)&=\mathrm{E}\left(\left(\boldsymbol{X}^{\mathrm{T}}\boldsymbol{X}\right)^{-1}\boldsymbol{X}^{\mathrm{T}}\boldsymbol{y}\right)\\&=\mathrm{E}\left(\left(\boldsymbol{X}^{\mathrm{T}}\boldsymbol{X}\right)^{-1}\boldsymbol{X}^{\mathrm{T}}\left[\boldsymbol{X}\boldsymbol{\beta}+\boldsymbol{\varepsilon}\right]\right)=\boldsymbol{\beta}\end{aligned} \tag{4.41}$$

$$\begin{aligned}\mathrm{COV}\left(\hat{\boldsymbol{\beta}}\right)&=\mathrm{COV}\left(\left(\boldsymbol{X}^{\mathrm{T}}\boldsymbol{X}\right)^{-1}\boldsymbol{X}^{\mathrm{T}}\boldsymbol{y}\right)\\&=\left(\boldsymbol{X}^{\mathrm{T}}\boldsymbol{X}\right)^{-1}\boldsymbol{X}^{\mathrm{T}}\mathrm{COV}\left(\boldsymbol{y}\right)\boldsymbol{X}\left(\boldsymbol{X}^{\mathrm{T}}\boldsymbol{X}\right)^{-1}\\&=\left(\boldsymbol{X}^{\mathrm{T}}\boldsymbol{X}\right)^{-1}\boldsymbol{X}^{\mathrm{T}}\sigma^2\boldsymbol{I}\boldsymbol{X}\left(\boldsymbol{X}^{\mathrm{T}}\boldsymbol{X}\right)^{-1}=\sigma^2\left(\boldsymbol{X}^{\mathrm{T}}\boldsymbol{X}\right)^{-1}\end{aligned} \tag{4.42}$$

定义 4.7 假定 $\tilde{\boldsymbol{\beta}}$ 是 $\boldsymbol{\beta}$ 的任意一个估计, 方差 (Variance) 定义为

$$\mathrm{var}\left(\tilde{\boldsymbol{\beta}}\right)=\mathrm{E}\left(\left[\tilde{\boldsymbol{\beta}}-\mathrm{E}\left(\tilde{\boldsymbol{\beta}}\right)\right]^{\mathrm{T}}\left[\tilde{\boldsymbol{\beta}}-\mathrm{E}\left(\tilde{\boldsymbol{\beta}}\right)\right]\right) \tag{4.43}$$

定义 4.8 假定 $\tilde{\boldsymbol{\beta}}$ 是 $\boldsymbol{\beta}$ 的任意一个估计, 偏差 (Bias) 定义为

$$\mathrm{bia}\left(\tilde{\boldsymbol{\beta}}\right)=\left[\boldsymbol{\beta}-\mathrm{E}\left(\tilde{\boldsymbol{\beta}}\right)\right]^{\mathrm{T}}\left[\boldsymbol{\beta}-\mathrm{E}\left(\tilde{\boldsymbol{\beta}}\right)\right] \tag{4.44}$$

定义 4.9 假定 $\tilde{\boldsymbol{\beta}}$ 是 $\boldsymbol{\beta}$ 的任意一个估计, 均方差 (Mean Square Error) 定义为

$$\operatorname{mse}\left(\tilde{\boldsymbol{\beta}}\right)=\mathrm{E}\left(\left(\tilde{\boldsymbol{\beta}}-\boldsymbol{\beta}\right)^{\mathrm{T}}\left(\tilde{\boldsymbol{\beta}}-\boldsymbol{\beta}\right)\right) \tag{4.45}$$

显然, 下式成立

$$\left\{\begin{array}{l}\operatorname{var}\left(\tilde{\boldsymbol{\beta}}\right)=\operatorname{trace}\left(\operatorname{COV}\left(\tilde{\boldsymbol{\beta}}\right)\right)\\ \operatorname{bia}\left(\tilde{\boldsymbol{\beta}}\right)=\operatorname{trace}\left(\operatorname{BIA}\left(\tilde{\boldsymbol{\beta}}\right)\right)\\ \operatorname{mse}\left(\tilde{\boldsymbol{\beta}}\right)=\operatorname{trace}\left(\operatorname{MSE}\left(\tilde{\boldsymbol{\beta}}\right)\right)\end{array}\right. \tag{4.46}$$

定理 4.3 (高斯-马尔可夫定理) 在高斯-马尔可夫条件 (4.32)~(4.34) 下, $\boldsymbol{\beta}$ 的所有一致线性无偏估计中, 最小二乘估计是方差最小的估计.

证明 假定 $\boldsymbol{A}\boldsymbol{y}$ 是 $\boldsymbol{\beta}$ 的任意一个一致线性无偏估计, 即 $\forall\boldsymbol{\beta}\in\mathbb{R}^n$, 有 $\mathrm{E}\left(\boldsymbol{A}\boldsymbol{y}\right)=\boldsymbol{\beta}$, 利用 $\boldsymbol{y}=\boldsymbol{X}\boldsymbol{\beta}+\boldsymbol{\varepsilon}$ 得 $\boldsymbol{A}\boldsymbol{X}\boldsymbol{\beta}=\boldsymbol{\beta}$, 由 $\boldsymbol{\beta}$ 的任意性得

$$\boldsymbol{A}\boldsymbol{X}=\boldsymbol{I} \tag{4.47}$$

记 $\boldsymbol{S}=\left(\boldsymbol{X}^{\mathrm{T}}\boldsymbol{X}\right)^{-1}$, 则

$$\left(\boldsymbol{A}-\boldsymbol{S}\boldsymbol{X}^{\mathrm{T}}\right)\boldsymbol{X}=\left(\boldsymbol{A}-\left(\boldsymbol{X}^{\mathrm{T}}\boldsymbol{X}\right)^{-1}\boldsymbol{X}^{\mathrm{T}}\right)\boldsymbol{X}=\boldsymbol{A}\boldsymbol{X}-\boldsymbol{I}=\boldsymbol{0} \tag{4.48}$$

故

$$\begin{aligned}\operatorname{var}\left[\boldsymbol{A}\boldsymbol{y}\right]&=\operatorname{trace}[\operatorname{COV}\left(\boldsymbol{A}\boldsymbol{y}\right)]=\operatorname{trace}\left[\boldsymbol{A}\operatorname{COV}\left(\boldsymbol{y}\right)\boldsymbol{A}^{\mathrm{T}}\right]=\sigma^2\operatorname{trace}\left[\boldsymbol{A}\boldsymbol{A}^{\mathrm{T}}\right]\\&=\sigma^2\operatorname{trace}\left(\boldsymbol{A}-\boldsymbol{S}\boldsymbol{X}^{\mathrm{T}}+\boldsymbol{S}\boldsymbol{X}^{\mathrm{T}}\right)\left(\boldsymbol{A}-\boldsymbol{S}\boldsymbol{X}^{\mathrm{T}}+\boldsymbol{S}\boldsymbol{X}^{\mathrm{T}}\right)^{\mathrm{T}}\\&=\sigma^2\operatorname{trace}\left(\boldsymbol{A}-\boldsymbol{S}\boldsymbol{X}^{\mathrm{T}}\right)\left(\boldsymbol{A}-\boldsymbol{S}\boldsymbol{X}^{\mathrm{T}}\right)^{\mathrm{T}}+\sigma^2\operatorname{trace}\left[\boldsymbol{S}\boldsymbol{X}^{\mathrm{T}}\left(\boldsymbol{S}\boldsymbol{X}^{\mathrm{T}}\right)^{\mathrm{T}}\right]\\&=\sigma^2\operatorname{trace}\left[\left(\boldsymbol{A}-\boldsymbol{S}\boldsymbol{X}^{\mathrm{T}}\right)\left(\boldsymbol{A}-\boldsymbol{S}\boldsymbol{X}^{\mathrm{T}}\right)^{\mathrm{T}}\right]+\sigma^2\operatorname{trace}\left[\left(\boldsymbol{X}^{\mathrm{T}}\boldsymbol{X}\right)^{-1}\right]\\&\geqslant\sigma^2\operatorname{trace}\left[\left(\boldsymbol{X}^{\mathrm{T}}\boldsymbol{X}\right)^{-1}\right]=\operatorname{var}\left(\tilde{\boldsymbol{\beta}}\right)\end{aligned}$$

定理 4.4 (广义高斯-马尔可夫定理) 若模型 $\boldsymbol{y}=\boldsymbol{X}\boldsymbol{\beta}+\boldsymbol{\varepsilon}$ 满足 $\operatorname{rank}\left(\boldsymbol{X}\right)=n$ 且

$$\boldsymbol{\varepsilon}\sim\boldsymbol{N}\left(\boldsymbol{0},\sigma^2\boldsymbol{Q}\right) \tag{4.49}$$

其中 $\boldsymbol{Q}$ 是正定矩阵, 则 $\boldsymbol{\beta}$ 的最小方差估计为

$$\hat{\boldsymbol{\beta}}=(\boldsymbol{X}^{\mathrm{T}}\boldsymbol{Q}^{-1}\boldsymbol{X})^{-1}\boldsymbol{X}^{\mathrm{T}}\boldsymbol{Q}^{-1}\boldsymbol{y} \tag{4.50}$$

证明 因 $\boldsymbol{Q}$ 是正定矩阵, 故存在对称矩阵 $\boldsymbol{P}$, 使得

$$\boldsymbol{Q}=\boldsymbol{P}\boldsymbol{P} \tag{4.51}$$

在 $\boldsymbol{y}=\boldsymbol{X}\boldsymbol{\beta}+\boldsymbol{\varepsilon}$ 两边同时乘以 $\boldsymbol{P}^{-1}$, 得

$$\boldsymbol{P}^{-1}\boldsymbol{y}=\boldsymbol{P}^{-1}\boldsymbol{X}\boldsymbol{\beta}+\boldsymbol{P}^{-1}\boldsymbol{\varepsilon} \tag{4.52}$$

并记为

$$\tilde{\boldsymbol{y}}=\tilde{\boldsymbol{X}}\boldsymbol{\beta}+\tilde{\boldsymbol{\varepsilon}} \tag{4.53}$$

则 $\tilde{\boldsymbol{\varepsilon}}\sim N\left(\boldsymbol{0},\sigma^2\boldsymbol{I}_m\right)$, $\operatorname{rank}\left(\tilde{\boldsymbol{X}}\right)=n$, 满足高斯-马尔可夫条件, 从而 $\boldsymbol{\beta}$ 的最小二乘估计为

$$\hat{\boldsymbol{\beta}}=\left(\tilde{\boldsymbol{X}}^{\mathrm{T}}\tilde{\boldsymbol{X}}\right)^{-1}\tilde{\boldsymbol{X}}^{\mathrm{T}}\tilde{\boldsymbol{y}}=\left(\boldsymbol{X}^{\mathrm{T}}\boldsymbol{Q}^{-1}\boldsymbol{X}\right)^{-1}\boldsymbol{X}^{\mathrm{T}}\boldsymbol{Q}^{-1}\boldsymbol{y} \tag{4.54}$$

备注 4.6 理论上, 广义最小二乘估计解决了非高斯-马尔可夫条件下的最优估计问题. 但是在实际应用中, $\boldsymbol{Q}$ 一般是未知的, 如何设计迭代算法估计 $\boldsymbol{Q}$ 成为新的难点.

综上, 因为 $\hat{\boldsymbol{\beta}}=\left(\boldsymbol{X}^{\mathrm{T}}\boldsymbol{X}\right)^{-1}\boldsymbol{X}^{\mathrm{T}}\boldsymbol{y}$, 且 $\boldsymbol{\varepsilon}\sim N\left(\boldsymbol{0},\sigma^2\boldsymbol{I}\right)$, 利用线性保正态公式可知, 观测值、最小二乘估计、拟合值、拟合残差满足

$$\begin{cases}\boldsymbol{y}\sim N\left(\boldsymbol{X}\boldsymbol{\beta},\sigma^2\boldsymbol{I}\right)\\ \hat{\boldsymbol{\beta}}=\boldsymbol{\beta}+\boldsymbol{S}\boldsymbol{X}^{\mathrm{T}}\boldsymbol{\varepsilon}\sim N\left(\boldsymbol{\beta},\sigma^2\left(\boldsymbol{X}^{\mathrm{T}}\boldsymbol{X}\right)^{-1}\right),\boldsymbol{S}=\left(\boldsymbol{X}^{\mathrm{T}}\boldsymbol{X}\right)^{-1}\\ \hat{\boldsymbol{y}}=\boldsymbol{X}\hat{\boldsymbol{\beta}}\sim N\left(\boldsymbol{X}\boldsymbol{\beta},\sigma^2\boldsymbol{H}_{\boldsymbol{X}}\right),\boldsymbol{H}_{\boldsymbol{X}}=\boldsymbol{X}\left(\boldsymbol{X}^{\mathrm{T}}\boldsymbol{X}\right)^{-1}\boldsymbol{X}^{\mathrm{T}}\\ \boldsymbol{y}-\hat{\boldsymbol{y}}=\left(\boldsymbol{I}-\boldsymbol{H}_{\boldsymbol{X}}\right)\boldsymbol{\varepsilon}\sim N\left(\boldsymbol{0},\sigma^2\left(\boldsymbol{I}-\boldsymbol{H}_{\boldsymbol{X}}\right)\right)\end{cases} \tag{4.55}$$

它们的分量形式为

$$\begin{cases}y_i\sim N\left(\boldsymbol{x}_i^{\mathrm{T}}\boldsymbol{\beta},\sigma^2\right)\\ \hat{\beta}_i\sim N\left(\beta_i,\sigma^2 s_{ii}\right)\\ \hat{y}_i\sim N\left(\boldsymbol{x}_i^{\mathrm{T}}\boldsymbol{\beta},\sigma^2 h_{ii}\right)\\ y_i-\hat{y}_i\sim N\left(0,\sigma^2\left(1-h_{ii}\right)\right)\end{cases} \tag{4.56}$$

上式将用于计算参数管道和测量管道.

4.1.3 方差的估计

引理 4.2 若矩阵 $\boldsymbol{H}$ 满足 $\boldsymbol{H}^2=\boldsymbol{H}=\boldsymbol{H}^{\mathrm{T}}$, 则称 $\boldsymbol{H}$ 为投影矩阵, 其特征值要么为 0 要么为 1, 且 $\operatorname{trace}(\boldsymbol{H})=\operatorname{rank}(\boldsymbol{H})$.

证明 因 $\boldsymbol{H}^2=\boldsymbol{H}=\boldsymbol{H}^{\mathrm{T}}$, 故存在正交矩阵 $\boldsymbol{P}$, 使得

$$\boldsymbol{P}\begin{bmatrix}\lambda_1 & & \\ & \ddots & \\ & & \lambda_m\end{bmatrix}\boldsymbol{P}^{\mathrm{T}}=\boldsymbol{H}=\boldsymbol{H}^2=\boldsymbol{P}\begin{bmatrix}\lambda_1^2 & & \\ & \ddots & \\ & & \lambda_m^2\end{bmatrix}\boldsymbol{P}^{\mathrm{T}} \tag{4.57}$$

即

$$\begin{bmatrix} \lambda_1 & & \\ & \ddots & \\ & & \lambda_m \end{bmatrix} = \begin{bmatrix} \lambda_1^2 & & \\ & \ddots & \\ & & \lambda_m^2 \end{bmatrix} \tag{4.58}$$

故 $\boldsymbol{H}$ 的特征值要么为 0 要么为 1. 设 $r = \operatorname{rank}(\boldsymbol{P})$, 不妨设

$$\boldsymbol{H} = [\boldsymbol{P}_1, \boldsymbol{P}_2] \begin{bmatrix} \boldsymbol{I}_r & \\ & \boldsymbol{0}_{m-r} \end{bmatrix} [\boldsymbol{P}_1, \boldsymbol{P}_2]^{\mathrm{T}} \tag{4.59}$$

因为矩阵的迹满足交换律, 所以

$$\begin{aligned} \operatorname{trace}(\boldsymbol{H}) &= \operatorname{trace}\left(\begin{bmatrix} \boldsymbol{I}_r & \\ & \boldsymbol{0}_{m-r} \end{bmatrix} [\boldsymbol{P}_1, \boldsymbol{P}_2]^{\mathrm{T}} [\boldsymbol{P}_1, \boldsymbol{P}_2]\right) \\ &= \operatorname{trace}\left(\begin{bmatrix} \boldsymbol{I}_r & \\ & \boldsymbol{0}_{m-r} \end{bmatrix}\right) = r = \operatorname{rank}(\boldsymbol{H}) \end{aligned} \tag{4.60}$$

引理 4.3　若投影矩阵为 $\boldsymbol{H}_{\boldsymbol{X}} = \boldsymbol{X}\left(\boldsymbol{X}^{\mathrm{T}}\boldsymbol{X}\right)^{-1}\boldsymbol{X}^{\mathrm{T}}$, 则 $\operatorname{rank}(\boldsymbol{X}) = \operatorname{rank}(\boldsymbol{H}_{\boldsymbol{X}})$.

证明　已知 $\operatorname{rank}(\boldsymbol{X}) = n$, 由奇异值分解定理可知, 存在正交方阵 $\boldsymbol{U} \in \mathbb{R}^{m\times m}$、正交矩阵 $\boldsymbol{V} \in \mathbb{R}^{n\times n}$ 和对角矩阵 $\boldsymbol{\Lambda} = \begin{bmatrix} \boldsymbol{\Lambda}_1 \\ \boldsymbol{0} \end{bmatrix} \in R^{m\times n}$, 其中 $\boldsymbol{\Lambda}_1 = \operatorname{diag}(\lambda_1, \cdots, \lambda_n)$, 且 $\lambda_1 \geqslant \cdots \geqslant \lambda_n > 0$, 使得

$$\boldsymbol{X} = \boldsymbol{U}\boldsymbol{\Lambda}\boldsymbol{V}^{\mathrm{T}} \tag{4.61}$$

从而

$$\begin{aligned} \boldsymbol{H}_{\boldsymbol{X}} &= \boldsymbol{X}\left(\boldsymbol{X}^{\mathrm{T}}\boldsymbol{X}\right)^{-1}\boldsymbol{X}^{\mathrm{T}} \\ &= \boldsymbol{U}\boldsymbol{\Lambda}\boldsymbol{V}^{\mathrm{T}}\left(\boldsymbol{V}\boldsymbol{\Lambda}^{\mathrm{T}}\boldsymbol{U}^{\mathrm{T}}\boldsymbol{U}\boldsymbol{\Lambda}\boldsymbol{V}^{\mathrm{T}}\right)^{-1}\boldsymbol{V}\boldsymbol{\Lambda}^{\mathrm{T}}\boldsymbol{U}^{\mathrm{T}} \\ &= \boldsymbol{U}\boldsymbol{\Lambda}\boldsymbol{\Lambda}\left(\boldsymbol{\Lambda}^{\mathrm{T}}\boldsymbol{\Lambda}\right)^{-1}\boldsymbol{\Lambda}^{\mathrm{T}}\boldsymbol{U}^{\mathrm{T}} = \boldsymbol{U}\begin{bmatrix} \boldsymbol{I}_n & \boldsymbol{0} \\ \boldsymbol{0} & \boldsymbol{0} \end{bmatrix}\boldsymbol{U}^{\mathrm{T}} \end{aligned} \tag{4.62}$$

从而 $\operatorname{rank}(\boldsymbol{H}_{\boldsymbol{X}}) = n = \operatorname{rank}(\boldsymbol{X}) = n$.

定理 4.5　在高斯-马尔可夫条件 (4.32)～(4.34) 下, σ^2 的一个无偏估计为

$$\hat{\sigma}^2 = \frac{\left\|\boldsymbol{y} - \boldsymbol{X}\hat{\boldsymbol{\beta}}\right\|^2}{m-n} \tag{4.63}$$

证明　当 $n = 1$ 时, $\hat{\sigma}^2$ 退化为样本方差, 无偏性在第 3 章已经证明, 下面证明更一般的情形. 因 $\boldsymbol{y} = \boldsymbol{X}\boldsymbol{\beta} + \boldsymbol{\varepsilon}$, $\boldsymbol{H}_{\boldsymbol{X}} = \boldsymbol{X}\left(\boldsymbol{X}^{\mathrm{T}}\boldsymbol{X}\right)^{-1}\boldsymbol{X}^{\mathrm{T}}$ 以及 $\operatorname{rank}(\boldsymbol{X}) = n$, 可得 $\operatorname{rank}(\boldsymbol{X}) = \operatorname{rank}(\boldsymbol{H}_{\boldsymbol{X}})$, 故

$$\operatorname{trace}(\boldsymbol{I} - \boldsymbol{H}_{\boldsymbol{X}}) = m - n \tag{4.64}$$

$$\begin{aligned}\boldsymbol{y}-\boldsymbol{X}\tilde{\boldsymbol{\beta}} &= \boldsymbol{y}-\boldsymbol{X}(\boldsymbol{X}^{\mathrm{T}}\boldsymbol{X})^{-1}\boldsymbol{X}^{\mathrm{T}}\boldsymbol{y} \\ &= \left[\boldsymbol{I}-\boldsymbol{X}\left(\boldsymbol{X}^{\mathrm{T}}\boldsymbol{X}\right)^{-1}\boldsymbol{X}^{\mathrm{T}}\right](\boldsymbol{X}\boldsymbol{\beta}+\boldsymbol{\varepsilon}) \\ &= \left[\boldsymbol{I}-\boldsymbol{X}\left(\boldsymbol{X}^{\mathrm{T}}\boldsymbol{X}\right)^{-1}\boldsymbol{X}^{\mathrm{T}}\right]\boldsymbol{\varepsilon} = (\boldsymbol{I}-\boldsymbol{H}_{\boldsymbol{X}})\boldsymbol{\varepsilon}\end{aligned} \tag{4.65}$$

再由

$$\boldsymbol{I}-\boldsymbol{H}_{\boldsymbol{X}} = (\boldsymbol{I}-\boldsymbol{H}_{\boldsymbol{X}})^{\mathrm{T}} = (\boldsymbol{I}-\boldsymbol{H}_{\boldsymbol{X}})^{2} \tag{4.66}$$

知, 存在正交矩阵 $\boldsymbol{P}$, 使得

$$\boldsymbol{I}-\boldsymbol{X}\left(\boldsymbol{X}^{\mathrm{T}}\boldsymbol{X}\right)^{-1}\boldsymbol{X}^{\mathrm{T}} = [\boldsymbol{P}_1,\boldsymbol{P}_2]\begin{bmatrix}\boldsymbol{I}_{m-n} & \\ & \boldsymbol{0}_n\end{bmatrix}[\boldsymbol{P}_1,\boldsymbol{P}_2]^{\mathrm{T}} = \boldsymbol{P}_1\boldsymbol{P}_1^{\mathrm{T}} \tag{4.67}$$

因 $\boldsymbol{\varepsilon} \sim N\left(\boldsymbol{0},\sigma^2\boldsymbol{I}_n\right)$, 由线性保正态公式可知

$$\boldsymbol{\xi} = \frac{1}{\sigma}\boldsymbol{P}_1^{\mathrm{T}}\boldsymbol{\varepsilon} \sim N\left(\boldsymbol{0},\boldsymbol{I}_{m-n}\right) \tag{4.68}$$

故

$$\frac{m-n}{\sigma^2}\hat{\sigma}^2 = \frac{1}{\sigma^2}\boldsymbol{\varepsilon}^{\mathrm{T}}\left(\boldsymbol{I}-\boldsymbol{H}_{\boldsymbol{X}}\right)\boldsymbol{\varepsilon} = \boldsymbol{\xi}^{\mathrm{T}}\boldsymbol{\xi} \sim \chi^2\left(m-n\right) \tag{4.69}$$

得

$$\mathrm{E}\left(\frac{m-n}{\sigma^2}\hat{\sigma}^2\right) = m-n \tag{4.70}$$

即

$$\mathrm{E}\left(\hat{\sigma}^2\right) = \sigma^2 \tag{4.71}$$

4.1.4 典型应用

例 4.4 若选手的某项能力水平 u 为待测物理量, 比如英语演讲能力、歌手演唱水平或被面试对象的专业技能, m 个评委对选手直接打分, 如下

$$x_i = u \quad (i=1,2,\cdots,m, m \geqslant 1) \tag{4.72}$$

不同评委相互不受影响, 不同评委的专业素养、喜好差异相似, 请问如何合理地估计 u?

解 在数理逻辑的蕴含推理中, 当 p 为假命题时, 无论 q 是否为真命题, $p \to q$ 都为真命题. 矛盾方程相当于假命题, 不妨 “将错就错”. 由数据方程得

$$\begin{bmatrix}1\\ \vdots \\ 1\end{bmatrix}u = \begin{bmatrix}x_1\\ \vdots \\ x_m\end{bmatrix} \tag{4.73}$$

故

$$\begin{bmatrix} 1 \\ \vdots \\ 1 \end{bmatrix}^{\mathrm{T}} \begin{bmatrix} 1 \\ \vdots \\ 1 \end{bmatrix} u = \begin{bmatrix} 1 \\ \vdots \\ 1 \end{bmatrix}^{\mathrm{T}} \begin{bmatrix} x_1 \\ \vdots \\ x_m \end{bmatrix} \tag{4.74}$$

从而

$$u = \left(\begin{bmatrix} 1 \\ \vdots \\ 1 \end{bmatrix}^{\mathrm{T}} \begin{bmatrix} 1 \\ \vdots \\ 1 \end{bmatrix} \right)^{-1} \begin{bmatrix} 1 \\ \vdots \\ 1 \end{bmatrix}^{\mathrm{T}} \begin{bmatrix} x_1 \\ \vdots \\ x_m \end{bmatrix} = \frac{1}{m}\sum_{i=1}^{m} x_i = \bar{x} \tag{4.75}$$

例 4.5　m 个观测数据对 $\{x_i, y_i\}_{i=1}^m$, 满足

$$y_i = ax_i + b + \varepsilon_i \quad (i = 1, 2, \cdots, m, m \geqslant 1) \tag{4.76}$$

如何合理地估计未知参数 a, b.

解　因

$$\begin{bmatrix} x_1 & 1 \\ \vdots & \vdots \\ x_m & 1 \end{bmatrix} \begin{bmatrix} a \\ b \end{bmatrix} = \begin{bmatrix} y_1 \\ \vdots \\ y_m \end{bmatrix} \tag{4.77}$$

故

$$\begin{bmatrix} x_1 & 1 \\ \vdots & \vdots \\ x_m & 1 \end{bmatrix}^{\mathrm{T}} \begin{bmatrix} x_1 & 1 \\ \vdots & \vdots \\ x_m & 1 \end{bmatrix} \begin{bmatrix} a \\ b \end{bmatrix} = \begin{bmatrix} x_1 & 1 \\ \vdots & \vdots \\ x_m & 1 \end{bmatrix}^{\mathrm{T}} \begin{bmatrix} y_1 \\ \vdots \\ y_m \end{bmatrix} \tag{4.78}$$

从而

$$\begin{bmatrix} \sum_{i=1}^{m}(x_i x_i) & \sum_{i=1}^{m} x_i \\ \sum_{i=1}^{m} x_i & m \end{bmatrix} \begin{bmatrix} a \\ b \end{bmatrix} = \begin{bmatrix} \sum_{i=1}^{m} x_i y_i \\ \sum_{i=1}^{m} y_i \end{bmatrix} \tag{4.79}$$

由克拉默法则得

$$\begin{cases} a = \dfrac{D_1}{D} = \dfrac{S_{xy}}{S_{xx}} = \dfrac{m\sum\limits_{i=1}^{m} x_i y_i - \left(\sum\limits_{i=1}^{m} x_i\right)\left(\sum\limits_{i=1}^{m} y_i\right)}{m\sum\limits_{i=1}^{m} x_i x_i - \left(\sum\limits_{i=1}^{m} x_i\right)\left(\sum\limits_{i=1}^{m} x_i\right)} \\ b = \dfrac{D_2}{D} = \bar{y} - a\bar{x} = \dfrac{1}{m}\sum\limits_{i=1}^{m} y_i - a\dfrac{1}{m}\sum\limits_{i=1}^{m} x_i \end{cases} \tag{4.80}$$

4.2 精 度 分 析

若观测数据 $\boldsymbol{y}$、设计矩阵 $\boldsymbol{X}$、观测误差 $\boldsymbol{\varepsilon}$ 的行数为 m, 则上文已经获得 $\boldsymbol{y}=\boldsymbol{X}\boldsymbol{\beta}+\boldsymbol{\varepsilon}$ 中参数估计式 $\hat{\boldsymbol{\beta}}=\left(\boldsymbol{X}^{\mathrm{T}}\boldsymbol{X}\right)^{-1}\boldsymbol{X}^{\mathrm{T}}\boldsymbol{y}$, 也给出了 $\boldsymbol{\varepsilon}$ 的方差估计式 $\hat{\sigma}^2=\dfrac{\mathrm{SSE}}{m-n}$. 由于观测有误差, 因此估计的参数向量 $\hat{\boldsymbol{\beta}}$ 和拟合值 $\hat{\boldsymbol{y}}=\boldsymbol{X}\hat{\boldsymbol{\beta}}$ 都有不确定性. 分别把 $\left[\hat{\beta}_i-\Delta\hat{\beta}_i,\hat{\beta}_i+\Delta\hat{\beta}_i\right](i=1,\cdots,n)$ 和 $[\hat{y}_j-\Delta\hat{y}_j,\hat{y}_j+\Delta\hat{y}_j]\,(j=1,\cdots,m)$ 称为“参数管道”和“测量管道”.

类似于静态数据精度分析, 管道半径依赖于显著性水平 α, 显著性水平越大, 管道半径就越大. 精度分析就是先给定显著性水平 α, 后计算不确定度 $\Delta\hat{\beta}_i(i=1,\cdots,n)$; $\Delta\hat{y}_j\,(j=1,\cdots,m)$, 称之为精度或者精度指标.

第 3 章已经表明: 样本均值 $\bar{x}$ 与样本方差 S^2 是相互独立的, 类似地, 可以得到如下定理.

定理 4.6 (线性数据独立性定理) 在高斯-马尔可夫条件 (4.32)~(4.34) 下, 最小二乘参数估计式为 $\hat{\boldsymbol{\beta}}=\left(\boldsymbol{X}^{\mathrm{T}}\boldsymbol{X}\right)^{-1}\boldsymbol{X}^{\mathrm{T}}\boldsymbol{y}$, 拟合值为 $\hat{\boldsymbol{y}}=\boldsymbol{X}\hat{\boldsymbol{\beta}}$, 残差为 $\boldsymbol{e}=\boldsymbol{y}-\hat{\boldsymbol{y}}$, $\boldsymbol{H}_{\boldsymbol{X}}=\boldsymbol{X}\left(\boldsymbol{X}^{\mathrm{T}}\boldsymbol{X}\right)^{-1}\boldsymbol{X}^{\mathrm{T}}$, 则

$$\left\{\begin{array}{l}\hat{\boldsymbol{\beta}}\sim N\left(\boldsymbol{\beta},\sigma^2\left(\boldsymbol{X}^{\mathrm{T}}\boldsymbol{X}\right)^{-1}\right)\\ \boldsymbol{e}=(\boldsymbol{I}-\boldsymbol{H}_{\boldsymbol{X}})\,\boldsymbol{\varepsilon}\sim N\left(\boldsymbol{0},\sigma^2\left(\boldsymbol{I}-\boldsymbol{H}_{\boldsymbol{X}}\right)\right)\\ \mathrm{COV}(\hat{\boldsymbol{\beta}},\boldsymbol{e})=0\end{array}\right. \tag{4.81}$$

证明 由 $\hat{\boldsymbol{\beta}}=\left(\boldsymbol{X}^{\mathrm{T}}\boldsymbol{X}\right)^{-1}\boldsymbol{X}^{\mathrm{T}}\boldsymbol{y}$, $\boldsymbol{y}=\boldsymbol{X}\boldsymbol{\beta}+\boldsymbol{\varepsilon}$ 和 $\boldsymbol{\varepsilon}\sim N\left(\boldsymbol{0},\sigma^2\boldsymbol{I}\right)$ 可知

$$\hat{\boldsymbol{\beta}}-\boldsymbol{\beta}=\left(\boldsymbol{X}^{\mathrm{T}}\boldsymbol{X}\right)^{-1}\boldsymbol{X}^{\mathrm{T}}\boldsymbol{\varepsilon}\sim N\left(\boldsymbol{0},\sigma^2\left(\boldsymbol{X}^{\mathrm{T}}\boldsymbol{X}\right)^{-1}\right) \tag{4.82}$$

拟合残差为

$$\boldsymbol{e}=\boldsymbol{y}-\hat{\boldsymbol{y}}=\boldsymbol{y}-\boldsymbol{X}\hat{\boldsymbol{\beta}}=(\boldsymbol{I}-\boldsymbol{H}_{\boldsymbol{X}})\,\boldsymbol{\varepsilon}\sim N\left(\boldsymbol{0},\sigma^2\left(\boldsymbol{I}-\boldsymbol{H}_{\boldsymbol{X}}\right)\right) \tag{4.83}$$

因 $\hat{\boldsymbol{\beta}}-\boldsymbol{\beta}$ 与 $\boldsymbol{e}$ 的期望都是 $\boldsymbol{0}$, 故

$$\begin{aligned}\mathrm{COV}(\hat{\boldsymbol{\beta}},\boldsymbol{e})&=\mathrm{COV}(\hat{\boldsymbol{\beta}}-\boldsymbol{\beta},\boldsymbol{e})\\&=\mathrm{E}\left(\left(\boldsymbol{X}^{\mathrm{T}}\boldsymbol{X}\right)^{-1}\boldsymbol{X}^{\mathrm{T}}\boldsymbol{\varepsilon}\left(\left(\boldsymbol{I}-\boldsymbol{H}_{\boldsymbol{X}}\right)\boldsymbol{\varepsilon}\right)^{\mathrm{T}}\right)\\&=\mathrm{E}\left(\left(\boldsymbol{X}^{\mathrm{T}}\boldsymbol{X}\right)^{-1}\boldsymbol{X}^{\mathrm{T}}\boldsymbol{\varepsilon}\boldsymbol{\varepsilon}^{\mathrm{T}}\left(\boldsymbol{I}-\boldsymbol{H}_{\boldsymbol{X}}\right)\right)\\&=\sigma^2\mathrm{E}\left(\left(\boldsymbol{X}^{\mathrm{T}}\boldsymbol{X}\right)^{-1}\boldsymbol{X}^{\mathrm{T}}\left(\boldsymbol{I}-\boldsymbol{H}_{\boldsymbol{X}}\right)\right)=\boldsymbol{0}\end{aligned} \tag{4.84}$$

定理 4.7　在高斯-马尔可夫条件 (4.32)~(4.34) 下, 最小二乘参数估计式为 $\hat{\boldsymbol{\beta}} = \left(\boldsymbol{X}^{\mathrm{T}}\boldsymbol{X}\right)^{-1}\boldsymbol{X}^{\mathrm{T}}\boldsymbol{y}$, 拟合值为 $\hat{\boldsymbol{y}} = \boldsymbol{X}\hat{\boldsymbol{\beta}}$, 残差为 $\boldsymbol{e} = \boldsymbol{y} - \hat{\boldsymbol{y}}$, 方差估计为 $\hat{\sigma}^2 = \dfrac{\mathrm{SSE}}{m-n}$, 则 $\hat{\boldsymbol{\beta}}$ 与 $\hat{\sigma}^2$ 是相互独立的.

证明　由上述线性数据独立性定理可知 $\mathrm{COV}(\hat{\boldsymbol{\beta}}, \boldsymbol{e}) = \mathbf{0}$, 故 $\hat{\boldsymbol{\beta}}$ 与 $\boldsymbol{e}$ 独立, 又因为 $\hat{\sigma}^2 = \dfrac{\mathrm{SSE}}{m-n} = \dfrac{\|\boldsymbol{e}\|^2}{m-n}$ 是关于 $\boldsymbol{e}$ 的函数, 从而 $\hat{\boldsymbol{\beta}}$ 与 $\hat{\sigma}^2$ 是相互独立的.

备注 4.7　可以发现, 相对于 $\bar{x}$ 与 S^2 的独立性证明, $\hat{\boldsymbol{\beta}}$ 与 $\hat{\sigma}^2$ 的独立性证明简洁得多. 其实 $\bar{x}$ 与 S^2 是 $\hat{\boldsymbol{\beta}}$ 与 $\hat{\sigma}^2$ 的特例, 对于静态数据, 有

$$\begin{cases} n = 1 \\ \bar{x} = \hat{\boldsymbol{\beta}} \\ S^2 = \hat{\sigma}^2 \end{cases} \tag{4.85}$$

4.2.1　参数管道

定理 4.8 (线性数据基本定理)　在高斯-马尔可夫条件 (4.32)~(4.34) 下, 最小二乘参数估计式为 $\hat{\boldsymbol{\beta}} = \left(\boldsymbol{X}^{\mathrm{T}}\boldsymbol{X}\right)^{-1}\boldsymbol{X}^{\mathrm{T}}\boldsymbol{y}$, 拟合值为 $\hat{\boldsymbol{y}} = \boldsymbol{X}\hat{\boldsymbol{\beta}}$, 残差为 $\boldsymbol{e} = \boldsymbol{y} - \hat{\boldsymbol{y}}$, 方差估计为 $\hat{\sigma}^2 = \dfrac{\mathrm{SSE}}{m-n}$, 则下列命题成立:

(1) $\hat{\beta}_i$ 和 β_i 分别表示最小二乘估计 $\hat{\boldsymbol{\beta}}$ 和被估计量 $\boldsymbol{\beta}$ 的第 $i\,(i = 1, 2, \cdots, n)$ 维分量, s_{ii} 表示 $\left(\boldsymbol{X}^{\mathrm{T}}\boldsymbol{X}\right)^{-1}$ 的第 i 个对角元, 则

$$\hat{\beta}_i - \beta_i \sim N\left(0, \sigma^2 s_{ii}\right) \quad (i = 1, 2, \cdots, n) \tag{4.86}$$

(2) $\hat{\sigma}^2$ 是 σ^2 的无偏估计, 则

$$\frac{(m-n)\,\hat{\sigma}^2}{\sigma^2} \sim \chi^2\,(m-n) \tag{4.87}$$

(3) $\hat{\beta}_i - \beta_i\,(i = 1, 2, \cdots, n)$ 与 $\hat{\sigma}^2$ 相互独立;

(4)

$$t = \frac{\hat{\beta}_i - \beta_i}{\sqrt{s_{ii}}\hat{\sigma}} \sim t\,(m-n) \quad (i = 1, 2, \cdots, n) \tag{4.88}$$

证明　(1) 是 (4.82) 的分量形式;

(2) 见 (4.69);

(3) 是定理 4.7 的分量形式;

(4) 由结论 (1)、结论 (2)、结论 (3) 和 t 分布的定义验证.

基于定理 4.8, 给出参数的管道精度：给定的显著性水平为 α(一般 $\alpha \in [0.01, 0.05]$), 若 $f\,(x, m-n)$ 是自由度为 $m-n$ 的 t 分布的密度函数, $t_{1-\alpha/2}$ 是对应的

分位数, 即

$$\int_{-\infty}^{t_{1-\alpha/2}} f(x, m-n)\, dx = 1-\alpha/2 \tag{4.89}$$

则模型参数的第 i 分量 β_i 的精度半径为

$$\Delta\beta_i = t_{1-\alpha/2}\hat{\sigma}\sqrt{s_{ii}} \quad (i=1,2,\cdots,n) \tag{4.90}$$

分量 β_i 的精度管道为

$$\left[\hat{\beta}_i - \Delta\beta_i, \hat{\beta}_i + \Delta\beta_i\right] \quad (i=1,2,\cdots,n) \tag{4.91}$$

4.2.2 测量管道

由线性数据基本定理和线性保正态公式可得如下定理.

定理 4.9 (测量管道定理) 在高斯-马尔可夫条件 (4.32)~(4.34) 下, 最小二乘参数估计式为 $\hat{\boldsymbol{\beta}} = \left(\boldsymbol{X}^{\mathrm{T}}\boldsymbol{X}\right)^{-1}\boldsymbol{X}^{\mathrm{T}}\boldsymbol{y}$, 拟合值为 $\hat{\boldsymbol{y}} = \boldsymbol{X}\hat{\boldsymbol{\beta}}$, 残差为 $\boldsymbol{e} = \boldsymbol{y} - \hat{\boldsymbol{y}}$, 方差估计为 $\hat{\sigma}^2 = \dfrac{\mathrm{SSE}}{m-n}$, 则下列命题成立:

(1) 若 $\boldsymbol{x}_i^{\mathrm{T}}$ 表示设计矩阵 $\boldsymbol{X}$ 的第 i 行, h_{ii} 表示 $\boldsymbol{H} = \boldsymbol{X}\left(\boldsymbol{X}^{\mathrm{T}}\boldsymbol{X}\right)^{-1}\boldsymbol{X}^{\mathrm{T}}$ 的 i 对角元, 则

$$\boldsymbol{x}_i^{\mathrm{T}}\left(\hat{\boldsymbol{\beta}} - \boldsymbol{\beta}\right) \sim N\left(0, \sigma^2 h_{ii}\right) \quad (i=1,2,\cdots,m) \tag{4.92}$$

(2) $\hat{\sigma}^2$ 是 σ^2 的无偏估计, 则

$$\frac{(m-n)\hat{\sigma}^2}{\sigma^2} \sim \chi^2(m-n) \tag{4.93}$$

(3) $\boldsymbol{x}_i^{\mathrm{T}}\left(\hat{\boldsymbol{\beta}} - \boldsymbol{\beta}\right)$ 与 $\hat{\sigma}^2$ 相互独立;

(4)

$$t = \frac{\boldsymbol{x}_i^{\mathrm{T}}\left(\hat{\boldsymbol{\beta}} - \boldsymbol{\beta}\right)}{\sqrt{h_{ii}}\hat{\sigma}} \sim t(m-n) \quad (i=1,2,\cdots,m) \tag{4.94}$$

基于定理 4.9, 给出拟合值管道: 给定的显著性水平为 α(一般 $\alpha \in [0.01, 0.05]$), 若 $f(x, m-n)$ 是自由度为 $m-n$ 的 t 分布的密度函数, $t_{1-\alpha/2}$ 是对应的分位数, 即

$$\int_{-\infty}^{t_{1-\alpha/2}} f(x, m-n)\, dx = 1-\alpha/2 \tag{4.95}$$

第 i 个拟合值 $\boldsymbol{x}_i^{\mathrm{T}}\boldsymbol{\beta}$ 的精度管道半径为

$$\Delta y_i = t_{1-\alpha/2}\hat{\sigma}\sqrt{h_{ii}} \tag{4.96}$$

$\boldsymbol{x}_i^{\mathrm{T}}\boldsymbol{\beta}$ 的精度管道为

$$\left[\boldsymbol{x}_i^{\mathrm{T}}\hat{\boldsymbol{\beta}} - \Delta y_i, \boldsymbol{x}_i^{\mathrm{T}}\hat{\boldsymbol{\beta}} + \Delta y_i\right] \tag{4.97}$$

4.2.3　典型应用

例 4.6　如图 4.2 所示, 2019 年国庆阅兵展示了某型战略导弹. 假定末区有 4 台测速雷达, 弹头坐标为 $[x,y,z]=[0,0,1]$ (单位为 100 km), 速度真值为 $[\dot{x},\dot{y},\dot{z}]=[0,0,0.1]$ (单位为 100 km/s), 测速雷达对称布站, 坐标为 $[x_1,y_1,z_1]=[1,0,0],[x_2,y_2,z_2]=[0,1,0],[x_3,y_3,z_3]=[-1,0,0],[x_4,y_4,z_4]=[0,-1,0]$, 第 i 台测速雷达的测速原理为

$$\dot{R}_i=\frac{x-x_i}{R_i}\dot{x}+\frac{y-y_i}{R_i}\dot{y}+\frac{z-z_i}{R_i}\dot{z}+\varepsilon_i \tag{4.98}$$

其中 R_i 是雷达到弹头的距离, 满足

$$R_i^2=(x-x_i)^2+(y-y_i)^2+(z-z_i)^2=2 \tag{4.99}$$

若 4 个测站的测速值 $\dot{R}_i$ 为 [0.07076, 0.07089, 0.07048, 0.07079], 求速度的估计值及精度管道.

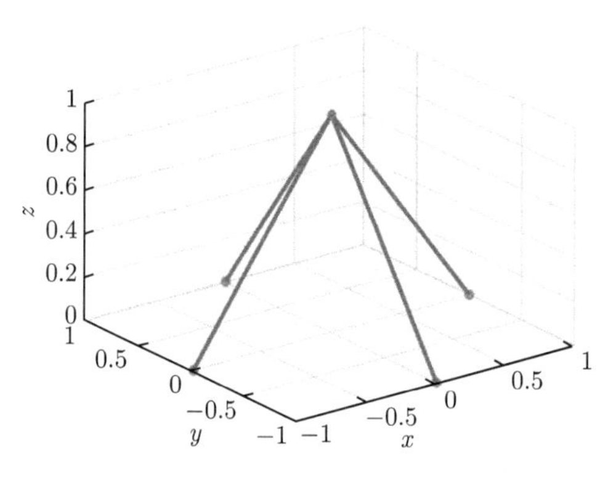

图 4.2　4 个雷达站的几何关系

解　对于雷达测速, 可以如下具体化 $\boldsymbol{y}=\boldsymbol{X\beta}+\boldsymbol{\varepsilon}$,

$$\begin{bmatrix}\dot{R}_1\\\dot{R}_2\\\dot{R}_3\\\dot{R}_4\end{bmatrix}=\frac{1}{\sqrt{2}}\begin{bmatrix}-1&0&1\\0&-1&1\\1&0&1\\0&1&1\end{bmatrix}\begin{bmatrix}\dot{x}\\\dot{y}\\\dot{z}\end{bmatrix}+\begin{bmatrix}\varepsilon_1\\\varepsilon_2\\\varepsilon_3\\\varepsilon_4\end{bmatrix}$$

得

$$\boldsymbol{S}=\left(\boldsymbol{X}^{\mathrm{T}}\boldsymbol{X}\right)^{-1}=\begin{bmatrix}1&&\\&1&\\&&1/2\end{bmatrix}$$

假定 $\boldsymbol{y}=\boldsymbol{X}\boldsymbol{\beta}+\boldsymbol{\varepsilon}$ 满足高斯-马尔可夫条件, 则速度估计值为

$$\hat{\boldsymbol{\beta}}=\begin{bmatrix}\dot{x}\\ \dot{y}\\ \dot{z}\end{bmatrix}=\begin{bmatrix}-1.97743\mathrm{e}-04\\ -6.8710\mathrm{e}-05\\ 0.10003\end{bmatrix}$$

标准差估计值为

$$\hat{\sigma}=2.2086\mathrm{e}-4$$

给定的显著性水平为 $\alpha=0.05$, $t_{1-\alpha/2}$ 是对应的分位数, 则 $t_{1-\alpha/2}=12.7062$, 参数管道半径为 $\Delta\boldsymbol{\beta}=[0.0028,0.0028,0.0020]^{\mathrm{T}}$, $\boldsymbol{X}$ 的投影为

$$\boldsymbol{H}=\boldsymbol{X}\left(\boldsymbol{X}^{\mathrm{T}}\boldsymbol{X}\right)^{-1}\boldsymbol{X}^{\mathrm{T}}=\frac{1}{4}\begin{bmatrix}3&1&-1&1\\1&3&1&-1\\-1&1&3&1\\1&-1&1&3\end{bmatrix}$$

测量管道半径为

$$\Delta\boldsymbol{y}=t_{1-\alpha/2}\hat{\sigma}\left(\sqrt{h_{11}},\sqrt{h_{22}},\sqrt{h_{33}},\sqrt{h_{44}}\right)=[0.0024,0.0024,0.0024,0.0024]^{\mathrm{T}}$$

MATLAB 代码 4.1

```
%% 清理
clc,clear,close all;rng('default'); %设置随机种子
%%  生成数据
X =   [0,0,1]; %弹道位置
plot3(X(1),X(2),X(3),'d','linewidth',3);
X0 = [[1,0,0]; [0,1,0]; [-1,0,0]; [ 0, -1,0]];%测站
xlabel('x'),ylabel('y'),zlabel('z');grid on;hold on
plot3(X0(:,1),X0(:,2),X0(:,3),'o','linewidth',3)
for i = 1:4
    temp = [X; X0(i,:)]
     plot3(temp(:,1),temp(:,2),temp(:,3),'b-','linewidth',3)
end
X = [(X - X0(1,:))/norm(X - X0(1,:));
       (X - X0(2,:))/norm(X - X0(2,:));
       (X - X0(3,:))/norm(X - X0(3,:));
       (X - X0(4,:))/norm(X - X0(4,:))];
beta = [0,0,0.1]';beta_cap = X\y;
y = X*beta + 10*randn(size(X,1),1) * 10^-5;
sigma_cap = sqrt(norm(y - X*beta_cap)^2/(4-3));
```

```
alpha = 0.05;t_alpha = tinv(1-alpha/2,4-3)
%精度管道半径
sqrt(diag(inv(X'*X)))*t_alpha*sigma_cap
sqrt(diag(X*inv(X'*X)*X'))*t_alpha*sigma_cap
```

例 4.7 铜棒的膨胀系数 $[\alpha,\beta,\gamma,\zeta]$ 为待测物理量, 其中 α 为 0°C 时铜棒的精确长度, 可用高精度测量设备测量不同温度 t 下铜棒的长度 y, 假定该过程可以用 $y=\alpha+\beta t^2+\gamma t^2+\zeta t^3$ 刻画, 测得一组数据, 见表 4.1, 其中

$$y_i=\alpha+\beta t_i+\gamma t_i^2+\zeta t_i^3 \quad (i=1,2,3,\cdots,9) \tag{4.100}$$

表 4.1 钢棒试验测量数据

t_i	10	20	30	40	50	60	70	80	90
y_i	0.00	3.8	7.1	11.0	15.0	18.6	22.4	26.0	30.0

设定显著性水平为 $\alpha=0.05$; 估计系数 $[\alpha,\beta,\gamma,\zeta]$, 给出系数的管道半径.

解 设 $\boldsymbol{\beta}=[\alpha,\beta,\gamma,\zeta]^{\mathrm{T}}$, $\boldsymbol{X}=\begin{bmatrix}1 & t_1 & t_1^2 & t_1^3\\ 1 & t_2 & t_2^2 & t_2^3\\ \vdots & \vdots & \vdots & \vdots\\ 1 & t_9 & t_9^2 & t_9^3\end{bmatrix}$, $\boldsymbol{y}=\begin{bmatrix}y_1\\ y_2\\ \vdots\\ y_9\end{bmatrix}$, 解得系数估计值为 $\hat{\boldsymbol{\beta}}=\left(\boldsymbol{X}^{\mathrm{T}}\boldsymbol{X}\right)^{-1}\boldsymbol{X}^{\mathrm{T}}\boldsymbol{y}=[-3.52,0.35,4*10^{-4},2*10^{-6}]^{\mathrm{T}}$; 方差的估计值为 $\hat{\sigma}^2=\left\|\boldsymbol{y}-\boldsymbol{X}\hat{\boldsymbol{\beta}}\right\|^2/(9-4)=0.17$; 参数的管道为 $\Delta\boldsymbol{\beta}=[0.95,0.08,2*10^{-3},1*10^{-5}]^{\mathrm{T}}$.

MATLAB 代码 4.2

```
%% 生成数据
y = [0.00,3.8,7.1,11.0,15.0,18.6,22.4,26.0,30.0]';
x = [10,20,30,40,50,60,70,80,90]';
X = [x.^0 x.^1 x.^2 x.^3];[m,n]=size(X);
plot(x,y,'-+','linewidth',2)
hold on, grid on,xlabel('t'),ylabel('y')
%% 参数估计和区间估计
beta =  X\y %最小二乘估计
SSE = norm(y-X*beta)^2
sigma = sqrt(SSE / (m-n)) %标准差的估计
S= inv(X'*X) %参数估计的协方差矩阵
H = X*inv(X'*X)*X' %投影矩阵
alpha = 0.05
```

```
t_alpha = tinv(1-alpha/2,m-n) %右分位数
beta_delta = t_alpha * sigma * sqrt(diag(S))  %参数管道半径
```

例 4.8 仿真二次多项式随机数据, 基于本章公式估计参数、参数管道、计算拟合值和测量管道.

解 仿真图像见图 4.3.

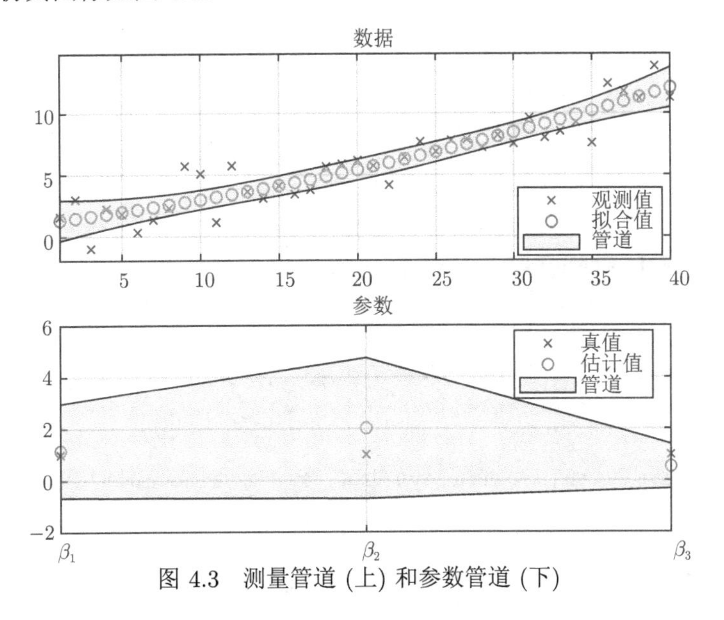

图 4.3 测量管道 (上) 和参数管道 (下)

MATLAB 代码 4.3

```
%% 清理
clc,clear,close all;rng('default'); format short %设置随机种子
%%  生成数据
m=40; x=3*[1:m]'/m; X=[x.^0, x, x.^2];
n = size(X,2); beta=ones(3,1);
e=1*randn(m,1);
y = X*beta+e; %观测值
subplot(211)
plot(1:m,y,'bx','linewidth',2)
title('数据'),hold on,grid on
%% 点估计
betaCap=X\y;
subplot(212),title('参数'),hold on
plot(1:n,beta,'bx','linewidth',2)
```

```
plot(1:n,betaCap,'ro','linewidth',2)
yCap=X*betaCap; %计算值
title('参数')
subplot(211)
plot(1:m,yCap,'ro'),hold on,grid on
eCap = y-yCap;
%% 区间估计
alpha=0.01;
tinvAlphal=tinv(1-alpha/2,m-n);
sigmaCap2=norm(eCap)^2/(m-n);
sii=diag(inv(X'*X));
hii=diag(X*inv(X'*X)*X');
betaDelta = tinvAlphal*sqrt(sigmaCap2* sii);
yDelta=tinvAlphal*sqrt(sigmaCap2* hii);
subplot(211) %预测值区间估计
 fill([1:m,fliplr(1:m)],[yCap'-yDelta',fliplr(yCap'+yDelta')],
      [0.8 0.9 0.9],'FaceAlpha',0.4)
axis([1,m,min(y)-1,max(y)+1])
legend('观测值','拟合值','管道')
% errorbar(1:m,yCap,-yDelta,+yDelta,'k-^','linewidth',2)%
subplot(212)%参数区间估计
hold on,grid on,box on
text('Interpreter','tex','String','\beta_1','Position',[1,-2],
    'horizontalAlignment', 'center');
text('Interpreter','tex','String','\beta_2','Position',[2,-2],
    'horizontalAlignment', 'center');
text('Interpreter','tex','String','\beta_3','Position',[3,-2],
    'horizontalAlignment', 'center');
set(gca, 'XTick', [1,2,3], 'XTickLabel', [])
fill([1:n,fliplr(1:n)],[betaCap'-betaDelta',fliplr(betaCap'+
   betaDelta')],[0.8 0.9 0.9],'FaceAlpha',0.4)
% errorbar(1:n,betaCap,-betaDelta,+betaDelta,'k-^','linewidth',2)%
legend('真值','估计值','管道')
```

4.3 递归最小二乘估计

4.3.1 参数及方差的增量公式

设观测数据为 $\boldsymbol{y}$、设计矩阵为 $\boldsymbol{X}$、观测误差 ε 的行数 (样本容量) 为 m. 方

程 $\boldsymbol{y}=\boldsymbol{X}\boldsymbol{\beta}+\boldsymbol{\varepsilon}$ 的下标加入 m 后变成 $\boldsymbol{y}_m=\boldsymbol{X}_m\boldsymbol{\beta}_m+\boldsymbol{\varepsilon}_m$, 其中参数 $\boldsymbol{\beta}_m$ 的估计值及其协方差矩阵 $\boldsymbol{P}_m$ 为

$$\begin{cases}\hat{\boldsymbol{\beta}}_m=\left(\boldsymbol{X}_m^{\mathrm{T}}\boldsymbol{X}_m\right)^{-1}\boldsymbol{X}_m^{\mathrm{T}}\boldsymbol{y}_m\\ \boldsymbol{P}_m=\sigma^2\left(\boldsymbol{X}_m^{\mathrm{T}}\boldsymbol{X}_m\right)^{-1}\end{cases}\tag{4.101}$$

备注 4.8 若 σ^2 是未知的, 用样本方差 $\hat{\sigma}^2=\mathrm{SSE}\left(\hat{\boldsymbol{\beta}}\right)/(m-n)$ 代替. 方便起见, 下文假定 $\sigma^2=1$.

随着时间的推移, 行数从 m 变为 $m+1$. 此时, 模型变为

$$\boldsymbol{y}_{m+1}=\boldsymbol{X}_{m+1}\boldsymbol{\beta}_{m+1}+\boldsymbol{\varepsilon}_{m+1}\tag{4.102}$$

即

$$\boldsymbol{y}_{m+1}=\begin{bmatrix}\boldsymbol{y}_m\\ y_{m+1}\end{bmatrix},\quad \boldsymbol{X}_{m+1}=\begin{bmatrix}\boldsymbol{X}_m\\ \boldsymbol{x}_{m+1}^{\mathrm{T}}\end{bmatrix},\quad \boldsymbol{\varepsilon}_{m+1}=\begin{bmatrix}\boldsymbol{\varepsilon}_m\\ \varepsilon_{m+1}\end{bmatrix}\tag{4.103}$$

参数 $\boldsymbol{\beta}_m$ 和 $\boldsymbol{\beta}_{m+1}$ 的维度相同, 都为 n, 参数和协方差需要更新为

$$\begin{cases}\hat{\boldsymbol{\beta}}_{m+1}=\left(\boldsymbol{X}_{m+1}^{\mathrm{T}}\boldsymbol{X}_{m+1}\right)^{-1}\boldsymbol{X}_{m+1}^{\mathrm{T}}\boldsymbol{y}_{m+1}\\ \boldsymbol{P}_{m+1}=\left(\boldsymbol{X}_{m+1}^{\mathrm{T}}\boldsymbol{X}_{m+1}\right)^{-1}\end{cases}\tag{4.104}$$

在参数更新时, “矩阵与矩阵的乘法” 和 “矩阵求逆” 的计算量非常大. 例如 $\boldsymbol{X}_{m+1}^{\mathrm{T}}\boldsymbol{X}_{m+1}$ 的乘法运算量为相当于 $O\left(n^2(m+1)\right)$; $\left(\boldsymbol{X}_{m+1}^{\mathrm{T}}\boldsymbol{X}_{m+1}\right)^{-1}$ 的运算量相当于 $O\left(n^3\right)$. 若能用 “矩阵与向量的乘法”“数量求逆” 分别代替 “矩阵与矩阵的乘法”“矩阵求逆”, 则计算量将大大减少.

实际上, 计算参数和协方差时, 绝大部分的数据都已经 “处理” 过了, 不用重新运算, 可以用如下 “增量公式” 解决上述问题.

$$\begin{cases}\hat{\boldsymbol{\beta}}_{m+1}=\hat{\boldsymbol{\beta}}_m+\boldsymbol{K}_{m+1}\left(y_{m+1}-\boldsymbol{x}_{m+1}^{\mathrm{T}}\hat{\boldsymbol{\beta}}_m\right)\\ \boldsymbol{P}_{m+1}=\boldsymbol{P}_m-\Delta\boldsymbol{P}_{m+1}\end{cases}\tag{4.105}$$

问题是：如何计算 $\boldsymbol{K}_{m+1}\Delta\boldsymbol{P}_{m+1}$?

因

$$\boldsymbol{X}_{m+1}^{\mathrm{T}}\boldsymbol{X}_{m+1}=\begin{bmatrix}\boldsymbol{X}_m\\ \boldsymbol{x}_{m+1}^{\mathrm{T}}\end{bmatrix}^{\mathrm{T}}\begin{bmatrix}\boldsymbol{X}_m\\ \boldsymbol{x}_{m+1}^{\mathrm{T}}\end{bmatrix}=\boldsymbol{X}_m^{\mathrm{T}}\boldsymbol{X}_m+\boldsymbol{x}_{m+1}\boldsymbol{x}_{m+1}^{\mathrm{T}}\tag{4.106}$$

结合分块矩阵的逆矩阵公式[11]

$$(\boldsymbol{A}+\boldsymbol{BCD})^{-1}=\boldsymbol{A}^{-1}-\boldsymbol{A}^{-1}\boldsymbol{B}\left(\boldsymbol{C}^{-1}+\boldsymbol{DA}^{-1}\boldsymbol{B}\right)^{-1}\boldsymbol{DA}^{-1}\tag{4.107}$$

得

$$\begin{aligned}\boldsymbol{P}_{m+1} &= \left(\boldsymbol{X}_m^{\mathrm{T}}\boldsymbol{X}_m + \boldsymbol{x}_{m+1}\boldsymbol{x}_{m+1}^{\mathrm{T}}\right)^{-1} \\ &= \left(\boldsymbol{X}_m^{\mathrm{T}}\boldsymbol{X}_m\right)^{-1} - \left(\boldsymbol{X}_m^{\mathrm{T}}\boldsymbol{X}_m\right)^{-1}\boldsymbol{x}_{m+1}\left[1+\boldsymbol{x}_{m+1}^{\mathrm{T}}\left(\boldsymbol{X}_m^{\mathrm{T}}\boldsymbol{X}_m\right)^{-1}\boldsymbol{x}_{m+1}\right]^{-1} \\ &\quad \cdot \boldsymbol{x}_{m+1}^{\mathrm{T}}\left(\boldsymbol{X}_m^{\mathrm{T}}\boldsymbol{X}_m\right)^{-1} \\ &= \boldsymbol{P}_m - \boldsymbol{P}_m\boldsymbol{x}_{m+1}\left[1+\boldsymbol{x}_{m+1}^{\mathrm{T}}\boldsymbol{P}_m\boldsymbol{x}_{m+1}\right]^{-1}\boldsymbol{x}_{m+1}^{\mathrm{T}}\boldsymbol{P}_m \end{aligned} \tag{4.108}$$

也就是说“增量公式”中的 $\Delta\boldsymbol{P}_{m+1}$ 为

$$\Delta\boldsymbol{P}_{m+1} = \boldsymbol{P}_m\boldsymbol{x}_{m+1}\left[1+\boldsymbol{x}_{m+1}^{\mathrm{T}}\boldsymbol{P}_m\boldsymbol{x}_{m+1}\right]^{-1}\boldsymbol{x}_{m+1}^{\mathrm{T}}\boldsymbol{P}_m \tag{4.109}$$

方差的迹 trace($\boldsymbol{P}$) 度量了参数的不确定性, 因此上式表明参数的不确定性是随 m 的变大而单调递减的.

接下来推导 $\boldsymbol{K}_{m+1}$ 的表达式. 记 $D=\left(1+\boldsymbol{x}_{m+1}^{\mathrm{T}}\boldsymbol{P}_m\boldsymbol{x}_{m+1}\right)^{-1}$, 注意到 D 是一维的, 则有

$$\boldsymbol{P}_{m+1} = \boldsymbol{P}_m - D\boldsymbol{P}_m\boldsymbol{x}_{m+1}\boldsymbol{x}_{m+1}^{\mathrm{T}}\boldsymbol{P}_m \tag{4.110}$$

$$D^{-1} - \boldsymbol{x}_{m+1}^{\mathrm{T}}\boldsymbol{P}_m\boldsymbol{x}_{m+1} = 1 \tag{4.111}$$

从而

$$\begin{aligned}\hat{\boldsymbol{\beta}}_{m+1} &= \left(\boldsymbol{X}_{m+1}^{\mathrm{T}}\boldsymbol{X}_{m+1}\right)^{-1}\boldsymbol{X}_{m+1}^{\mathrm{T}}\boldsymbol{y}_{m+1} \\ &= \left(\boldsymbol{P}_m - D\boldsymbol{P}_m\boldsymbol{x}_{m+1}\boldsymbol{x}_{m+1}^{\mathrm{T}}\boldsymbol{P}_m\right)\left(\boldsymbol{X}_m^{\mathrm{T}}\boldsymbol{y}_m + \boldsymbol{x}_{m+1}y_{m+1}\right) \\ &= \left(\boldsymbol{I} - D\boldsymbol{P}_m\boldsymbol{x}_{m+1}\boldsymbol{x}_{m+1}^{\mathrm{T}}\right)\left(\boldsymbol{P}_m\boldsymbol{X}_m^{\mathrm{T}}\boldsymbol{y}_m + \boldsymbol{P}_m\boldsymbol{x}_{m+1}y_{m+1}\right) \\ &= \left(\boldsymbol{I} - D\boldsymbol{P}_m\boldsymbol{x}_{m+1}\boldsymbol{x}_{m+1}^{\mathrm{T}}\right)\left(\hat{\boldsymbol{\beta}}_m + \boldsymbol{P}_m\boldsymbol{x}_{m+1}y_{m+1}\right) \\ &= \hat{\boldsymbol{\beta}}_m - D\boldsymbol{P}_m\boldsymbol{x}_{m+1}\boldsymbol{x}_{m+1}^{\mathrm{T}}\hat{\boldsymbol{\beta}}_m + \boldsymbol{P}_m\boldsymbol{x}_{m+1}\boldsymbol{y}_{m+1} \\ &\quad - D\boldsymbol{P}_m\boldsymbol{x}_{m+1}\boldsymbol{x}_{m+1}^{\mathrm{T}}\boldsymbol{P}_m\boldsymbol{x}_{m+1}y_{m+1} \\ &= \hat{\boldsymbol{\beta}}_m - D\boldsymbol{P}_m\boldsymbol{x}_{m+1}\boldsymbol{x}_{m+1}^{\mathrm{T}}\hat{\boldsymbol{\beta}}_m + D\boldsymbol{P}_m\boldsymbol{x}_{m+1}\left(D^{-1} - \boldsymbol{x}_{m+1}^{\mathrm{T}}\boldsymbol{P}_m\boldsymbol{x}_{m+1}\right)y_{m+1} \end{aligned} \tag{4.112}$$

进一步, 因为 $D^{-1} - \boldsymbol{x}_{m+1}^{\mathrm{T}}\boldsymbol{P}_m\boldsymbol{x}_{m+1} = 1$, 所以

$$\begin{aligned}\hat{\boldsymbol{\beta}}_{m+1} &= \hat{\boldsymbol{\beta}}_m - D\boldsymbol{P}_m\boldsymbol{x}_{m+1}\boldsymbol{x}_{m+1}^{\mathrm{T}}\hat{\boldsymbol{\beta}}_m + D\boldsymbol{P}_m\boldsymbol{x}_{m+1}y_{m+1} \\ &= \hat{\boldsymbol{\beta}}_m - D\boldsymbol{P}_m\boldsymbol{x}_{m+1}\left(\boldsymbol{x}_{m+1}^{\mathrm{T}}\hat{\boldsymbol{\beta}}_m - y_{m+1}\right) \\ &= \hat{\boldsymbol{\beta}}_m + D\boldsymbol{P}_m\boldsymbol{x}_{m+1}\left(y_{m+1} - \boldsymbol{x}_{m+1}^{\mathrm{T}}\hat{\boldsymbol{\beta}}_m\right) \\ &= \hat{\boldsymbol{\beta}}_m + \boldsymbol{P}_m\boldsymbol{x}_{m+1}\left(1+\boldsymbol{x}_{m+1}^{\mathrm{T}}\boldsymbol{P}_m\boldsymbol{x}_{m+1}\right)^{-1}\left(y_{m+1} - \boldsymbol{x}_{m+1}^{\mathrm{T}}\hat{\boldsymbol{\beta}}_m\right) \end{aligned} \tag{4.113}$$

也就是说“增量公式”中的 $\boldsymbol{K}_{m+1}$ 为

$$\boldsymbol{K}_{m+1}=\boldsymbol{P}_m\boldsymbol{x}_{m+1}\left(1+\boldsymbol{x}_{m+1}^{\mathrm{T}}\boldsymbol{P}_m\boldsymbol{x}_{m+1}\right)^{-1} \tag{4.114}$$

可以验证, 若 $\sigma^2=1$, 则 $1+\boldsymbol{x}_{m+1}^{\mathrm{T}}\boldsymbol{P}_m\boldsymbol{x}_{m+1}$ 就是 $y_{m+1}-\boldsymbol{x}_{m+1}^{\mathrm{T}}\hat{\boldsymbol{\beta}}_m$ 的方差, 且 $\boldsymbol{P}_m\boldsymbol{x}_{m+1}$ 就是 $\boldsymbol{\beta}_m-\hat{\boldsymbol{\beta}}_m$ 与 $y_{m+1}-\boldsymbol{x}_{m+1}^{\mathrm{T}}\hat{\boldsymbol{\beta}}_m$ 的协方差.

综上, 给出递归最小二乘算法 (默认 $\sigma^2=1$).

备注 4.9 若 $\boldsymbol{A}\in\mathbb{R}^{m\times p}$ 和 $\boldsymbol{B}\in\mathbb{R}^{p\times n}$, 那么 $\boldsymbol{AB}$ 的浮点运算量为 mpn. 若 $\boldsymbol{A}\in\mathbb{R}^{n\times n}$, 则逆矩阵的浮点运算量 $2n^3$.

备注 4.10 若用 $\tilde{\boldsymbol{\beta}}_{m+1}=(\boldsymbol{X}_{m+1}^{\mathrm{T}}\boldsymbol{X}_{m+1})^{-1}\boldsymbol{X}_{m+1}^{\mathrm{T}}\boldsymbol{y}_{m+1}$ 计算 $\tilde{\boldsymbol{\beta}}_{m+1}$, 浮点运算量如下：$\boldsymbol{A}=\boldsymbol{X}_{m+1}^{\mathrm{T}}\boldsymbol{X}_{m+1}$ 的浮点运算量为 $(m+1)n^2$; $\boldsymbol{B}=\boldsymbol{A}^{-1}$ 的浮点运算量为 $2n^3$; $\boldsymbol{C}=\boldsymbol{B}\boldsymbol{X}_{m+1}^{\mathrm{T}}$ 的浮点运算量为 $(m+1)n^2$; $\boldsymbol{D}=\boldsymbol{C}\boldsymbol{y}_{m+1}$ 的浮点运算量为 $(m+1)n$, 共计 $2(m+1)n^2+2n^3+(m+1)n\approx 2(m+n)n^2$.

备注 4.11 若用 $\hat{\boldsymbol{\beta}}_{m+1}=\hat{\boldsymbol{\beta}}_m+\boldsymbol{K}_{m+1}\left(y_{m+1}-\boldsymbol{x}_{m+1}^{\mathrm{T}}\hat{\boldsymbol{\beta}}_m\right)$ 计算 $\hat{\boldsymbol{\beta}}_{m+1}$, 其中 $\boldsymbol{K}_{m+1}=\boldsymbol{P}_m\boldsymbol{x}_{m+1}\left(1+\boldsymbol{x}_{m+1}^{\mathrm{T}}\boldsymbol{P}_m\boldsymbol{x}_{m+1}\right)^{-1}$, 浮点运算量如下：$\boldsymbol{A}=\boldsymbol{x}_{m+1}^{\mathrm{T}}\boldsymbol{P}_m\boldsymbol{x}_{m+1}$ 的浮点运算量为 $n(n+1)$; $\boldsymbol{B}=\boldsymbol{A}^{-1}$ 的浮点运算量为 1; $\boldsymbol{C}=\boldsymbol{P}_m\boldsymbol{x}_{m+1}\boldsymbol{B}$ 的浮点运算量为 n^2; $\boldsymbol{D}=\boldsymbol{C}\left(y_{m+1}-\boldsymbol{x}_{m+1}^{\mathrm{T}}\hat{\boldsymbol{\beta}}_m\right)$ 的浮点运算量为 n, 共计 $(n+1)^2+n^2\approx 2n^2$.

备注 4.12 总之, 递归浮点运算量与不递归运算量之比为 $(m+n):1$.

算法 4.1 递归最小二乘

输入 1：m 时刻的参数 $\hat{\boldsymbol{\beta}}_m$;
输入 2：m 时刻的参数协方差 $\boldsymbol{P}_m$;
输入 3：$m+1$ 时刻的数据 y_{m+1};
输入 4：$m+1$ 时刻的数据 $\boldsymbol{x}_{k+1}$;
输出 1：$m+1$ 时刻的参数 $\hat{\boldsymbol{\beta}}_{m+1}$;
输出 2：$m+1$ 时刻的协方差 $\boldsymbol{P}_{m+1}$;
步骤 1：计算临时变量 $\boldsymbol{Px}=\boldsymbol{P}_m\boldsymbol{x}_{m+1}$;
步骤 2：计算临时变量 $\boldsymbol{xPx}=\boldsymbol{x}_{m+1}^{\mathrm{T}}\boldsymbol{P}_m\boldsymbol{x}_{m+1}$;
步骤 3：计算协方差增量 $\Delta\boldsymbol{P}_{m+1}=\boldsymbol{Px}\left(1+\boldsymbol{xPx}\right)^{-1}\boldsymbol{Px}^{\mathrm{T}}$;
步骤 4：计算增益 $\boldsymbol{K}_{m+1}=\boldsymbol{P}_m\boldsymbol{x}_{m+1}\left(1+\boldsymbol{xPx}\right)^{-1}$;
步骤 5：计算新息 $e_{m+1}=\boldsymbol{y}_{m+1}-\boldsymbol{x}_{m+1}^{\mathrm{T}}\hat{\boldsymbol{\beta}}_m$;
步骤 6：更新参数 $\hat{\boldsymbol{\beta}}_{m+1}=\hat{\boldsymbol{\beta}}_m+\boldsymbol{K}_{m+1}e_{m+1}$;
步骤 7：更新协方差 $\boldsymbol{P}_{m+1}=\boldsymbol{P}_m-\Delta\boldsymbol{P}_{m+1}$.

例 4.9 仿真生成设计矩阵 $\boldsymbol{X}$、参数值 $\boldsymbol{\beta}$、随机误差 ε, 依据 $\boldsymbol{X}\boldsymbol{\beta}+\varepsilon=\boldsymbol{y}$ 生成数据 $\boldsymbol{y}$. 验证递归最小二乘估计与最小二乘估计的一致性.

解 代码如下, 可以发现递归最小二乘估计与最小二乘估计的结果是一致的.

MATLAB 代码 4.4

```
function  test()
%% 生成数据
randn('seed',0);
m=3;n=2;
X = randn(m,n);
B = randn(n,1);
Y = X*B;
%% 直接运算
B_direct = X\Y; P_direct = inv(X'*X);
X1 = X(1:2,:); Y1 = Y(1:2,:);
X2 = X(end,:)'; Y2 = Y(end,:);
%% 递归运算
B1 = X1 \ Y1; P1 = inv(X1'*X1);
[B2,P2] = RLS(B1,P1,X2,Y2);
%% 结果对比
B_direct - B2, P_direct - P2,
%% 递归最小二乘算法
function [B2,P2] =  RLS(B1,P1,X2,Y2)
Px = P1*X2;
% 计算临时变量
xPx = X2'*Px;
% 计算协方差增量
deltaP = Px/(1+xPx) * Px';
% 计算增益
K = Px/(1+xPx);
% 计算新息
e = Y2-X2'*B1;
% 更新参数
B2 = B1 + K*e;
% 更新协方差
P2 = P1 - deltaP;
```

4.3.2 参数及方差的减量公式

增量公式的对立面是减量公式. 随着时间的推移, 行数从 m 变为 $m+1$. 但是某个数据已经老化, 需要剔除. 方便起见, 不妨设 y_{m+1} 和 $\boldsymbol{x}_{m+1}$ 就是老化的数据. 模型从 $\boldsymbol{y}_{m+1}=\boldsymbol{X}_{m+1}\boldsymbol{\beta}_{m+1}+\boldsymbol{\varepsilon}_{m+1}$ 变为 $\boldsymbol{y}_m=\boldsymbol{X}_m\boldsymbol{\beta}_m+\boldsymbol{\varepsilon}_m$, 即

$$\boldsymbol{y}_{m+1}=\begin{bmatrix}\boldsymbol{y}_m\\ y_{m+1}\end{bmatrix},\quad \boldsymbol{X}_{m+1}=\begin{bmatrix}\boldsymbol{X}_m\\ \boldsymbol{x}_{m+1}^{\mathrm{T}}\end{bmatrix},\quad \boldsymbol{\varepsilon}_{m+1}=\begin{bmatrix}\boldsymbol{\varepsilon}_m\\ \varepsilon_{m+1}\end{bmatrix}\tag{4.115}$$

参数 $\boldsymbol{\beta}_m$ 和 $\boldsymbol{\beta}_{m+1}$ 的维度相同, 都为 n, 参数和协方差需要更新为

$$\begin{cases}\hat{\boldsymbol{\beta}}_m=\left(\boldsymbol{X}_m^{\mathrm{T}}\boldsymbol{X}_m\right)^{-1}\boldsymbol{X}_m^{\mathrm{T}}\boldsymbol{y}_m\\ \boldsymbol{P}_m=\left(\boldsymbol{X}_m^{\mathrm{T}}\boldsymbol{X}_m\right)^{-1}\end{cases}\tag{4.116}$$

计算参数和协方差时, 绝大部分的数据都已经“处理”过了, 不用重新运算, 可以用如下“减量公式”解决上述问题.

$$\begin{cases}\hat{\boldsymbol{\beta}}_m=\hat{\boldsymbol{\beta}}_{m+1}-\boldsymbol{K}_{m+1}\left(\boldsymbol{y}_{m+1}-\boldsymbol{x}_{m+1}^{\mathrm{T}}\hat{\boldsymbol{\beta}}_{m+1}\right)\\ \boldsymbol{P}_m=\boldsymbol{P}_{m+1}+\Delta\boldsymbol{P}_{m+1}\end{cases}\tag{4.117}$$

问题是如何计算 $\boldsymbol{K}_{m+1}\Delta\boldsymbol{P}_{m+1}$?

因

$$\boldsymbol{X}_m^{\mathrm{T}}\boldsymbol{X}_m=\boldsymbol{X}_{m+1}^{\mathrm{T}}\boldsymbol{X}_{m+1}-\boldsymbol{x}_{m+1}\boldsymbol{x}_{m+1}^{\mathrm{T}}\tag{4.118}$$

结合分块矩阵的逆矩阵公式

$$(\boldsymbol{A}-\boldsymbol{BCD})^{-1}=\boldsymbol{A}^{-1}+\boldsymbol{A}^{-1}\boldsymbol{B}\left(\boldsymbol{C}^{-1}-\boldsymbol{DA}^{-1}\boldsymbol{B}\right)^{-1}\boldsymbol{DA}^{-1}\tag{4.119}$$

得

$$\begin{aligned}\boldsymbol{P}_m&=\left(\boldsymbol{X}_{m+1}^{\mathrm{T}}\boldsymbol{X}_{m+1}-\boldsymbol{x}_{m+1}\boldsymbol{x}_{m+1}^{\mathrm{T}}\right)^{-1}\\&=\left(\boldsymbol{X}_{m+1}^{\mathrm{T}}\boldsymbol{X}_{m+1}\right)^{-1}+\left(\boldsymbol{X}_{m+1}^{\mathrm{T}}\boldsymbol{X}_{m+1}\right)^{-1}\boldsymbol{x}_{m+1}\\&\quad\cdot\left[1-\boldsymbol{x}_{m+1}^{\mathrm{T}}\left(\boldsymbol{X}_{m+1}^{\mathrm{T}}\boldsymbol{X}_{m+1}\right)^{-1}\boldsymbol{x}_{m+1}\right]^{-1}\boldsymbol{x}_{m+1}^{\mathrm{T}}\left(\boldsymbol{X}_{m+1}^{\mathrm{T}}\boldsymbol{X}_{m+1}\right)^{-1}\\&=\boldsymbol{P}_{m+1}+\boldsymbol{P}_{m+1}\boldsymbol{x}_{m+1}\left(1-\boldsymbol{x}_{m+1}^{\mathrm{T}}\boldsymbol{P}_{m+1}\boldsymbol{x}_{m+1}\right)^{-1}\boldsymbol{x}_{m+1}^{\mathrm{T}}\boldsymbol{P}_{m+1}\end{aligned}\tag{4.120}$$

也就是说“减量公式”中的 $\Delta\boldsymbol{P}_{m+1}$ 为

$$\Delta\boldsymbol{P}_{m+1}=\boldsymbol{P}_{m+1}\boldsymbol{x}_{m+1}\left(1-\boldsymbol{x}_{m+1}^{\mathrm{T}}\boldsymbol{P}_{m+1}\boldsymbol{x}_{m+1}\right)^{-1}\boldsymbol{x}_{m+1}^{\mathrm{T}}\boldsymbol{P}_{m+1}\tag{4.121}$$

接下来推导 $\boldsymbol{K}_{m+1}$ 的表达式. 记

$$D=\left(1-\boldsymbol{x}_{m+1}^{\mathrm{T}}\boldsymbol{P}_{m+1}\boldsymbol{x}_{m+1}\right)^{-1}\tag{4.122}$$

注意到 D 是一维的, 则有

$$\boldsymbol{P}_m=\boldsymbol{P}_{m+1}+D\boldsymbol{P}_{m+1}\boldsymbol{x}_{m+1}\boldsymbol{x}_{m+1}^{\mathrm{T}}\boldsymbol{P}_{m+1}\tag{4.123}$$

$$D^{-1} + \boldsymbol{x}_{m+1}^{\mathrm{T}} \boldsymbol{P}_{m+1} \boldsymbol{x}_{m+1} = 1 \tag{4.124}$$

从而

$$\begin{aligned}
\hat{\boldsymbol{\beta}}_m &= \left(\boldsymbol{X}_m^{\mathrm{T}} \boldsymbol{X}_m\right)^{-1} \boldsymbol{X}_m^{\mathrm{T}} \boldsymbol{y}_m \\
&= \left(\boldsymbol{P}_{m+1} + D\boldsymbol{P}_{m+1}\boldsymbol{x}_{m+1}\boldsymbol{x}_{m+1}^{\mathrm{T}}\boldsymbol{P}_{m+1}\right)\left(\boldsymbol{X}_{m+1}^{\mathrm{T}}\boldsymbol{y}_{m+1} - \boldsymbol{x}_{m+1}y_{m+1}\right) \\
&= \left(\boldsymbol{I} + D\boldsymbol{P}_{m+1}\boldsymbol{x}_{m+1}\boldsymbol{x}_{m+1}^{\mathrm{T}}\right)\left(\boldsymbol{P}_{m+1}\boldsymbol{X}_{m+1}^{\mathrm{T}}\boldsymbol{y}_{m+1} - \boldsymbol{P}_{m+1}\boldsymbol{x}_{m+1}y_{m+1}\right) \\
&= \left(\boldsymbol{I} + D\boldsymbol{P}_{m+1}\boldsymbol{x}_{m+1}\boldsymbol{x}_{m+1}^{\mathrm{T}}\right)\left(\hat{\boldsymbol{\beta}}_{m+1} - \boldsymbol{P}_{m+1}\boldsymbol{x}_{m+1}y_{m+1}\right) \\
&= \left(\hat{\boldsymbol{\beta}}_{m+1} + D\boldsymbol{P}_{m+1}\boldsymbol{x}_{m+1}\boldsymbol{x}_{m+1}^{\mathrm{T}}\hat{\boldsymbol{\beta}}_{m+1}\right) \\
&\quad - \left(\boldsymbol{P}_{+1}\boldsymbol{x}_{m+1}y_{m+1} + D\boldsymbol{P}_{m+1}\boldsymbol{x}_{m+1}\boldsymbol{x}_{m+1}^{\mathrm{T}}\boldsymbol{P}_{m+1}\boldsymbol{x}_{m+1}y_{m+1}\right) \\
&= \hat{\boldsymbol{\beta}}_{m+1} + D\boldsymbol{P}_{m+1}\boldsymbol{x}_{m+1}\left[\boldsymbol{x}_{m+1}^{\mathrm{T}}\hat{\boldsymbol{\beta}}_{m+1} - \left(D^{-1} + \boldsymbol{x}_{m+1}^{\mathrm{T}}\boldsymbol{P}_{m+1}\boldsymbol{x}_{m+1}\right)y_{m+1}\right]
\end{aligned} \tag{4.125}$$

进一步, 因为 $D^{-1} + \boldsymbol{x}_{m+1}^{\mathrm{T}} \boldsymbol{P}_{m+1} \boldsymbol{x}_{m+1} = 1$, 所以

$$\begin{aligned}
\hat{\boldsymbol{\beta}}_m &= \hat{\boldsymbol{\beta}}_{m+1} + D\boldsymbol{P}_{m+1}\boldsymbol{x}_{m+1}\left(\boldsymbol{x}_{m+1}^{\mathrm{T}}\hat{\boldsymbol{\beta}}_{m+1} - y_{m+1}\right) \\
&= \hat{\boldsymbol{\beta}}_{m+1} - \boldsymbol{P}_{m+1}\boldsymbol{x}_{m+1}\left(1 - \boldsymbol{x}_{m+1}^{\mathrm{T}}\boldsymbol{P}_{m+1}\boldsymbol{x}_{m+1}\right)^{-1}\left(y_{m+1} - \boldsymbol{x}_{m+1}^{\mathrm{T}}\hat{\boldsymbol{\beta}}_{m+1}\right)
\end{aligned} \tag{4.126}$$

也就是说“减量公式”中的 $\boldsymbol{K}_{m+1}$ 为

$$\boldsymbol{K}_{m+1} = \boldsymbol{P}_{m+1}\boldsymbol{x}_{m+1}\left(1 - \boldsymbol{x}_{m+1}^{\mathrm{T}}\boldsymbol{P}_{m+1}\boldsymbol{x}_{m+1}\right)^{-1} \tag{4.127}$$

4.3.3 投影的递归公式

称 $\boldsymbol{H}_m = \boldsymbol{X}_m\left(\boldsymbol{X}_m^{\mathrm{T}}\boldsymbol{X}_m\right)^{-1}\boldsymbol{X}_m^{\mathrm{T}}$ 为 $\boldsymbol{X}_m$ 上的投影矩阵, 随着时间的推移, 行数从 m 变为 $m+1$. 此时, $\boldsymbol{H}_{m+1} = \boldsymbol{X}_{m+1}\left(\boldsymbol{X}_{m+1}^{\mathrm{T}}\boldsymbol{X}_{m+1}\right)^{-1}\boldsymbol{X}_{m+1}^{\mathrm{T}}$. 设 $\boldsymbol{\alpha} = \boldsymbol{X}_m\boldsymbol{P}_m\boldsymbol{x}_{m+1}$, 因

$$\begin{aligned}
\boldsymbol{P}_{m+1} &= \left(\boldsymbol{X}_m^{\mathrm{T}}\boldsymbol{X}_m + \boldsymbol{x}_{m+1}\boldsymbol{x}_{m+1}^{\mathrm{T}}\right)^{-1} = \boldsymbol{P}_m - \Delta\boldsymbol{P}_{m+1} \\
&= \boldsymbol{P}_m - \boldsymbol{P}_m\boldsymbol{x}_{m+1}\left(1 + \boldsymbol{x}_{m+1}^{\mathrm{T}}\boldsymbol{P}_m\boldsymbol{x}_{m+1}\right)^{-1}\boldsymbol{x}_{m+1}^{\mathrm{T}}\boldsymbol{P}_m
\end{aligned} \tag{4.128}$$

故得到投影的递归公式为

$$\begin{aligned}
\boldsymbol{H}_{m+1} &= \boldsymbol{X}_{m+1}\boldsymbol{P}_{m+1}\boldsymbol{X}_{m+1}^{\mathrm{T}} \\
&= \begin{bmatrix} \boldsymbol{X}_m \\ \boldsymbol{x}_{m+1}^{\mathrm{T}} \end{bmatrix}\left[\boldsymbol{P}_m - \boldsymbol{P}_m\boldsymbol{x}_{m+1}\left(1 + \boldsymbol{x}_{m+1}^{\mathrm{T}}\boldsymbol{P}_m\boldsymbol{x}_{m+1}\right)^{-1}\boldsymbol{x}_{m+1}^{\mathrm{T}}\boldsymbol{P}_m\right]\left(\boldsymbol{X}_m^{\mathrm{T}}, \boldsymbol{x}_{m+1}\right)
\end{aligned}$$

$$
\begin{aligned}
&= \begin{bmatrix} \boldsymbol{X}_m \boldsymbol{P}_m \boldsymbol{X}_m^{\mathrm{T}} & \boldsymbol{0} \\ \boldsymbol{0}^{\mathrm{T}} & 0 \end{bmatrix} + \frac{1}{1+\boldsymbol{x}_{m+1}^{\mathrm{T}} \boldsymbol{P}_m \boldsymbol{x}_{m+1}} \begin{bmatrix} -\boldsymbol{\alpha}\boldsymbol{\alpha}^{\mathrm{T}} & \boldsymbol{\alpha} \\ \boldsymbol{\alpha}^{\mathrm{T}} & \boldsymbol{x}_{m+1}^{\mathrm{T}} \boldsymbol{P}_m \boldsymbol{x}_{m+1} \end{bmatrix} \\
&= \begin{bmatrix} \boldsymbol{H}_m & \boldsymbol{0} \\ \boldsymbol{0}^{\mathrm{T}} & 0 \end{bmatrix} + \frac{1}{1+\boldsymbol{x}_{m+1}^{\mathrm{T}} \boldsymbol{P}_m \boldsymbol{x}_{m+1}} \begin{bmatrix} -\boldsymbol{\alpha}\boldsymbol{\alpha}^{\mathrm{T}} & \boldsymbol{\alpha} \\ \boldsymbol{\alpha}^{\mathrm{T}} & \boldsymbol{x}_{m+1}^{\mathrm{T}} \boldsymbol{P}_m \boldsymbol{x}_{m+1} \end{bmatrix}
\end{aligned} \tag{4.129}
$$

4.3.4 残差平方和的递归公式

残差平方和的递归公式是第 3 章样本方差减量递归公式的推广. 设 $h_{m+1} = \boldsymbol{x}_{m+1}^{\mathrm{T}} \boldsymbol{P}_{m+1} \boldsymbol{x}_{m+1}$ 就是投影矩阵 $\boldsymbol{H}_{m+1} = \boldsymbol{X}_{m+1}\left(\boldsymbol{X}_{m+1}^{\mathrm{T}} \boldsymbol{X}_{m+1}\right)^{-1} \boldsymbol{X}_{m+1}^{\mathrm{T}}$ 的第 $m+1$ 个对角元, 又因为 $\boldsymbol{P}_m = \boldsymbol{P}_{m+1} + D\boldsymbol{P}_{m+1}\boldsymbol{x}_{m+1}\boldsymbol{x}_{m+1}^{\mathrm{T}}\boldsymbol{P}_{m+1}$, 所以

$$
\begin{aligned}
\boldsymbol{x}_{m+1}^{\mathrm{T}} \boldsymbol{P}_m \boldsymbol{x}_{m+1} &= \boldsymbol{x}_{m+1}^{\mathrm{T}}\left(\boldsymbol{P}_{m+1} + D\boldsymbol{P}_{m+1}\boldsymbol{x}_{m+1}\boldsymbol{x}_{m+1}^{\mathrm{T}}\boldsymbol{P}_{m+1}\right)\boldsymbol{x}_{m+1} \\
&= \boldsymbol{x}_{m+1}^{\mathrm{T}}\boldsymbol{P}_{m+1}\boldsymbol{x}_{m+1} + D\boldsymbol{x}_{m+1}^{\mathrm{T}}\boldsymbol{P}_{m+1}\boldsymbol{x}_{m+1}\boldsymbol{x}_{m+1}^{\mathrm{T}}\boldsymbol{P}_{m+1}\boldsymbol{x}_{m+1} \\
&= \left(1 + D\boldsymbol{x}_{m+1}^{\mathrm{T}}\boldsymbol{P}_{m+1}\boldsymbol{x}_{m+1}\right)\boldsymbol{x}_{m+1}^{\mathrm{T}}\boldsymbol{P}_{m+1}\boldsymbol{x}_{m+1} \\
&= \left(1 + \frac{\boldsymbol{x}_{m+1}^{\mathrm{T}}\boldsymbol{P}_{m+1}\boldsymbol{x}_{m+1}}{1-\boldsymbol{x}_{m+1}^{\mathrm{T}}\boldsymbol{P}_{m+1}\boldsymbol{x}_{m+1}}\right)\boldsymbol{x}_{m+1}^{\mathrm{T}}\boldsymbol{P}_{m+1}\boldsymbol{x}_{m+1} \\
&= \frac{\boldsymbol{x}_{m+1}^{\mathrm{T}}\boldsymbol{P}_{m+1}\boldsymbol{x}_{m+1}}{1-\boldsymbol{x}_{m+1}^{\mathrm{T}}\boldsymbol{P}_{m+1}\boldsymbol{x}_{m+1}} = \frac{h_{m+1}}{1-h_{m+1}}
\end{aligned} \tag{4.130}
$$

且

$$
\frac{1}{1+\boldsymbol{x}_{m+1}^{\mathrm{T}}\boldsymbol{P}_m\boldsymbol{x}_{m+1}} = \frac{1}{1+\dfrac{h_{m+1}}{1-h_{m+1}}} = 1 - h_{m+1} \tag{4.131}
$$

从而

$$
\begin{aligned}
&\boldsymbol{y}_{m+1}^{\mathrm{T}}\boldsymbol{H}_{m+1}\boldsymbol{y}_{m+1} \\
&= \left[\boldsymbol{y}_m^{\mathrm{T}}, y_{m+1}\right]\left(\begin{bmatrix} \boldsymbol{H}_m & \boldsymbol{0} \\ \boldsymbol{0}^{\mathrm{T}} & 0 \end{bmatrix} + (1-h_{m+1})\begin{bmatrix} -\boldsymbol{\alpha}\boldsymbol{\alpha}^{\mathrm{T}} & \boldsymbol{\alpha} \\ \boldsymbol{\alpha}^{\mathrm{T}} & 0 \end{bmatrix}\right. \\
&\quad \left. + \begin{bmatrix} 0 & \boldsymbol{0} \\ \boldsymbol{0}^{\mathrm{T}} & h_{m+1} \end{bmatrix}\right)\begin{bmatrix} \boldsymbol{y}_m \\ y_{m+1} \end{bmatrix} \\
&= \boldsymbol{y}_m^{\mathrm{T}}\boldsymbol{H}_m\boldsymbol{y}_m + (1-h_{m+1})\left(-\boldsymbol{y}_m^{\mathrm{T}}\boldsymbol{\alpha}\boldsymbol{\alpha}^{\mathrm{T}}\boldsymbol{y}_m + 2\boldsymbol{y}_m^{\mathrm{T}}\boldsymbol{\alpha}y_{m+1}\right) + h_{m+1}y_{m+1}^2
\end{aligned}
$$

注意到 $\boldsymbol{\alpha} = \boldsymbol{X}_m\boldsymbol{P}_m\boldsymbol{x}_{m+1}$, 继而有

$$
\begin{aligned}
&\boldsymbol{y}_{m+1}^{\mathrm{T}}\left(\boldsymbol{I}_{m+1} - \boldsymbol{H}_{m+1}\right)\boldsymbol{y}_{m+1} \\
&= \boldsymbol{y}_{m+1}^{\mathrm{T}}\boldsymbol{y}_{m+1} - \boldsymbol{y}_m^{\mathrm{T}}\boldsymbol{H}_m\boldsymbol{y}_m \\
&\quad - (1-h_{m+1})\left(-\boldsymbol{y}_m^{\mathrm{T}}\boldsymbol{\alpha}\boldsymbol{\alpha}^{\mathrm{T}}\boldsymbol{y}_m + 2y_{m+1}\boldsymbol{\alpha}^{\mathrm{T}}\boldsymbol{y}_m\right) - h_{m+1}y_{m+1}^2
\end{aligned}
$$

$$
\begin{aligned}
&= \boldsymbol{y}_m^{\mathrm{T}} (\boldsymbol{I}_m - \boldsymbol{H}_m) \boldsymbol{y}_m + (1 - h_{m+1}) \left(\boldsymbol{y}_m^{\mathrm{T}} \boldsymbol{\alpha} \boldsymbol{\alpha}^{\mathrm{T}} \boldsymbol{y}_m - 2\boldsymbol{\alpha}^{\mathrm{T}} \boldsymbol{y}_m \right) \\
&\quad + (1 - h_{m+1}) y_{m+1}^2 \\
&= \boldsymbol{y}_m^{\mathrm{T}} (\boldsymbol{I}_m - \boldsymbol{H}_m) \boldsymbol{y}_m + (1 - h_{m+1}) \left(\left(\boldsymbol{y}_m^{\mathrm{T}} \boldsymbol{\alpha} \right)^2 - 2\boldsymbol{y}_m^{\mathrm{T}} \boldsymbol{\alpha} y_{m+1} + y_{m+1}^2 \right) \\
&= \boldsymbol{y}_m^{\mathrm{T}} (\boldsymbol{I}_m - \boldsymbol{H}_m) \boldsymbol{y}_m + (1 - h_{m+1}) \left(\boldsymbol{x}_{m+1}^{\mathrm{T}} \hat{\boldsymbol{\beta}}_m - y_{m+1} \right)^2 \\
&= \boldsymbol{y}_m^{\mathrm{T}} (\boldsymbol{I}_m - \boldsymbol{H}_m) \boldsymbol{y}_m \\
&\quad + (1 - h_{m+1})^{-1} \left((1 - h_{m+1}) \left(\boldsymbol{x}_{m+1}^{\mathrm{T}} \hat{\boldsymbol{\beta}}_m - y_{m+1} \right) \right)^2
\end{aligned} \tag{4.132}
$$

又因为

$$
\begin{aligned}
&\boldsymbol{x}_{m+1}^{\mathrm{T}} \hat{\boldsymbol{\beta}}_m - y_{m+1} \\
&= \boldsymbol{x}_{m+1}^{\mathrm{T}} \left(\hat{\boldsymbol{\beta}}_{m+1} + \boldsymbol{P}_{m+1} \boldsymbol{x}_{m+1} \left[1 - \boldsymbol{x}_{m+1}^{\mathrm{T}} \boldsymbol{P}_{m+1} \boldsymbol{x}_{m+1} \right]^{-1} \right. \\
&\quad \left. \cdot \left(\boldsymbol{x}_{m+1}^{\mathrm{T}} \hat{\boldsymbol{\beta}}_{m+1} - y_{m+1} \right) \right) - y_{m+1} \\
&= \boldsymbol{x}_{m+1}^{\mathrm{T}} \hat{\boldsymbol{\beta}}_{m+1} + h_{m+1} (1 - h_{m+1})^{-1} \left(\boldsymbol{x}_{m+1}^{\mathrm{T}} \hat{\boldsymbol{\beta}}_{m+1} - y_{m+1} \right) - y_{m+1} \\
&= \left(\boldsymbol{x}_{m+1}^{\mathrm{T}} \hat{\boldsymbol{\beta}}_{m+1} - y_{m+1} \right) + h_{m+1} [1 - h_{m+1}]^{-1} \left(\boldsymbol{x}_{m+1}^{\mathrm{T}} \hat{\boldsymbol{\beta}}_{m+1} - y_{m+1} \right) \\
&= (1 - h_{m+1})^{-1} \left(\boldsymbol{x}_{m+1}^{\mathrm{T}} \hat{\boldsymbol{\beta}}_{m+1} - y_{m+1} \right)
\end{aligned} \tag{4.133}
$$

最后的残差平方和的递推公式为

$$
\begin{aligned}
&\boldsymbol{y}_{m+1}^{\mathrm{T}} (\boldsymbol{I}_{m+1} - \boldsymbol{H}_{m+1}) \boldsymbol{y}_{m+1} \\
&= \boldsymbol{y}_m^{\mathrm{T}} (\boldsymbol{I}_m - \boldsymbol{H}_m) \boldsymbol{y}_m + \frac{1}{1 - h_{m+1}} \left(\boldsymbol{x}_{m+1}^{\mathrm{T}} \hat{\boldsymbol{\beta}}_{m+1} - y_{m+1} \right)^2
\end{aligned} \tag{4.134}
$$

4.4 野点剔除

4.4.1 基本准则

定理 4.10 在高斯-马尔可夫条件 (4.32)~(4.34) 下, 若异己数据 $\boldsymbol{y}(j)$ 为 $\boldsymbol{y} = [y_1, y_2, \cdots, y_m]^{\mathrm{T}}$ 除掉 y_j 后构成的向量, 异己设计矩阵 $\boldsymbol{X}(j)$ 为设计矩阵 $\boldsymbol{X}$ 除掉第 j 行 $\boldsymbol{x}_j^{\mathrm{T}}$ 后构成的矩阵, 异己估计参数为

$$
\hat{\boldsymbol{\beta}}(j) = \boldsymbol{X}(j) \left(\boldsymbol{X}(j)^{\mathrm{T}} \boldsymbol{X}(j) \right)^{-1} \boldsymbol{y}(j) \tag{4.135}
$$

异己样本方差为

$$
\hat{\sigma}^2(j) = \frac{1}{m - 1 - n} \sum_{i \neq j} \left(y_i - \boldsymbol{x}_i^{\mathrm{T}} \hat{\boldsymbol{\beta}}(j) \right)^2 \tag{4.136}
$$

且记

$$h_{jj} = \boldsymbol{x}_j^{\mathrm{T}} \left(\boldsymbol{X}(j)^{\mathrm{T}} \boldsymbol{X}(j) \right)^{-1} \boldsymbol{x}_j \tag{4.137}$$

$y_j - \boldsymbol{x}_j^{\mathrm{T}} \hat{\boldsymbol{\beta}}(j)$ 为新息, 则下列命题成立:

(1) 新息服从正态分布, 且

$$y_j - \boldsymbol{x}_j^{\mathrm{T}} \hat{\boldsymbol{\beta}}(j) \sim N\left(0, \sigma^2 (h_{jj} + 1)\right) \quad (j = 1, 2, \cdots, m) \tag{4.138}$$

(2) 可以用 $\hat{\sigma}^2(j)$ 构造服从卡方分布的统计量, 如下

$$\frac{(m-n-1)\hat{\sigma}^2(j)}{\sigma^2} \sim \chi^2(m-n-1) \quad (j = 1, 2, \cdots, m) \tag{4.139}$$

(3) $y_j - \boldsymbol{x}_j^{\mathrm{T}} \hat{\boldsymbol{\beta}}(j)\,(j = 1, \cdots, m)$ 与 $\hat{\sigma}^2(j)$ 相互独立.

(4)
$$T_j = \frac{y_j - \boldsymbol{x}_j^{\mathrm{T}} \hat{\boldsymbol{\beta}}(j)}{\hat{\sigma}(j)\sqrt{h_{jj} + 1}} \sim t(m-n-1) \quad (j = 1, 2, \cdots, m) \tag{4.140}$$

证明 若能证明 (1), 则其他结论的证明类似于定理 3.3, 由线性数据独立性定理, 即定理 4.6, 可知 $\hat{\boldsymbol{\beta}}(j)$ 与 $\hat{\sigma}^2(j)$ 相互独立, 又因 $\hat{\sigma}^2(j)$ 不依赖 y_j, 故 $y_j - \boldsymbol{x}_j^{\mathrm{T}} \hat{\boldsymbol{\beta}}(j)\,(j = 1, \cdots, m)$ 与 $\hat{\sigma}^2(j)$ 相互独立, 结合

$$\hat{\boldsymbol{\beta}}(j) \sim N\left(\boldsymbol{\beta}, \sigma^2 \left(\boldsymbol{X}(j)^{\mathrm{T}} \boldsymbol{X}(j) \right)^{-1} \right) \tag{4.141}$$

得

$$\boldsymbol{x}_j^{\mathrm{T}} \hat{\boldsymbol{\beta}}(j) \sim N\left(\boldsymbol{x}_j^{\mathrm{T}} \boldsymbol{\beta}, \sigma^2 \boldsymbol{x}_j^{\mathrm{T}} \left(\boldsymbol{X}(j)^{\mathrm{T}} \boldsymbol{X}(j) \right)^{-1} \boldsymbol{x}_j \right) \tag{4.142}$$

另外有

$$y_j = \boldsymbol{x}_j^{\mathrm{T}} \boldsymbol{\beta} + \varepsilon_j \sim N\left(\boldsymbol{x}_j^{\mathrm{T}} \boldsymbol{\beta}, \sigma^2\right) \tag{4.143}$$

综上, 可证式 (4.138).

准则 4.1 设 α 为给定的显著性水平, $t_{1-\alpha/2}$ 为自由度为 $m-n-2$ 的 t 分布对应于 $1-\alpha/2$ 的右分位数, 即概率值满足

$$P\left\{ T_j = \frac{y_j - \boldsymbol{x}_j^{\mathrm{T}} \hat{\boldsymbol{\beta}}(j)}{\hat{\sigma}(j)\sqrt{h_{jj} + 1}} > t_{1-\alpha/2} \right\} = \alpha \tag{4.144}$$

若 $|T_j| > t_{1-\alpha/2}$, 则 y_j 是野点, 应剔除, 否则应保留 y_j.

算法 4.2 野点剔除——线性数据

输入 1：设计矩阵 $\boldsymbol{X}$;
输入 2：数据 $\boldsymbol{y}$;
输入 3：显著性水平 α;
输出 1：每个数据 y_j 是否为野点;
for 遍历每个样本
步骤 1：获得异己数据 $\boldsymbol{y}(j)$ 和异己设计矩阵 $\boldsymbol{X}(j)$;
步骤 2：计算异己参数 $\hat{\boldsymbol{\beta}}(j)$;
步骤 3：计算异己样本方差 $\hat{\sigma}^2(j)$;
步骤 4：计算异己投影 h_{jj};
步骤 5：构造检测统计量 T_j;
步骤 6：计算分位数 $t_{1-\alpha/2}$;
步骤 7：判断 y_j 是否为野点;
end

例 4.10 用二次多项式仿真生成 20 个数据, 第 10 个点是野点, 用野点剔除准则找到野点. 并且验证本方法与 MATLAB 工具箱自带方法的一致性.

解 仿真图像见图 4.4.

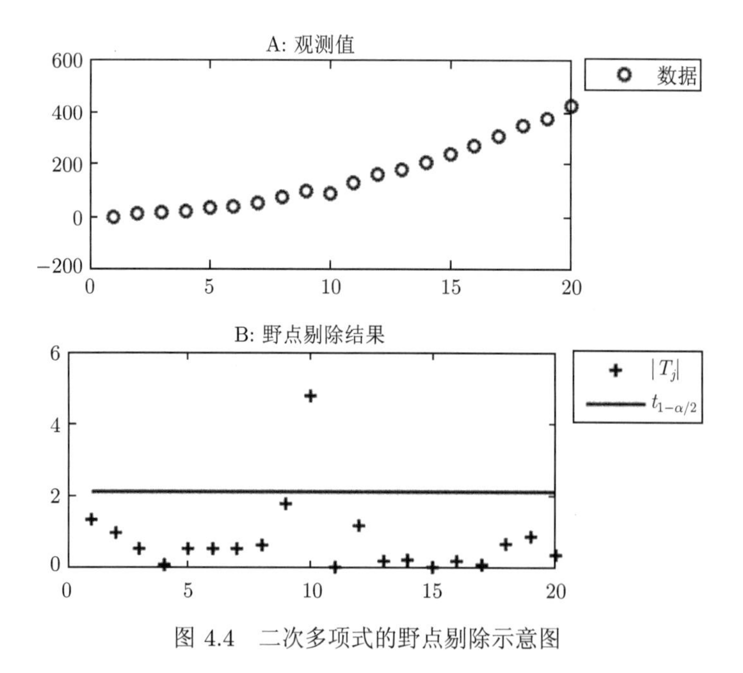

图 4.4 二次多项式的野点剔除示意图

MATLAB 代码 4.5

```
clc,clear,close all;
m=20;n = 3;x = [1:m]';X = zeros(m,n);
beta = ones(3,1);sigma = 5;
for i=1:n,    X(:,i) = x.^(i-1); end
y = X*beta + sigma*randn(m,1);
i = 10; y(i) = y(i) - 5*sigma;
figure,subplot(211),plot(y,'ko','linewidth',2),title('A:观测值')
legend('数据','Fontsize',12,'Location','NorthEastOutside')
alpha = 0.05; t_alpha = tinv(1- alpha/2,m-1-n)
T = zeros(1,m); Threhold = zeros(1,m);
for i = 1:m
    X_i = X([1:i-1,i+1:m],:);
    y_i = y([1:i-1,i+1:m]);
    beta_i = X_i \ y_i;
    e_i = X_i*beta_i -y_i;
    h_ii=X(i,:)*inv(X_i'*X_i)*X(i,:)';
    sigma_i = sqrt(e_i'*e_i/(m-1-n)) ;
    Threhold(i) = t_alpha ;
    T(i) = abs(y(i) - X(i,:) * beta_i)/(sqrt(h_ii+1)*sigma_i);
end
subplot(212),plot(T,'k+' ,'linewidth',2),hold on,plot(Threhold,
    'k-','linewidth',2),hold off legend('|T_j|','t_{1-\alpha/2}',
    'Fontsize',12,'Location',NorthEastOutside')
 title('B:野点剔除结果')
 %% 对比MATLAB自带工具箱算法
[b, bint, r, rint, stats] = regress(y,X,alpha);
den = (rint(:,2) - rint(:,1)) / 2
% 分母t_alpha*ser = t_alpha*sqrt(1-diag(H)).* sigmai
abs(r)./ den - (T./ Threhold)'
```

4.4.2 第三次改进

对于线性模型, 罗曼诺夫斯基统计量和贝尔斯利统计量是等价的野点剔除统计量.

若存在 m 个观测数据, 为了判断每个数据点是否为野点, 罗曼诺夫斯基统计量需要估计 m 次参数和方差, 运算量很大. 能否用一次参数估计代替 m 次参数估计? 如何利用自适应算法减小运算量成为贝尔斯利统计量的关键.

罗曼诺夫斯基统计量为

$$T_j = \frac{y_j - \boldsymbol{x}_j^{\mathrm{T}} \hat{\boldsymbol{\beta}}(j)}{\hat{\sigma}(j) \sqrt{h_{jj} + 1}} \tag{4.145}$$

不同地, 贝尔斯利统计量为

$$T_j = \frac{y_j - \boldsymbol{x}_j^{\mathrm{T}} \hat{\boldsymbol{\beta}}}{\hat{\sigma}(j) \sqrt{1 - h_j}} \tag{4.146}$$

其中 h_{jj} 及 h_j 的定义为

$$\begin{cases} h_{jj} = \boldsymbol{x}_j^{\mathrm{T}} \left(\boldsymbol{X}(j)^{\mathrm{T}} \boldsymbol{X}(j) \right)^{-1} \boldsymbol{x}_j \\ h_j = \boldsymbol{x}_j^{\mathrm{T}} \left(\boldsymbol{X}^{\mathrm{T}} \boldsymbol{X} \right)^{-1} \boldsymbol{x}_j \end{cases} \tag{4.147}$$

可以验证

$$h_{jj} = \frac{h_j}{1 - h_j}, \quad h_j = \frac{h_{jj}}{1 + h_{jj}} \tag{4.148}$$

实际上, 由分块矩阵的逆矩阵公式 (4.107) 可得

$$\begin{aligned} \left(\boldsymbol{X}(j)^{\mathrm{T}} \boldsymbol{X}(j) \right)^{-1} = & \left(\boldsymbol{X}^{\mathrm{T}} \boldsymbol{X} \right)^{-1} + \left(\boldsymbol{X}^{\mathrm{T}} \boldsymbol{X} \right)^{-1} \boldsymbol{x}_j \\ & \cdot \left[1 - \boldsymbol{x}_j^{\mathrm{T}} \left(\boldsymbol{X}^{\mathrm{T}} \boldsymbol{X} \right)^{-1} \boldsymbol{x}_j \right]^{-1} \boldsymbol{x}_j^{\mathrm{T}} \left(\boldsymbol{X}^{\mathrm{T}} \boldsymbol{X} \right)^{-1} \end{aligned}$$

故

$$\begin{aligned} h_{jj} = & \boldsymbol{x}_j^{\mathrm{T}} \left(\boldsymbol{X}(j)^{\mathrm{T}} \boldsymbol{X}(j) \right)^{-1} \boldsymbol{x}_j \\ = & \boldsymbol{x}_j^{\mathrm{T}} \left[\left(\boldsymbol{X}^{\mathrm{T}} \boldsymbol{X} \right)^{-1} + \left(\boldsymbol{X}^{\mathrm{T}} \boldsymbol{X} \right)^{-1} \boldsymbol{x}_j \left[1 - \boldsymbol{x}_j^{\mathrm{T}} \left(\boldsymbol{X}^{\mathrm{T}} \boldsymbol{X} \right)^{-1} \boldsymbol{x}_j \right]^{-1} \boldsymbol{x}_j^{\mathrm{T}} \left(\boldsymbol{X}^{\mathrm{T}} \boldsymbol{X} \right)^{-1} \right] \boldsymbol{x}_j \\ = & \boldsymbol{x}_j^{\mathrm{T}} \left(\boldsymbol{X}^{\mathrm{T}} \boldsymbol{X} \right)^{-1} \boldsymbol{x}_j + \boldsymbol{x}_j^{\mathrm{T}} \left(\boldsymbol{X}^{\mathrm{T}} \boldsymbol{X} \right)^{-1} \boldsymbol{x}_j \left[1 - \boldsymbol{x}_j^{\mathrm{T}} \left(\boldsymbol{X}^{\mathrm{T}} \boldsymbol{X} \right)^{-1} \boldsymbol{x}_j \right]^{-1} \\ & \cdot \boldsymbol{x}_j^{\mathrm{T}} \left(\boldsymbol{X}^{\mathrm{T}} \boldsymbol{X} \right)^{-1} \boldsymbol{x}_j \\ = & \left[h_j + h_j (1 - h_j)^{-1} h_j \right] = h_j \left(1 + \frac{h_j}{1 - h_j} \right) = \frac{h_j}{1 - h_j} \end{aligned} \tag{4.149}$$

下面验证贝尔斯利准则与罗曼诺夫斯基准则是一致的. 由减量公式 (4.117) 可知, 类似于式 (4.133) 得

$$\begin{aligned} & y_j - \boldsymbol{x}_j^{\mathrm{T}} \hat{\boldsymbol{\beta}}(j) \\ = & y_j - \boldsymbol{x}_j^{\mathrm{T}} \left(\hat{\boldsymbol{\beta}} - \left(\boldsymbol{X}^{\mathrm{T}} \boldsymbol{X} \right)^{-1} \boldsymbol{x}_j \left[1 - \boldsymbol{x}_j^{\mathrm{T}} \left(\boldsymbol{X}^{\mathrm{T}} \boldsymbol{X} \right)^{-1} \boldsymbol{x}_j \right]^{-1} \left(y_j - \boldsymbol{x}_j^{\mathrm{T}} \hat{\boldsymbol{\beta}} \right) \right) \\ = & y_j - \boldsymbol{x}_j^{\mathrm{T}} \hat{\boldsymbol{\beta}} + h_j (1 - h_j)^{-1} \left(y_j - \boldsymbol{x}_j^{\mathrm{T}} \hat{\boldsymbol{\beta}} \right) \end{aligned}$$

$$= \left(1+h_j\left(1-h_j\right)^{-1}\right)\left(y_j-\boldsymbol{x}_j^{\mathrm{T}}\hat{\boldsymbol{\beta}}\right)=\left(1-h_j\right)^{-1}\left(y_j-\boldsymbol{x}_j^{\mathrm{T}}\hat{\boldsymbol{\beta}}\right) \tag{4.150}$$

从而

$$\frac{y_j-\boldsymbol{x}_j^{\mathrm{T}}\hat{\boldsymbol{\beta}}(j)}{\hat{\sigma}(j)\sqrt{h_{jj}+1}}=\frac{\left(1-h_j\right)^{-1}\left(y_j-\boldsymbol{x}_j^{\mathrm{T}}\hat{\boldsymbol{\beta}}\right)}{\hat{\sigma}(j)\sqrt{\dfrac{h_j}{1-h_j}+1}}=\frac{y_j-\boldsymbol{x}_j^{\mathrm{T}}\hat{\boldsymbol{\beta}}}{\hat{\sigma}(j)\sqrt{1-h_j}} \tag{4.151}$$

上式表明罗曼诺夫斯基统计量可以转化为贝尔斯利统计量.

再由残差平方和的递归公式 (4.134) 得

$$(m-n)\hat{\sigma}^2=(m-n-1)\hat{\sigma}(j)^2+\frac{1}{1-h_j}\left(y_j-\boldsymbol{x}_j^{\mathrm{T}}\hat{\boldsymbol{\beta}}\right)^2 \tag{4.152}$$

得贝尔斯利统计量在 MATLAB 中的运算式, 如下

$$\hat{\sigma}(j)=\sqrt{\frac{m-n}{(m-n-1)}\hat{\sigma}^2-\frac{1}{(m-n-1)(1-h_j)}\left(y_j-\boldsymbol{x}_j^{\mathrm{T}}\hat{\boldsymbol{\beta}}\right)^2} \tag{4.153}$$

算法 4.3 野点剔除算法——贝尔斯利准则

输入 1：设计矩阵 $\boldsymbol{X}$;
输入 2：数据 $\boldsymbol{y}$;
输入 3：显著性水平 α;
输出 1：每个数据 y_j 是否为野点;
步骤 1：估计参数 $\hat{\boldsymbol{\beta}}$;
步骤 2：估计方差 $\hat{\sigma}^2$;
步骤 3：计算残差 $\boldsymbol{r}=\boldsymbol{y}-\boldsymbol{X}\hat{\boldsymbol{\beta}}$;
步骤 4：计算分位数 $t_{1-\alpha/2}$;
for 遍历每个样本
步骤 5：计算投影对角元 h_j;
步骤 6：计算异己样本方差 $\hat{\sigma}^2(j)$;
步骤 7：计算异己投影 h_{jj};
步骤 8：构造检测统计量 T_j;
步骤 9：判断 y_j 是否为野点;
end

例 4.11 仿真生成设计矩阵 $\boldsymbol{X}$、参数值 β、随机误差 $\boldsymbol{\varepsilon}$, 依据 $\boldsymbol{X}\boldsymbol{\beta}+\boldsymbol{\varepsilon}=\boldsymbol{y}$ 生成数据 $\boldsymbol{y}$. 并且验证递归最小二乘估计与最小二乘估计的一致性.

解 仿真代码如下.

MATLAB 代码 4.6

```
%% 基于QR分解的最小二乘算法
clc,clear,close all
rng('default'); %随机种子设定
n=3;m=6;alpha=0.05; %参数维数、样本容量、显著性水平
%% 数据仿真
x = rand(m,1);
X = [ones(m,1)*2, x, x.^2] %设计矩阵
beta = rand(n,1) %参数真值
e = rand(m,1) %观测误差
y = X*beta + e %观测数据
%% MATLAB自带
[b, bint, r, rint, stats] = regress(y,X,alpha);
%% 自己解算
beta =  X\y %最小二乘估计
SSE = norm(y-X*beta)^2
SST = (m-1)*var(y)
SSR = norm(X*beta - mean(y))^2
SST - SSE - SSR %验证SST = SSE + SSR
sigma = sqrt(SSE / (m-n)) %标准差的估计
F = (SSR/(n-1))/(SSE / (m-n)) %F统计量
p =1 - cdf('F',F,n-1,m-n) %p值
R2 = 1 - SSE/SST %拟合优度
S= inv(X'*X) %参数估计的协方差矩阵
H = X*inv(X'*X)*X' %投影矩阵
t_alpha = tinv(1-alpha/2,m-n) %右分位数
beta_delta = t_alpha * sigma * sqrt(diag(S)) %参数管道半径
beta_int=[beta-beta_delta,beta+beta_delta] %参数管道
e = y-X*beta %拟合残差
t_alpha = tinv(1-alpha/2,m-n-1) %右分位数
denom = (m-n-1) .* (1-diag(H));
sigmai= sqrt((SSE/(m-n-1)) - (e.^2./ denom));
ser = sqrt(1-diag(H)) .* sigmai;
r_delta = t_alpha * ser %残差管道半径
r_int = [e-t_alpha * ser, e+t_alpha * ser] %残差管道
%% 验证是否一致
b - beta %参数
bint - beta_int %参数管道
```

```
r - e %残差
rint - r_int %拟合管道半径
stats(1) - R2 %拟合优度
stats(2) - F %F统计量
stats(3) - p %值1-p
stats(4) - sigma^2 %方差
```

备注 4.13 F 统计量和 p 值参考 4.5.3 小节的定义 4.11：模型的选择.

(1) 命令 regress 的返回值 stats 的第 2 维为 F 统计量, 用于判断 $\boldsymbol{\beta}$ 的常系数以外的系数是否显著为 0. F 统计量越大, 说明 $\boldsymbol{\beta}$ 的常系数以外的系数为 0 的显著性越小.

(2) 命令 regress 的返回值 stats 的第 3 维为 p 值, 用于判断 $\boldsymbol{\beta}$ 的常系数以外的系数为 0 的概率值. p 值越大, 说明 $\boldsymbol{\beta}$ 的常系数以外的系数为 0 的可能性越大.

4.5 模型的选择

4.5.1 问题提出

例 4.12 铜棒的膨胀系数 $[\alpha,\beta,\gamma,\zeta]$ 为待测物理量, 其中 α 为 0°C 时铜棒的精确长度, 可用高精度测量设备测量不同温度 t 下铜棒的长度 y, 假定该过程可以用 $y=\alpha+\beta t^2+\gamma t^2+\zeta t^3$ 刻画, 测得一组数据

$$y_i=\alpha+\beta t_i+\gamma t_i^2+\zeta t_i^3 \quad (i=1,2,3,\cdots,m,m\geqslant 4) \tag{4.154}$$

问：

(1) 为什么用 3 次多项式?

(2) 可否用 2 次多项式?

(3) 可否用 1 次多项式?

(4) 用几次多项式最好?

备注 4.14 一方面, 模型的阶次越高, 拟合优度越大. 比如, 用 $m-1$ 次多项式拟合 m 个数据, 拟合优度等于 1; 另一方面, 阶次越高, 预测能力先增强后减弱. 若拟合的最终目的是预测, 则可以用预测误差选择模型阶次.

定理 4.11 在高斯-马尔可夫条件 (4.32)~(4.34) 下, 最小二乘参数估计式为 $\hat{\boldsymbol{\beta}}=\left(\boldsymbol{X}^{\mathrm{T}}\boldsymbol{X}\right)^{-1}\boldsymbol{X}^{\mathrm{T}}\boldsymbol{y}$, 则 $\mathrm{E}\left\|\boldsymbol{X}\hat{\boldsymbol{\beta}}-\boldsymbol{X}\boldsymbol{\beta}\right\|^2=n\sigma^2$.

证明 设 $\boldsymbol{H}_{\boldsymbol{X}}=\boldsymbol{X}\left(\boldsymbol{X}^{\mathrm{T}}\boldsymbol{X}\right)^{-1}\boldsymbol{X}^{\mathrm{T}}$, 则 $\boldsymbol{X}\hat{\boldsymbol{\beta}}-\boldsymbol{X}\boldsymbol{\beta}=\boldsymbol{H}_{\boldsymbol{X}}\boldsymbol{e}\sim N\left(\boldsymbol{0},\sigma^2\boldsymbol{H}_{\boldsymbol{X}}\right)$, 从而 $\mathrm{E}\left\|\boldsymbol{X}\hat{\boldsymbol{\beta}}-\boldsymbol{X}\boldsymbol{\beta}\right\|^2=\mathrm{var}\left(\boldsymbol{X}\hat{\boldsymbol{\beta}}\right)=\mathrm{trace}\left(\mathrm{COV}\left(\boldsymbol{X}\hat{\boldsymbol{\beta}}\right)\right)=\mathrm{trace}\left(\boldsymbol{H}_{\boldsymbol{X}}\right)=n\sigma^2$.

上述定理表明：用 $\boldsymbol{X}\hat{\boldsymbol{\beta}}$ 作为 $\boldsymbol{X}\boldsymbol{\beta}$ 的估计, 其估计误差与待估参数个数 n 成正比. 待估参数个数越多, 估计效果越差. 因此在建立回归模型时, 应尽可能减少待估参数个数.

模型选择的问题就是确定某些待估参数或者参数的线性组合“是否”显著为 0 的问题[4,5].

一方面, 如果根据某些先验信息或工程背景知道某些待估参数或者参数的线性组合接近 0, 就应当在模型中将其去掉; 另一方面, 用假设检验可以从定量的角度进行模型选择.

4.5.2 t 检验法

下面考虑回归系数 $\boldsymbol{\beta}$ 的某个参数是否为 0 的问题, 即检验原假设

$$\mathrm{H}: \boldsymbol{G}\boldsymbol{\beta} = 0 \tag{4.155}$$

其中 $\boldsymbol{G}$ 为单位矩阵的第 $i\,(i = 1, \cdots, n)$ 行, 即

$$\boldsymbol{G} = [0, \cdots, 0, 1, 0, \cdots, 0] \tag{4.156}$$

由线性数据基本公式可知

$$\frac{\left(\hat{\beta}_i - \beta_i\right) / \sqrt{s}_{ii}}{\hat{\sigma}} \sim t\,(m-n) \quad (i = 1, \cdots, n) \tag{4.157}$$

其中 s_{ii} 是 $\boldsymbol{S} = \left(\boldsymbol{X}^{\mathrm{T}}\boldsymbol{X}\right)^{-1}$ 的第 i 个对角元. 若 $\mathrm{H}: \boldsymbol{G}\boldsymbol{\beta} = 0$ 成立, 则下式是受控的,

$$\frac{\hat{\beta}_i}{\hat{\sigma}\sqrt{s}_{ii}} \sim t\,(m-n) \quad (i = 1, \cdots, n) \tag{4.158}$$

依此给出检验 $\mathrm{H}: \boldsymbol{G}\boldsymbol{\beta} = 0$ 的准则.

准则 4.2 若 α 为给定的显著性水平, $t_{1-\alpha/2}$ 为自由度为 $(m-n)$ 的 t 分布对应于 $1-\alpha/2$ 的右分位数, 且

$$\frac{|\hat{\beta}_i|}{\hat{\sigma}\sqrt{s}_{ii}} > t_{1-\alpha/2} \quad (i = 1, \cdots, n) \tag{4.159}$$

则认为 $\mathrm{H}: \boldsymbol{G}\boldsymbol{\beta} = 0$ 不成立.

备注 4.15 注意野点剔除准则与模型选择准则是有差异的. 前者的原假设是待检测点不是野点, 即不轻易误判待检测点为野点, 误判率控制在 α 内; 后者的原假设是待检测参数为零, 即不轻易漏判 0 参数, 漏判率控制在 α 内.

4.5.3 *F* 检验法

下面考虑回归系数 $\boldsymbol{\beta}$ 的若干个线性组合是否为 0 的问题, 即检验

$$\mathrm{H}: \boldsymbol{G}\boldsymbol{\beta}=0 \tag{4.160}$$

其中 $\boldsymbol{G}$ 为已知的 $k\times n$ 矩阵, $k\leqslant n, \operatorname{rank}(\boldsymbol{G})=k$. 显然, 存在 $\boldsymbol{L}_{(n-k)\times n}$, 使得 $\boldsymbol{D}=\left[\begin{array}{c}\boldsymbol{L}\\ \boldsymbol{G}\end{array}\right]$ 为 n 阶的可逆矩阵. 令 $\boldsymbol{Z}=\boldsymbol{X}\boldsymbol{D}^{-1}, \boldsymbol{\alpha}=\boldsymbol{D}\boldsymbol{\beta}$, 则 $\boldsymbol{Z}\boldsymbol{\alpha}=\boldsymbol{X}\boldsymbol{\beta}$, 于是模型 $\boldsymbol{y}=\boldsymbol{X}\boldsymbol{\beta}+\boldsymbol{e}$, $\boldsymbol{e}\sim N(\boldsymbol{0},\sigma^2\boldsymbol{I}_m)$ 变为

$$\boldsymbol{y}=\boldsymbol{Z}\boldsymbol{\alpha}+\boldsymbol{e}, \quad \boldsymbol{e}\sim N(\boldsymbol{0},\sigma^2\boldsymbol{I}_m) \tag{4.161}$$

定义 4.10 称 $\boldsymbol{y}=\boldsymbol{X}\boldsymbol{\beta}+\boldsymbol{e}$ 为源模型, 称 $\boldsymbol{y}=\boldsymbol{Z}\boldsymbol{\alpha}+\boldsymbol{e}$ 为宿模型.

记 $\boldsymbol{\alpha}=[\alpha_1,\cdots,\alpha_n]^{\mathrm{T}}, \boldsymbol{Z}=[\boldsymbol{z}_1,\cdots,\boldsymbol{z}_n]$, 则 $\boldsymbol{z}_i\,(i=1,\cdots,n)$ 为 m 维列向量, $\boldsymbol{Z}^*=[\boldsymbol{z}_1,\cdots,\boldsymbol{z}_{n-k}]$, $\boldsymbol{Z}^{**}=[\boldsymbol{z}_{n-k+1},\cdots,\boldsymbol{z}_n]$, $\boldsymbol{\alpha}^*=[\alpha_1,\cdots,\alpha_{n-k}]^{\mathrm{T}}$, $\boldsymbol{\alpha}^{**}=[\alpha_{n-k+1},\cdots,\alpha_n]^{\mathrm{T}}$, 因

$$\boldsymbol{\alpha}=\boldsymbol{D}\boldsymbol{\beta}=\left[\begin{array}{c}\boldsymbol{L}\boldsymbol{\beta}\\ \boldsymbol{G}\boldsymbol{\beta}\end{array}\right]=\left[\begin{array}{c}\boldsymbol{\alpha}^*\\ \boldsymbol{\alpha}^{**}\end{array}\right] \tag{4.162}$$

故 $\boldsymbol{G}\boldsymbol{\beta}=0$ 等价于 $\alpha_{n-k+1}=\cdots=\alpha_n=0$, 因此当原假设成立时, 宿模型 $\boldsymbol{y}=\boldsymbol{Z}\boldsymbol{\alpha}+\boldsymbol{e}$ 化为

$$\boldsymbol{y}=\boldsymbol{Z}^*\boldsymbol{\alpha}^*+\boldsymbol{e} \tag{4.163}$$

称之为简约模型, 记宿模型和简约模型参数的最小二乘估计分别为

$$\left\{\begin{array}{l}\hat{\boldsymbol{\alpha}}=\left(\boldsymbol{Z}^{\mathrm{T}}\boldsymbol{Z}\right)^{-1}\boldsymbol{Z}^{\mathrm{T}}\boldsymbol{y}\\ \hat{\boldsymbol{\alpha}}^*=\left(\boldsymbol{Z}^{*\mathrm{T}}\boldsymbol{Z}^*\right)^{-1}\boldsymbol{Z}^{*\mathrm{T}}\boldsymbol{y}\end{array}\right. \tag{4.164}$$

对应的残差平方和

$$\left\{\begin{array}{l}\mathrm{SSE}=\|\boldsymbol{y}-\boldsymbol{Z}\hat{\boldsymbol{\alpha}}\|^2=\left\|\boldsymbol{y}-\boldsymbol{X}\hat{\boldsymbol{\beta}}\right\|^2\\ \mathrm{SSE}^*=\|\boldsymbol{y}-\boldsymbol{Z}^*\hat{\boldsymbol{\alpha}}^*\|^2\end{array}\right. \tag{4.165}$$

参数越多拟合精度越高, 故

$$\mathrm{SSE}^*\geqslant\mathrm{SSE} \tag{4.166}$$

实际上, 因为 $(\boldsymbol{y}-\boldsymbol{Z}\hat{\boldsymbol{\alpha}})^{\mathrm{T}}\boldsymbol{Z}=\boldsymbol{y}^{\mathrm{T}}\left(\boldsymbol{I}-\boldsymbol{Z}\left(\boldsymbol{Z}^{\mathrm{T}}\boldsymbol{Z}\right)^{\mathrm{T}}\boldsymbol{Z}^{\mathrm{T}}\right)\boldsymbol{Z}=\boldsymbol{0}$, 所以 $(\boldsymbol{y}-\boldsymbol{Z}\hat{\boldsymbol{\alpha}})^{\mathrm{T}}\boldsymbol{Z}\hat{\boldsymbol{\alpha}}=\boldsymbol{0}, (\boldsymbol{y}-\boldsymbol{Z}\hat{\boldsymbol{\alpha}})^{\mathrm{T}}\boldsymbol{Z}^*\hat{\boldsymbol{\alpha}}^*=\boldsymbol{0}$, 从而 $(\boldsymbol{y}-\boldsymbol{Z}\hat{\boldsymbol{\alpha}})^{\mathrm{T}}(\boldsymbol{Z}\hat{\boldsymbol{\alpha}}-\boldsymbol{Z}^*\hat{\boldsymbol{\alpha}}^*)=\boldsymbol{0}$, 得

$$\mathrm{SSE}^*=\|\boldsymbol{y}-\boldsymbol{Z}^*\hat{\boldsymbol{\alpha}}^*\|^2=\|\boldsymbol{y}-\boldsymbol{Z}\hat{\boldsymbol{\alpha}}+\boldsymbol{Z}\hat{\boldsymbol{\alpha}}-\boldsymbol{Z}^*\hat{\boldsymbol{\alpha}}^*\|^2$$

$$
\begin{aligned}
&= \left\| \boldsymbol{y} - \boldsymbol{X}\hat{\boldsymbol{\beta}} \right\|^2 + \|\boldsymbol{Z}\hat{\boldsymbol{\alpha}} - \boldsymbol{Z}^*\hat{\boldsymbol{\alpha}}^*\|^2 + 2(\boldsymbol{y} - \boldsymbol{Z}\hat{\boldsymbol{\alpha}})^{\mathrm{T}}(\boldsymbol{Z}\hat{\boldsymbol{\alpha}} - \boldsymbol{Z}^*\hat{\boldsymbol{\alpha}}^*) \\
&= \mathrm{SSE} + \|\boldsymbol{Z}\hat{\boldsymbol{\alpha}} - \boldsymbol{Z}^*\hat{\boldsymbol{\alpha}}^*\|^2 \geqslant \mathrm{SSE}
\end{aligned} \tag{4.167}
$$

引理 4.4　设 m 维随机变量 $\boldsymbol{x} \sim N(\boldsymbol{0}, \boldsymbol{G})$, 其中 $\boldsymbol{G}$ 为 m 阶对称正定阵, 则

$$
\boldsymbol{x}^{\mathrm{T}}\boldsymbol{G}^{-1}\boldsymbol{x} \sim \chi^2(m) \tag{4.168}
$$

证明　因 $\boldsymbol{G}$ 为对称方阵, 故存在正交矩阵 $\boldsymbol{P}$ 使得

$$
\begin{aligned}
\boldsymbol{G} &= \boldsymbol{P}\mathrm{diag}(\lambda_1, \cdots, \lambda_m)\,\boldsymbol{x}\boldsymbol{P}^{\mathrm{T}} \\
&= \boldsymbol{P}\mathrm{diag}\left(\sqrt{\lambda_1}, \cdots, \sqrt{\lambda_m}\right)\boldsymbol{P}^{\mathrm{T}}\boldsymbol{P}\mathrm{diag}\left(\sqrt{\lambda_1}, \cdots, \sqrt{\lambda_m}\right)\boldsymbol{P}^{\mathrm{T}}
\end{aligned} \tag{4.169}
$$

记 $\sqrt{\boldsymbol{G}} = \boldsymbol{P}\mathrm{diag}\left(\sqrt{\lambda_1}, \cdots, \sqrt{\lambda_m}\right)\boldsymbol{P}^{\mathrm{T}}$, 则 $\boldsymbol{G} = \sqrt{\boldsymbol{G}}^2$, 令 $\boldsymbol{y} = \sqrt{\boldsymbol{G}}^{-1}\boldsymbol{x}$, 依据线性保正态公式, $\boldsymbol{y}$ 的协方差矩阵为

$$
\sqrt{\boldsymbol{G}}^{-1}\boldsymbol{G}(\sqrt{\boldsymbol{G}}^{-1})^{\mathrm{T}} = \boldsymbol{I}_m \tag{4.170}
$$

故

$$
\boldsymbol{y} = \sqrt{\boldsymbol{G}}^{-1}\boldsymbol{x} \sim N(\boldsymbol{0}, \boldsymbol{I}_m) \tag{4.171}
$$

再依据卡方分布的定义知命题成立.

引理 4.5　设 $\boldsymbol{x} \sim N(\boldsymbol{0}, \sigma^2\boldsymbol{I}_m)$, $\boldsymbol{H}$ 为 m 阶对称幂等阵, 即 $\boldsymbol{H}^2 = \boldsymbol{H} = \boldsymbol{H}^{\mathrm{T}}$, 则

$$
\frac{\boldsymbol{x}^{\mathrm{T}}\boldsymbol{H}\boldsymbol{x}}{\sigma^2} \sim \chi^2(\mathrm{trace}(\boldsymbol{H})) \tag{4.172}
$$

证明　因为 $\boldsymbol{H}$ 为 m 阶对称幂等阵, 故特征值非 0 则 1, 且 $\mathrm{trace}(\boldsymbol{H}) = \mathrm{rank}(\boldsymbol{H}) = r$, 所以存在正交矩阵 $\boldsymbol{P} = [\boldsymbol{P}_1, \boldsymbol{P}_2]$, 其中 $\boldsymbol{P}_1 \in \mathbb{R}^{m\times r}, \boldsymbol{P}_2 \in \mathbb{R}^{m\times(m-r)}$, 使得

$$
\boldsymbol{H} = \boldsymbol{P}\mathrm{diag}(\lambda_1, \cdots, \lambda_m)\boldsymbol{P}^{\mathrm{T}} = \boldsymbol{P}_1\boldsymbol{P}_1^{\mathrm{T}} \tag{4.173}
$$

令 $\boldsymbol{y} = \dfrac{1}{\sigma}\boldsymbol{P}_1^{\mathrm{T}}\boldsymbol{x}$, 依据线性保正态公式, $\boldsymbol{y}$ 的协方差矩阵为

$$
\frac{1}{\sigma}\boldsymbol{P}_1^{\mathrm{T}}\sigma^2\boldsymbol{I}_m\frac{1}{\sigma}\boldsymbol{P}_1 = \boldsymbol{P}_1^{\mathrm{T}}\boldsymbol{P} = \boldsymbol{I}_r \tag{4.174}
$$

故

$$
\boldsymbol{y} = \frac{1}{\sigma}\boldsymbol{P}_1^{\mathrm{T}}\boldsymbol{x} \sim N(\boldsymbol{0}, \boldsymbol{I}_r) \tag{4.175}
$$

再依据卡方分布的定义知命题成立.

引理 4.6 设 $\boldsymbol{x} \sim N\left(\boldsymbol{\mu}, \sigma^2 \boldsymbol{I}_m\right), \boldsymbol{A}, \boldsymbol{B}$ 均为 $n \times n$ 对称阵, 若 $\boldsymbol{AB} = \boldsymbol{0}$, 则 $\boldsymbol{x}^{\mathrm{T}}\boldsymbol{A}\boldsymbol{x}$ 与 $\boldsymbol{x}^{\mathrm{T}}\boldsymbol{B}\boldsymbol{x}$ 相互独立.

证明 $\operatorname{rank}(\boldsymbol{A}) = r_a, \operatorname{rank}(\boldsymbol{B}) = r_b$ 分别为 $\boldsymbol{A}, \boldsymbol{B}$ 的秩. 设 $\boldsymbol{A} = \boldsymbol{P}_a\boldsymbol{\Lambda}_a\boldsymbol{P}_a^{\mathrm{T}}$, $\boldsymbol{B} = \boldsymbol{P}_b\boldsymbol{\Lambda}_b\boldsymbol{P}_b^{\mathrm{T}}$, 其中 $\boldsymbol{\Lambda}_a = \operatorname{diag}(\lambda_1, \cdots, \lambda_{r_a})$, $\boldsymbol{\Lambda}_b = \operatorname{diag}(\lambda_{r_a+1}, \cdots, \lambda_{r_a+r_b})$ 分别为 $\boldsymbol{A}, \boldsymbol{B}$ 的非零奇异值构成的对角矩阵, 分别对应正交向量为 $\boldsymbol{P}_a = [\alpha_1, \cdots, \alpha_{r_a}]$, $\boldsymbol{P}_b = [\alpha_{r_a+1}, \cdots, \alpha_{r_a+r_b}]$, 因

$$\boldsymbol{0} = \boldsymbol{AB} = \boldsymbol{P}_a\boldsymbol{\Lambda}_a\boldsymbol{P}_a^{\mathrm{T}}\boldsymbol{P}_b\boldsymbol{\Lambda}_b\boldsymbol{P}_b^{\mathrm{T}} \tag{4.176}$$

等式两端同时左乘 $\boldsymbol{\Lambda}_a^{-1}\boldsymbol{P}_a^{\mathrm{T}}$ 和右乘 $\boldsymbol{P}_b\boldsymbol{\Lambda}_b^{-1}$, 得

$$\boldsymbol{0} = \boldsymbol{\Lambda}_a^{-1}\boldsymbol{P}_a^{\mathrm{T}}\left(\boldsymbol{P}_a\boldsymbol{\Lambda}_a\boldsymbol{P}_a^{\mathrm{T}}\boldsymbol{P}_b\boldsymbol{\Lambda}_b\boldsymbol{P}_b^{\mathrm{T}}\right)\boldsymbol{P}_b\boldsymbol{\Lambda}_b^{-1} = \boldsymbol{P}_a^{\mathrm{T}}\boldsymbol{P}_b \tag{4.177}$$

所以 $\boldsymbol{P}_a^{\mathrm{T}}\boldsymbol{x}, \boldsymbol{P}_b^{\mathrm{T}}\boldsymbol{x}$ 的协方差矩阵为

$$\operatorname{COV}\left(\boldsymbol{P}_a^{\mathrm{T}}\boldsymbol{x}, \boldsymbol{P}_b^{\mathrm{T}}\boldsymbol{x}\right) = \boldsymbol{P}_a^{\mathrm{T}}\operatorname{COV}(\boldsymbol{x}, \boldsymbol{x})\boldsymbol{P}_b = \sigma^2\boldsymbol{P}_a^{\mathrm{T}}\boldsymbol{P}_b = \boldsymbol{0} \tag{4.178}$$

即 $\boldsymbol{P}_a^{\mathrm{T}}\boldsymbol{x}, \boldsymbol{P}_b^{\mathrm{T}}\boldsymbol{x}$ 相互独立, 而 $\boldsymbol{x}^{\mathrm{T}}\boldsymbol{A}\boldsymbol{x}$ 是 $\boldsymbol{P}_a^{\mathrm{T}}\boldsymbol{x}$ 的函数, $\boldsymbol{x}^{\mathrm{T}}\boldsymbol{B}\boldsymbol{x}$ 是 $\boldsymbol{P}_b^{\mathrm{T}}\boldsymbol{x}$ 的函数, 实际上

$$\begin{cases} \boldsymbol{x}^{\mathrm{T}}\boldsymbol{A}\boldsymbol{x} = \boldsymbol{x}^{\mathrm{T}}\boldsymbol{P}_a\boldsymbol{\Lambda}_a\boldsymbol{P}_a^{\mathrm{T}}\boldsymbol{x} \\ \boldsymbol{x}^{\mathrm{T}}\boldsymbol{B}\boldsymbol{x} = \boldsymbol{x}^{\mathrm{T}}\boldsymbol{P}_b\boldsymbol{\Lambda}_b\boldsymbol{P}_b^{\mathrm{T}}\boldsymbol{x} \end{cases} \tag{4.179}$$

从而 $\boldsymbol{x}^{\mathrm{T}}\boldsymbol{A}\boldsymbol{x}$ 与 $\boldsymbol{x}^{\mathrm{T}}\boldsymbol{B}\boldsymbol{x}$ 相互独立.

备注 4.16 从上面的证明过程可以发现, 两个随机向量的独立性等价于组合系数矩阵的正交性.

推论 1 在高斯-马尔可夫条件下, 最小二乘参数估计式为 $\hat{\beta} = \left(\boldsymbol{X}^{\mathrm{T}}\boldsymbol{X}\right)^{-1} \times \boldsymbol{X}^{\mathrm{T}}\boldsymbol{y}$, 则残差平方和 SSE 与回归平方和 SSR 是相互独立的.

证明 因 $\mathrm{SSE} = \|\boldsymbol{y} - \hat{\boldsymbol{y}}\|^2 = \boldsymbol{e}^{\mathrm{T}}(\boldsymbol{I} - \boldsymbol{H}_{\boldsymbol{X}})\boldsymbol{e}$, 且 $\mathrm{SSR} = \|\hat{\boldsymbol{y}} - \bar{\boldsymbol{y}}\|^2 = \boldsymbol{e}^{\mathrm{T}}(\boldsymbol{H}_{\boldsymbol{X}} - \boldsymbol{H}_{1_m})\boldsymbol{e}$, 故

$$(\boldsymbol{I} - \boldsymbol{H}_{\boldsymbol{X}})(\boldsymbol{H}_{\boldsymbol{X}} - \boldsymbol{H}_{1_m}) = \boldsymbol{0} \tag{4.180}$$

由上述引理可知推论得证.

定理 4.12 源模型为 $\boldsymbol{y} = \boldsymbol{X}\boldsymbol{\beta} + \boldsymbol{e}$, 宿模型 $\boldsymbol{y} = \boldsymbol{Z}\boldsymbol{\alpha} + \boldsymbol{e}$, 简化模型为 $\boldsymbol{y} = \boldsymbol{Z}^*\boldsymbol{\alpha}^* + \boldsymbol{e}$, 且 $\boldsymbol{\alpha} = \boldsymbol{D}\boldsymbol{\beta} = \begin{bmatrix} \boldsymbol{L}\boldsymbol{\beta} \\ \boldsymbol{G}\boldsymbol{\beta} \end{bmatrix} = \begin{bmatrix} \boldsymbol{\alpha}^* \\ \boldsymbol{\alpha}^{**} \end{bmatrix}$, SSE 和 SSE* 分别为源模型、简化模型残差平方和, 若原假设 $\mathrm{H}: \boldsymbol{\alpha}^{**} = \boldsymbol{G}\boldsymbol{\beta} = \boldsymbol{0}$ 成立, 则

(1)
$$\frac{\mathrm{SSE}^* - \mathrm{SSE}}{\sigma^2} \sim \chi^2(k) \tag{4.181}$$

(2) SSE 与 $\mathrm{SSE}^* - \mathrm{SSE}$ 独立;

(3)
$$F = \frac{m-n}{k} \cdot \frac{\mathrm{SSE}^* - \mathrm{SSE}}{\mathrm{SSE}} \sim F(k, m-n) \tag{4.182}$$

证明　不妨假定 $\sigma^2 = 1$, 记 $\boldsymbol{H}^* = \boldsymbol{Z}^*\left(\boldsymbol{Z}^{*\mathrm{T}}\boldsymbol{Z}^*\right)^{-1}\boldsymbol{Z}^{*\mathrm{T}}, \boldsymbol{H} = \boldsymbol{Z}\left(\boldsymbol{Z}^{\mathrm{T}}\boldsymbol{Z}\right)^{-1}\boldsymbol{Z}^{\mathrm{T}}$, 则 $\boldsymbol{H}^*\boldsymbol{H} = \boldsymbol{H}^*$, 可以验证 $\mathrm{SSE} = \|\boldsymbol{y} - \boldsymbol{H}\boldsymbol{y}\|^2 = \|(\boldsymbol{I} - \boldsymbol{H})\boldsymbol{e}\|^2, \mathrm{SSE}^* = \|\boldsymbol{y} - \boldsymbol{H}^*\boldsymbol{y}\|^2 = \|(\boldsymbol{I} - \boldsymbol{H}^*)\boldsymbol{e}\|^2$, 因 $\boldsymbol{\alpha}^{**} = \boldsymbol{G}\boldsymbol{\beta} = \boldsymbol{0}$, 故

$$\begin{aligned}
\mathrm{SSE}^* - \mathrm{SSE} &= \|(\boldsymbol{I} - \boldsymbol{H}^*)\boldsymbol{e}\|^2 - \|(\boldsymbol{I} - \boldsymbol{H})\boldsymbol{e}\|^2 \\
&= \|(\boldsymbol{I} - \boldsymbol{H}^*)\boldsymbol{e} - (\boldsymbol{I} - \boldsymbol{H})\boldsymbol{e}\|^2 = \|(\boldsymbol{H} - \boldsymbol{H}^*)\boldsymbol{e}\|^2
\end{aligned}$$

(1) 因 $\mathrm{trace}(\boldsymbol{H} - \boldsymbol{H}^*) = k$, 由引理 4.5 知

$$\mathrm{SSE}^* - \mathrm{SSE} = \|(\boldsymbol{H} - \boldsymbol{H}^*)\boldsymbol{e}\|^2 \sim \chi^2(k)$$

(2) 因 $(\boldsymbol{H} - \boldsymbol{H}^*)(\boldsymbol{I} - \boldsymbol{H}) = \boldsymbol{0}$, 由引理 4.6 知 $\mathrm{SSE}^* - \mathrm{SSE}$ 与 SSE 独立;

(3) 由命题 (1)、命题 (2) 和 F 分布定义可知命题 (3) 成立.

推论 2　在高斯-马尔可夫条件 (4.32)~(4.34) 下, 最小二乘参数估计式为 $\hat{\boldsymbol{\beta}} = \left(\boldsymbol{X}^{\mathrm{T}}\boldsymbol{X}\right)^{-1}\boldsymbol{X}^{\mathrm{T}}\boldsymbol{y}$, 残差平方和为 SSE, 回归平方和为 $\mathrm{SSR} = \mathrm{SST} - \mathrm{SSE}$, 则有

$$F = \frac{m-n}{n-1} \cdot \frac{\mathrm{SSR}}{\mathrm{SSE}} \sim F(n-1, m-n) \tag{4.183}$$

证明　因为 $\mathrm{SSR} = \mathrm{SST} - \mathrm{SSE}$, SST 的自由度为 $m-1$, SSE 的自由度 $m-n$, SSR 与 SSE 相互独立, 故推论成立.

定义 4.11　若 $f(x)$ 是自由度为 $(n-1, m-n)$ 的 F 分布的密度函数, F 是式 (4.182) 中的统计量, 称取值大于 F 的概率为 p 值, 即

$$p = 1 - \int_{-\infty}^{F} f(x)\,dx \tag{4.184}$$

且 p 值越大, F 值越小, 对于更一般的情况, 见如下准则.

准则 4.3　若 α 为给定的显著性水平, $F_{1-\alpha}$ 为自由度为 $(m, m-k)$ 的 F 分布对应于 $1-\alpha$ 的右分位数, 若

$$F = \frac{m-n}{k} \cdot \frac{\mathrm{SSE}^* - \mathrm{SSE}}{\mathrm{SSE}} > F_{1-\alpha} \tag{4.185}$$

则认为 $\mathrm{H}: \boldsymbol{\alpha}^{**} = \boldsymbol{G}\boldsymbol{\beta} = \boldsymbol{0}$ 不成立.

备注 4.17　在假设检验中, 原则上不轻易否定原假设, 即不轻易增加模型的复杂度. 若 $F = \dfrac{m-n}{k} \cdot \dfrac{\mathrm{SSE}^* - \mathrm{SSE}}{\mathrm{SSE}}$ 很大, 说明残差平方和会显著增大, 故简化模型会显著降低拟合优度, 因此原假设 $\mathrm{H}: \boldsymbol{\alpha}^{**} = \boldsymbol{G}\boldsymbol{\beta} = \boldsymbol{0}$ 不成立; 相反地, 若

$F = \dfrac{m-n}{k} \cdot \mathrm{SSE}^*$ 很小, 说明残差平方和不会显著增大, 故简化模型不会显著降低拟合优度, 因此原假设 $\mathrm{H}: \boldsymbol{\alpha}^{**} = \boldsymbol{G\beta} = \mathbf{0}$ 显著成立. 在上述准则下, 即使原假设 $\mathrm{H}: \boldsymbol{\alpha}^{**} = \boldsymbol{G\beta} = \mathbf{0}$ 成立, 仍有 $\alpha * 100\%$的误判概率.

在应用中, 组合矩阵 $\boldsymbol{G}$ 一般为单位矩阵的某几行, 用 $\boldsymbol{I}s = [i_1, \cdots, i_r]$ 表示行标, 依据 $\boldsymbol{I}s$ 构造简化模型的设计矩阵, 即去掉 $\boldsymbol{X}$ 中的对应列, 从而给出模型检验算法.

算法 4.4 模型检验

输入 1: 设计矩阵 $\boldsymbol{X}$;
输入 2: 数据 $\boldsymbol{y}$;
输入 3: 组合矩阵 $\boldsymbol{G}$ 对应的行标 $\boldsymbol{I}s = [i_1, \cdots, i_r]$;
输入 4: 显著性水平 α;
输出 1: $\boldsymbol{G\beta} = \mathbf{0}$ 是否成立;
步骤 1: 计算源模型最小二乘估计和残差平方和 SSE;
步骤 2: 依据 $\boldsymbol{I}s$ 构造简化模型的设计矩阵;
步骤 3: 计算简化模型最小二乘估计和残差平方和 SSE^*;
步骤 4: 计算统计量 $F = (m-n) * (\mathrm{SSE}^* - \mathrm{SSE}) / (k * \mathrm{SSE})$;
步骤 5: 计算右分位数 $F_{1-\alpha}$;
步骤 6: 判断 $\boldsymbol{G\beta} = \mathbf{0}$ 是否成立.

例 4.13 铜棒的膨胀系数 $[\alpha, \beta, \gamma, \zeta]$ 为待测物理量, 其中 α 为 0°C 时铜棒的精确长度, 可用高精度测量设备测量不同温度 t 下铜棒的长度 y, 假定该过程可以用 $y = \alpha + \beta t + \gamma t^2 + \zeta t^3$ 刻画, 测得一组数据, 见表 4.2, 其中

$$y_i = \alpha + \beta t_i + \gamma t_i^2 + \zeta t_i^3 \quad (i = 1, 2, 3, \cdots, m, m \geqslant 4) \tag{4.186}$$

表 4.2 铜棒试验测量数据

t_i	10	20	30	40	50	60	70	80	90
y_i	0.00	3.8	7.1	11.0	15.0	18.6	22.4	26.0	30.0

设显著性水平为 $\alpha = 0.05$; 判断 $\zeta = 0$, $[\gamma, \zeta] = [0, 0]$, $[\beta, \gamma, \zeta] = [0, 0, 0]$ 是否显著成立, 铜棒膨胀模型适合用几次多项式建模?

解 数据图见图 4.5, 经检验 $\zeta = 0$ 显著成立; $[\gamma, \zeta] = [0, 0]$ 显著成立; $[\beta, \gamma, \zeta] = [0, 0, 0]$ 不显著成立. 综上, 铜棒膨胀模型适合用一次多项式建模.

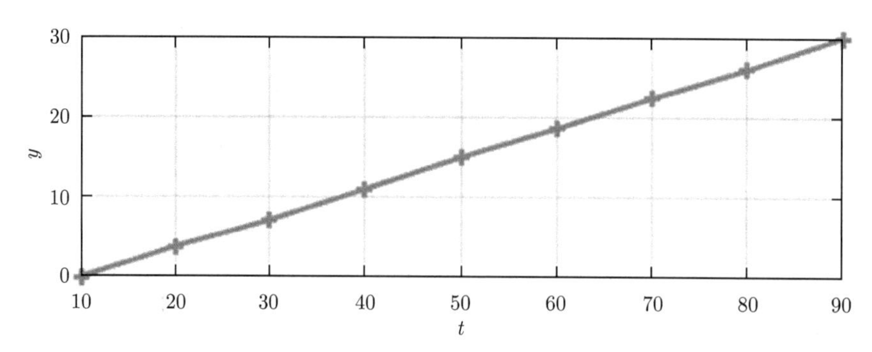

图 4.5 铜棒的膨胀数据 (t: 温度; y: 长度)

MATLAB 代码 4.7

```
function  test()
%% 生成数据
Y = [0.00,3.8,7.1,11.0,15.0,18.6,22.4,26.0,30.0]';
x = [10,20,30,40,50,60,70,80,90]';
X = [x.^0 x.^1 x.^2 x.^3];
plot(x,Y,'-+','linewidth',2)
hold on, grid on,xlabel('t'),ylabel('y')
%% 参数估计和模型检验
alpha=0.05;
Is=[4];[beta,IsZeros] =  ModelTest(Y,X,Is,alpha)
Is=[3,4];[beta,IsZeros] =  ModelTest(Y,X,Is,alpha)
Is=[2,3,4];[beta,IsZeros] =  ModelTest(Y,X,Is,alpha)
%% 算法 1  模型检验算法
function [beta, IsZeros] =  ModelTest(Y,X,Is,alpha)
% 计算源模型最小二乘估计和残差平方和SSE
beta=X\Y;
SSE =norm(Y - X*beta)^2;
% 依据Is构造简化模型的设计矩阵
m=length(Y);n=size(X,2); k=length(Is);Z=[];
for i=1:n
    if all(Is-i) %不用去掉的列
        Z = [Z,X(:,i)];
    end
end
% 计算简化模型最小二乘估计和残差平方和SSE^*
gamma=Z\Y;
SSE_star =norm(Y - Z*gamma)^2;
% 计算统计量F=(m-n)*("RS" "S" ^*-"SSE")/(k*"SSE")
```

```
F = (m-n)*(SSE_star-SSE)/(k*SSE);
% 计算右分位数F_(k,m-k) (α)
F_alpha = finv(1-alpha,k,m-n);
% 判断Gβ = 0是否成立
if F > F_alpha, IsZeros = 0; else IsZeros=1; end
```

4.6 QR 分解算法

4.6.1 条件数和绝对条件数

若矩阵 $\boldsymbol{X}$ 是列满秩的, $\boldsymbol{X}=\boldsymbol{U\Lambda V}^{\mathrm{T}}$, 其中 $\boldsymbol{\Lambda}=\mathrm{diag}\,(\lambda_1,\cdots,\lambda_n)$, $\lambda_{\max}=\lambda_1,\lambda_{\min}=\lambda_n,\lambda_1\geqslant\cdots\geqslant\lambda_n>0$, 其条件数为最大奇异值与最小奇异值的比值, 即

$$\mathrm{cond}\,(\boldsymbol{X})=\frac{\lambda_{\max}}{\lambda_{\min}}=\frac{\lambda_1}{\lambda_n} \tag{4.187}$$

4.6.2 施密特正交化和 QR 分解

简单起见, 不妨设只有三个线性无关的向量 $\boldsymbol{\alpha}_1,\boldsymbol{\alpha}_2,\boldsymbol{\alpha}_3\in\mathbb{R}^m$, 从 $\boldsymbol{\alpha}_1,\boldsymbol{\alpha}_2,\boldsymbol{\alpha}_3$ 出发求三个单位正交向量, 从而得到把一个线性无关向量组化为标准正交向量组的方法如下。

第一步：求第 1 个单位向量, $\boldsymbol{\varepsilon}_1=\boldsymbol{\alpha}_1/\|\boldsymbol{\alpha}_1\|$;

第二步：求第 2 个单位向量, $\boldsymbol{u}=\boldsymbol{\alpha}_2-\langle\boldsymbol{\alpha}_2,\boldsymbol{\varepsilon}_1\rangle\boldsymbol{\varepsilon}_1,\boldsymbol{\varepsilon}_2=\boldsymbol{u}/||\boldsymbol{u}||$, 满足 $\boldsymbol{\varepsilon}_1\perp\boldsymbol{\varepsilon}_2$, 如图 4.6 所示.

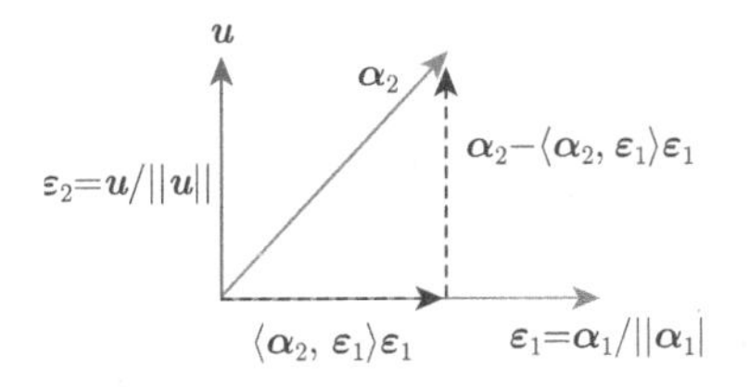

图 4.6 正交化示意图

第三步：求第 3 个单位向量, $\boldsymbol{v}=\boldsymbol{\alpha}_3-(\lambda\boldsymbol{\varepsilon}_1+\mu\boldsymbol{\varepsilon}_2)$, 使得 $\boldsymbol{v}\perp\boldsymbol{\varepsilon}_1,\boldsymbol{v}\perp\boldsymbol{\varepsilon}_2$, 即

$$\begin{cases}\langle\boldsymbol{v},\boldsymbol{\varepsilon}_1\rangle=0\\ \langle\boldsymbol{v},\boldsymbol{\varepsilon}_2\rangle=0\end{cases}$$

其中, $\langle\boldsymbol{x},\boldsymbol{y}\rangle$ 表示向量 $\boldsymbol{x},\boldsymbol{y}$ 的内积, 利用 $\boldsymbol{\varepsilon}_1\perp\boldsymbol{\varepsilon}_2$, 得

$$\begin{cases}\langle\boldsymbol{\alpha}_3-\lambda\boldsymbol{\varepsilon}_1-\mu\boldsymbol{\varepsilon}_2,\boldsymbol{\varepsilon}_1\rangle=\langle\boldsymbol{\alpha}_3-\lambda\boldsymbol{\varepsilon}_1,\boldsymbol{\varepsilon}_1\rangle=0\\ \langle\boldsymbol{\alpha}_3-\lambda\boldsymbol{\varepsilon}_1-\mu\boldsymbol{\varepsilon}_2,\boldsymbol{\varepsilon}_2\rangle=\langle\boldsymbol{\alpha}_3-\mu\boldsymbol{\varepsilon}_2,\boldsymbol{\varepsilon}_2\rangle=0\end{cases}$$

所以取

$$\begin{cases} \lambda = \langle \boldsymbol{\alpha}_3, \boldsymbol{\varepsilon}_1 \rangle \\ \mu = \langle \boldsymbol{\alpha}_3, \boldsymbol{\varepsilon}_2 \rangle \end{cases}$$

即 $\boldsymbol{v} = \boldsymbol{\alpha}_3 - (\langle \boldsymbol{\alpha}_3, \boldsymbol{\varepsilon}_1 \rangle \boldsymbol{\varepsilon}_1 + \langle \boldsymbol{\alpha}_3, \boldsymbol{\varepsilon}_2 \rangle \boldsymbol{\varepsilon}_2), \boldsymbol{\varepsilon}_3 = \dfrac{1}{||\boldsymbol{v}||}\boldsymbol{v}$.

一般地, 有下面的格拉姆-施密特 (Gram-Schmidt) 正交化方法.

定理 4.13 (格拉姆-施密特正交化方法) 设 $\boldsymbol{\alpha}_1, \boldsymbol{\alpha}_2, \cdots, \boldsymbol{\alpha}_n (n \leqslant m)$ 是欧氏空间 $\mathbb{R}^m$ 中的线性无关向量组, 则由如下方法:

$$\begin{aligned} &\boldsymbol{u}_1 = \boldsymbol{\alpha}_1, && \boldsymbol{\varepsilon}_1 = \frac{\boldsymbol{u}_1}{||\boldsymbol{u}_1||} \\ &\boldsymbol{u}_2 = \boldsymbol{\alpha}_2 - \langle \boldsymbol{\alpha}_2, \boldsymbol{\varepsilon}_1 \rangle \boldsymbol{\varepsilon}_1, && \boldsymbol{\varepsilon}_2 = \frac{\boldsymbol{u}_2}{||\boldsymbol{u}_2||} \\ &\cdots\cdots \\ &\boldsymbol{u}_n = \boldsymbol{\alpha}_n - \sum_{i=1}^{n-1} \langle \boldsymbol{\alpha}_n, \boldsymbol{\varepsilon}_i \rangle \boldsymbol{\varepsilon}_i, && \boldsymbol{\varepsilon}_n = \frac{\boldsymbol{u}_n}{\|\boldsymbol{u}_n\|} \end{aligned}$$

所得的向量组 $\boldsymbol{\varepsilon}_1, \boldsymbol{\varepsilon}_2, \cdots, \boldsymbol{\varepsilon}_n$ 是标准正交向量组.

例 4.14 设 $\boldsymbol{A} = [\boldsymbol{\alpha}_1, \boldsymbol{\alpha}_2, \boldsymbol{\alpha}_3]$, $\boldsymbol{\alpha}_1 = [1,1,1]^{\mathrm{T}}$, $\boldsymbol{\alpha}_2 = [1,2,1]^{\mathrm{T}}$, $\boldsymbol{\alpha}_3 = [0,-1,1]^{\mathrm{T}}$ 是 $\mathbb{R}^3$ 的基, 用格拉姆-施密特正交化方法求 $\mathbb{R}^3$ 的一组标准正交基, 从而实现 QR 分解.

解

$$\boldsymbol{\varepsilon}_1 = \frac{\boldsymbol{\alpha}_1}{||\boldsymbol{\alpha}_1||} = \left[\frac{1}{\sqrt{3}}, \frac{1}{\sqrt{3}}, \frac{1}{\sqrt{3}}\right]^{\mathrm{T}}$$

$$\boldsymbol{u}_2 = \boldsymbol{\alpha}_2 - \langle \boldsymbol{\alpha}_2, \boldsymbol{\varepsilon}_1 \rangle \boldsymbol{\varepsilon}_1 = [1,2,1]^{\mathrm{T}} - \frac{4}{\sqrt{3}} \left[\frac{1}{\sqrt{3}}, \frac{1}{\sqrt{3}}, \frac{1}{\sqrt{3}}\right]^{\mathrm{T}} = \left[-\frac{1}{3}, \frac{2}{3}, -\frac{1}{3}\right]^{\mathrm{T}}$$

$$\boldsymbol{\varepsilon}_2 = \frac{\boldsymbol{u}_2}{\|\boldsymbol{u}_2\|} = \left[-\frac{1}{\sqrt{6}}, \frac{2}{\sqrt{6}}, -\frac{1}{\sqrt{6}}\right]^{\mathrm{T}}$$

$$\boldsymbol{u}_3 = \boldsymbol{\alpha}_3 - \langle \boldsymbol{\alpha}_3, \boldsymbol{\varepsilon}_1 \rangle \boldsymbol{\varepsilon}_1 - \langle \boldsymbol{\alpha}_3, \boldsymbol{\varepsilon}_2 \rangle \boldsymbol{\varepsilon}_2 = \left[-\frac{1}{2}, 0, \frac{1}{2}\right]^{\mathrm{T}}$$

$$\boldsymbol{\varepsilon}_3 = \frac{\boldsymbol{u}_3}{\|\boldsymbol{u}_3\|} = \left[-\frac{1}{\sqrt{2}}, 0, \frac{1}{\sqrt{2}}\right]^{\mathrm{T}}$$

把

$$\begin{aligned}\boldsymbol{\alpha}_1 &= \|\boldsymbol{u}_1\|\,\boldsymbol{\varepsilon}_1\\ \boldsymbol{\alpha}_2 &= \langle\boldsymbol{\alpha}_2,\boldsymbol{\varepsilon}_1\rangle\boldsymbol{\varepsilon}_1+\|\boldsymbol{u}_2\|\,\boldsymbol{\varepsilon}_2\\ &\cdots\cdots\\ \boldsymbol{\alpha}_n &= \sum_{i=1}^{n-1}\langle\boldsymbol{\alpha}_n,\boldsymbol{\varepsilon}_i\rangle\boldsymbol{\varepsilon}_i+\|\boldsymbol{u}_n\|\,\boldsymbol{\varepsilon}_n\end{aligned}$$

记为

$$\boldsymbol{A}=\boldsymbol{Q}\boldsymbol{R}=[\boldsymbol{\varepsilon}_1,\boldsymbol{\varepsilon}_2,\cdots,\boldsymbol{\varepsilon}_n]\begin{bmatrix}\|\boldsymbol{u}_1\| & \langle\boldsymbol{\alpha}_2,\boldsymbol{\varepsilon}_1\rangle & \cdots & \langle\boldsymbol{\alpha}_n,\boldsymbol{\varepsilon}_1\rangle\\ & \|\boldsymbol{u}_2\| & \cdots & \langle\boldsymbol{\alpha}_n,\boldsymbol{\varepsilon}_2\rangle\\ & & \ddots & \vdots\\ & & & \|\boldsymbol{u}_n\|\end{bmatrix}$$

这样就得到了基于格拉姆-施密特正交化的 QR 分解算法.

算法 4.5 基于格拉姆-施密特正交化的 QR 分解

输入 1：列满秩矩阵 $\boldsymbol{A}$;
输出 1：列正交矩阵 $\boldsymbol{Q}$;
输出 2：上三角方阵 $\boldsymbol{R}$;
步骤 1：获取 $\boldsymbol{\alpha}_k$, $1\leqslant k\leqslant n$;
步骤 2：初始化 $\boldsymbol{u}_k$, $1\leqslant k\leqslant n$;
步骤 3：依据格拉姆-施密特正交化得到 $\langle\boldsymbol{\alpha}_k,\boldsymbol{\varepsilon}_i\rangle, 1\leqslant i<k\leqslant n$, 得 $\boldsymbol{R}$ 的非对角部分;
步骤 4：更新 $\boldsymbol{u}_k$, $\boldsymbol{u}_k=\boldsymbol{\alpha}_k-\sum\limits_{i=1}^{n-1}\langle\boldsymbol{\alpha}_k,\boldsymbol{\varepsilon}_i\rangle\boldsymbol{\varepsilon}_i$;
步骤 5：算得 $\|\boldsymbol{u}_k\|, 1\leqslant k\leqslant n$, 得 $\boldsymbol{R}$ 的对角部分;
步骤 6：算得 $\boldsymbol{\varepsilon}_k=\boldsymbol{u}_k/\|\boldsymbol{u}_k\|$, 构造列正交矩阵 $\boldsymbol{Q}$.

MATLAB 代码 4.8

```
function  QRtest()
A = [1 1 0; 1 2 -1;1 1 1];
[Q,R]= qr_Schmidt(A)
Q*Q' %验证正交
Q*R - A %验证相等

function [Q,R]= qr_Schmidt(A)
%% 初始化
[m,n]=size(A);
```

```
Q=zeros(m,n);
R=zeros(n);
%% 没有意义
if rank(A) < n
    return;
end
%% 基于格拉姆-施密特正交化的QR分解算法
for k=1:n %每一列
    a_k = A(:,k);
    u_k = a_k;
    for i=1:k-1 %上三角
        e_i = Q(:,i); %正交列
        R(i,k) = dot(a_k,e_i); %在正交列上投影
        u_k = u_k - R(i,k)*e_i; %去掉投影
    end
    R(k,k) = norm(u_k);
    Q(:,k) = u_k/R(k,k);
end
```

4.6.3 基于 QR 分解的最小二乘算法

方程 $\boldsymbol{X\beta}=\boldsymbol{y}$ 解的稳定性决定于 $\operatorname{cond}(\boldsymbol{X})$, 无解方程的 $\boldsymbol{X\beta}=\boldsymbol{y}$ 的最小二乘解可通过求解如下方程获得

$$\boldsymbol{X}^{\mathrm{T}}\boldsymbol{X\beta}=\boldsymbol{X}^{\mathrm{T}}\boldsymbol{y} \tag{4.188}$$

但是

$$\operatorname{cond}\left(\boldsymbol{X}^{\mathrm{T}}\boldsymbol{X}\right)=\operatorname{cond}(\boldsymbol{X})^2\geqslant\operatorname{cond}(\boldsymbol{X}) \tag{4.189}$$

第 1 章表明, 条件数是 “相对” 误差的放大倍数的上确界, 绝对条件数是 “绝对” 误差的放大倍数的上确界. 上式说明: 常规最小二乘算法会导致解的稳定性变差. 通过矩阵的 QR 分解, 可以巧妙地绕过条件数变差的问题. 实际上, 通过 Givens 旋转、Householder 变换、格拉姆-施密特正交化方法都可以实现如下 QR 分解

$$\boldsymbol{X}=\boldsymbol{QR} \tag{4.190}$$

其中 $\boldsymbol{R}$ 是可逆的上三角矩阵, $\boldsymbol{Q}$ 是列正交矩阵, 即

$$\boldsymbol{Q}^{\mathrm{T}}\boldsymbol{Q}=\boldsymbol{I}_n \tag{4.191}$$

注意样本数大于变量数, 即 $m>n$, 故 $\boldsymbol{QQ}^{\mathrm{T}}\neq\boldsymbol{I}_m$, 故最小二乘解为

$$\hat{\boldsymbol{\beta}}=\left(\boldsymbol{X}^{\mathrm{T}}\boldsymbol{X}\right)^{-1}\boldsymbol{X}^{\mathrm{T}}\boldsymbol{y}=\left(\boldsymbol{R}^{\mathrm{T}}\boldsymbol{Q}^{\mathrm{T}}\boldsymbol{QR}\right)^{-1}\boldsymbol{R}^{\mathrm{T}}\boldsymbol{Q}^{\mathrm{T}}\boldsymbol{y}=\boldsymbol{R}^{-1}\boldsymbol{Q}^{\mathrm{T}}\boldsymbol{y} \tag{4.192}$$

上式巧妙地避开求 $\left(\boldsymbol{X}^{\mathrm{T}}\boldsymbol{X}\right)^{-1}$ 的过程.

实际上, 又因 $\boldsymbol{R}$ 是上三角的, 不用计算逆矩阵 $\boldsymbol{R}^{-1}$, 可以采用追赶法解算下列方程解

$$\boldsymbol{R\beta} = \boldsymbol{Q}^{\mathrm{T}}\boldsymbol{y} = \tilde{\boldsymbol{y}} \tag{4.193}$$

如下:

$$\begin{aligned}
\beta_n &= \frac{\tilde{y}_n}{R_{n,n}} \\
\beta_{n-1} &= \frac{\tilde{y}_{n-1} - R_{n-1,n} * \beta_n}{R_{n-1,n-1}} \\
\beta_{n-2} &= \frac{\tilde{y}_{n-2} - R_{n-2,n} * \beta_n - R_{n-2,n-1}*\beta_{n-1}}{R_{n-2,n-2}} \\
&\cdots\cdots \\
\beta_1 &= \frac{\tilde{y}_1 - R_{1,n} * \beta_n - R_{1,n-1}*\beta_{n-1} - \cdots - R_{1,2}*\beta_2}{R_{1,1}}
\end{aligned} \tag{4.194}$$

另外 $\hat{\boldsymbol{\beta}}$ 的协方差矩阵为

$$\sigma^2\boldsymbol{S} = \sigma^2\left(\boldsymbol{X}^{\mathrm{T}}\boldsymbol{X}\right)^{-1} = \sigma^2\left(\boldsymbol{R}^{\mathrm{T}}\boldsymbol{R}\right)^{-1} = \sigma^2\boldsymbol{R}^{-1}\left(\boldsymbol{R}^{-1}\right)^{\mathrm{T}} \tag{4.195}$$

投影矩阵为

$$\boldsymbol{H} = \boldsymbol{X}\left(\boldsymbol{X}^{\mathrm{T}}\boldsymbol{X}\right)^{-1}\boldsymbol{X}^{\mathrm{T}} = \boldsymbol{QRR}^{-1}\boldsymbol{R}^{-\mathrm{T}}\boldsymbol{QR}^{\mathrm{T}}\boldsymbol{Q}^{\mathrm{T}} = \boldsymbol{QQ}^{\mathrm{T}} \tag{4.196}$$

上两式表明: 计算参数管道和拟合值的管道都可以绕过 $\boldsymbol{X}$, 直接用 $\boldsymbol{R}^{-1}$ 和 $\boldsymbol{Q}$ 表示即可.

例 4.15 仿真随机数据, 基于本章公式完成参数估计、区间估计、计算残差、计算残差区间、计算拟合优度、检验模型、计算 p 值和估计方差等线性数据分析的步骤.

解 仿真代码如下.

MATLAB 代码 4.9

```
function [b,bint,r,rint,stats] = regress(y,X,alpha)
%% 必须保证同时出现输入、输出
if  nargin < 2
    error(message('stats:regress:TooFewInputs'));
elseif nargin == 2 %默认显著性水平
    alpha = 0.05;
end
%% 样本数的一致判断
[n,ncolX] = size(X);
```

```
if ~isvector(y) || numel(y) ~= n
    error(message('stats:regress:InvalidData'));
end
%% 无效数据剔除方法
wasnan = (isnan(y)|any(isnan(X),2));
havenans = any(wasnan);
if havenans
   y(wasnan) = [];
   X(wasnan,:) = [];
   n = length(y);
end
%% 简约QR分解
[Q,R,perm] = qr(X,0); % Q*R= X*perm，Q列满秩、列正交；R行满秩，上
%三角；perm是列交换，使得R的对角元绝对值是降序的
if isempty(R) %p=rank(X)
    p = 0;
elseif isvector(R)
    p = double(abs(R(1))>0);
else
    p = sum(abs(diag(R)) > max(n,ncolX)*eps(R(1)));
end
if p < ncolX %不是列满秩的
    warning(message('stats:regress:RankDefDesignMat'));
    R = R(1:p,1:p);
    Q = Q(:,1:p);
    perm = perm(1:p);
end
%% 基于简约QR分解的最小二乘估计
% 因Q*R= X*perm,不妨设perm是单位阵;则b= R \ (Q'*y);
if nargout >= 2
    RI = R\eye(p);
    nu = max(0,n-p);                    %自由度
    yhat = X*b;                         %拟合值
    r = y-yhat;                         %残差
    normr = norm(r);
    if nu ~= 0
        rMSE = normr/sqrt(nu);          %标准差估计
        tval = tinv((1-alpha/2),nu);    %分位数
```

```
    else
        rMSE = NaN;
        tval = 0;
    end
    s2 = rMSE^2;                          %方差估计
    se = zeros(ncolX,1);
    se(perm,:) = rMSE*sqrt(sum(abs(RI).^2,2)); %参数的方差, S矩阵
    bint = [b-tval*se, b+tval*se];%参数的管道
%% 残差的置信区间, 用于野点剔除
    if nargout >= 4
        hatdiag = sum(abs(Q).^2,2); %拟合值的方差, 投影H
        ok = ((1-hatdiag) > sqrt(eps(class(hatdiag))));%有效
        hatdiag(~ok) = 1;
        if nu > 1
            denom = (nu-1).* (1-hatdiag);
            sigmai = zeros(length(denom),1);
            sigmai(ok) = sqrt(max(0,(nu*s2/(nu-1)) - (r(ok) .^2 ./
                denom(ok))));
            ser = sqrt(1-hatdiag).* sigmai;
            ser(~ok) = Inf;
            tval = tinv((1-alpha/2),nu-1); % see eq 2.26 Belsley
                % et al.  1980
        elseif nu == 1
            ser = sqrt(1-hatdiag) .* rMSE;
            ser(~ok) = Inf;
        else % if nu == 0
            ser = rMSE*ones(length(y),1); % == Inf
        end
        rint = [(r-tval*ser) (r+tval*ser)];
    end
%% 计算拟合优度、F值、p值和方差的估计
    if nargout == 5
        SSE = normr.^2;                    %残差平方和
        RSS = norm(yhat-mean(y))^2; %回归平方和
        TSS = norm(y-mean(y))^2;     %总差平方和
        r2 = 1 - SSE/TSS;                   %拟合优度
        if p > 1
            F = (RSS/(p-1))/s2;           %后m-1个参数是否显著为0
        else
```

```
            F = NaN;
        end
        prob = fpval(F,p-1,nu); %就是1- cdf('F', F,p-1,nu)
        stats = [r2 F prob s2]; % prob越大, H越显著成立
%% 判断是否有全1列
        if ~any(all(X==1,1))
            b0 = R\(Q'*ones(n,1)); %相当于全1向量在X上的投影
            if (sum(abs(1-X(:,perm)*b0))>n*sqrt(eps(class(X))))
                warning(message('stats:regress:NoConst'));
            end
        end
    end
%% 无效数据处理恢复
    if havenans
        if nargout >= 3
            tmp = NaN(length(wasnan),1);
            tmp(~wasnan) = r;
            r = tmp;
            if nargout >= 4
                tmp = NaN(length(wasnan),2);
                tmp(~wasnan,:) = rint;
                rint = tmp;
            end
        end
    end
end
```

第 5 章　非线性数据分析

如图 5.1 所示, 非线性数据分析包括初始化、计算残差、计算梯度、计算下降方向、调整迭代因子、迭代更新、精度分析等步骤. 这些步骤可以划分到非线性数据分析的两个基本任务中, 即点估计和区间估计. 点估计的任务是估计非线性模型中的参数, 区间估计的任务是计算参数值和拟合值的置信区间. 图 5.1 概括了非线性

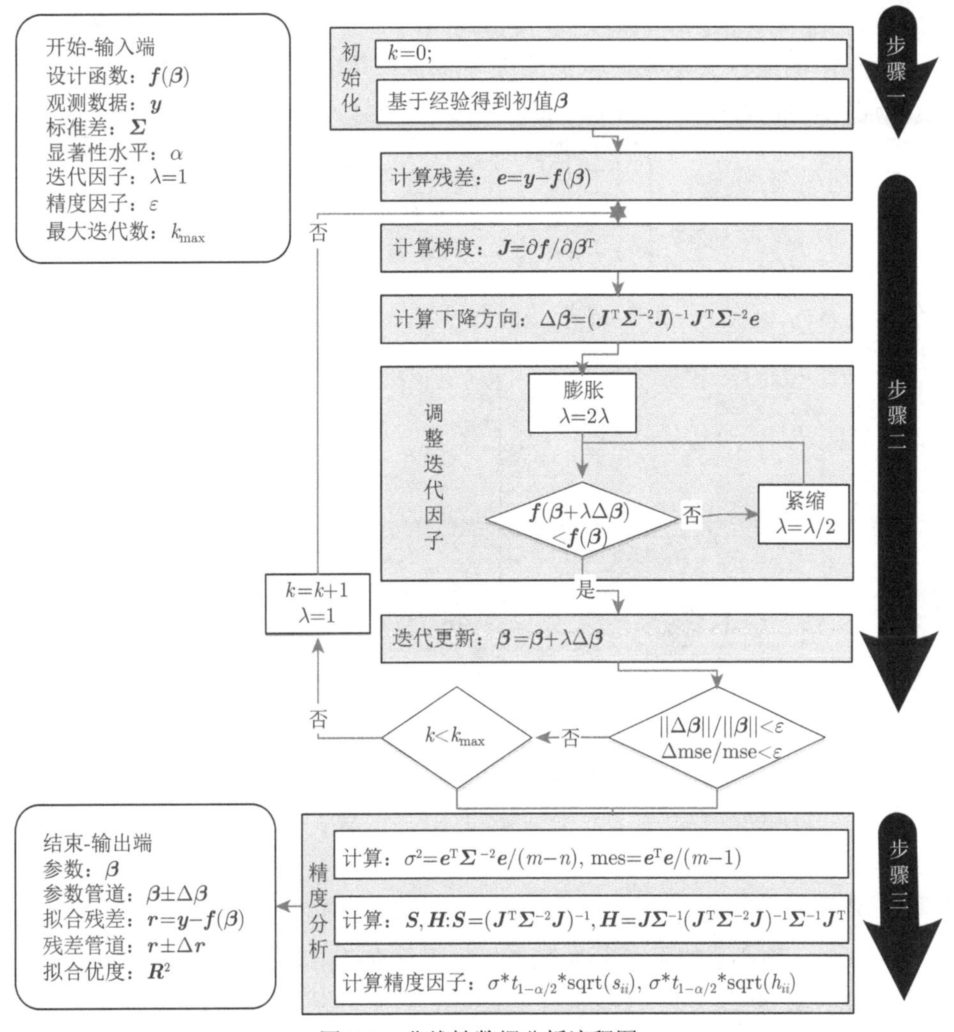

图 5.1　非线性数据分析流程图

数据分析的输入端、迭代步骤和输出端. 在 MATLAB 中, lsqnonlin, lsqncommon 等命令常用于估计非线性模型的参数. 由于缺乏先验, 也缺乏通用的初值设定方法, 对于复杂的模型, 这些命令估计的参数经常无法满足应用需求.

5.1 非线性问题

下面给出三个典型的非线性数据分析案例.

5.1.1 坐标变换

例 5.1 如图 5.2 所示, 地心系的原点为地心, Ox 轴平行赤道指向本初子午线, Oy 轴平行赤道指向东经 90 度方向, Oz 轴平行地球自转轴. 如图 5.2 所示, 目标 M 的地心系坐标为 $[x,y,z]$, 对应的大地系坐标为 $[B,L,H]$, 即纬度、经度、高程, 简称 "纬经高", 满足 (详细推导见 6.1 节 "坐标转换")

$$\begin{cases} x=(N+H)\cos B\cos L \\ y=(N+H)\cos B\sin L \\ z=(N(1-e^2)+H)\sin B \end{cases} \tag{5.1}$$

如何利用 $[x,y,z]$ 估计 $[B,L,H]$? 该问题可转化为一元非线性数据分析问题.

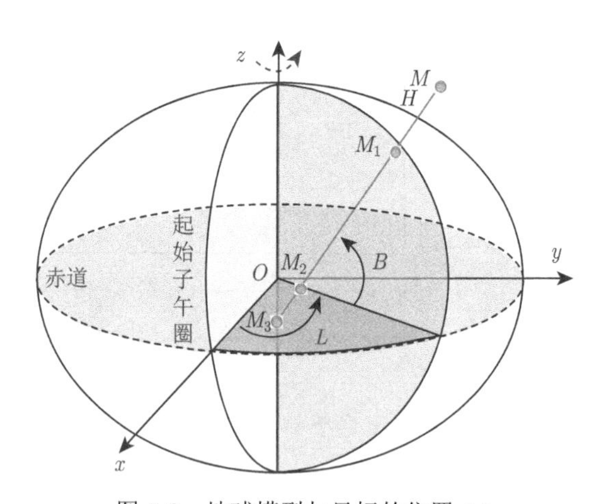

图 5.2　地球模型与目标的位置 M

5.1.2 测距定位

例 5.2 地心系的原点为地心, Ox 轴平行赤道指向本初子午线, Oy 轴平行赤道指向东经 90 度方向, Oz 轴平行地球自转轴. 某飞行器 M 的地心系位置坐标 $\boldsymbol{\beta}=[x,y,z]^{\mathrm{T}}$ 为待测物理量, 可用多台连续波雷达测量该物理量. 第 i 个雷达站的站址坐标为 $\boldsymbol{\beta}_{0i} = [x_{0i}, y_{0i}, z_{0i}]^{\mathrm{T}}$, 测得飞行器到该雷达站的径向距离为 $R_i\,(i=1,2,\cdots,m)$, 为了防止 "穿面问题", 一般令 $m \geqslant 4$,

$$R_i^2 = (x-x_{0i})^2 + (y-y_{0i})^2 + (z-z_{0i})^2 \quad (i=1,2,\cdots,m) \tag{5.2}$$

如何利用 $[R_1,\cdots,R_m]$ 估计 $[x,y,z]$? 该问题可转化为 3 元非线性数据分析问题.

5.1.3 试剂定标

例 5.3 在生物试剂推广到市场前, 试剂厂要完成定标工作. 车间仪器可测量不同浓度 x_i 下试剂的光值 y_i, 定标就是要找出一个从浓度 x 到光值 y 的具有参数 a,b,c,d 的非线性函数

$$y_i = a + \frac{b}{1+cx_i^d} \quad (i=1,2,\cdots,m) \tag{5.3}$$

该非线性函数是严格单调增函数, 且依赖一组参考参数 $\boldsymbol{\beta}=[a,b,c,d]^{\mathrm{T}}$. 假定定标前可以获得 m 组浓度-光值匹配数据 $\{x_i,y_i\}_{i=1}^m$, 如何利用 $\{x_i,y_i\}_{i=1}^m$ 估计 $\boldsymbol{\beta}$? 该问题可转化为 4 元非线性数据分析问题.

5.2 参数初始化

应用中, 参数的初始化是非常关键的步骤, 该步骤决定了后续迭代算法是否收敛、是否正确收敛、是否快速收敛. 初始化的目的不是要得到完全精确的参数, 而是要尽量给出一个精确的参数, 从而为后续迭代运算提供起点, 下面给出三种初始化方法.

5.2.1 近似模型

若原始模型太复杂, 可以简化模型. 例如, 在例 5.1 中, 如果将地球模型简化为球体, 则大地系转地心系的公式为

$$\begin{cases} x = (r+H)\cos B\cos L \\ y = (r+H)\cos B\sin L \\ z = (r+H)\sin B \end{cases} \tag{5.4}$$

其中 $r = 6371393$ m 为地球平均半径, 而 World Geodetic System 1984(WGS84) 参考地球模型的长半轴为 $a = 6378137$ m, 与 r 相差 6744 m, 超过了 500 m 的导航精度要求. 尽管如此, 对于非线性数据分析来说, 这样的近似还是一个不错的选择, 若

$$R = \sqrt{x^2+y^2+z^2} \tag{5.5}$$

则

$$\begin{cases} H = R - r \\ L = \text{atan2}\,(y, x) \\ B = \text{asin}\,(z/R) \end{cases} \tag{5.6}$$

5.2.2 解析法

通过一系列的模型转换, 把非线性方程转换化为可以一次性求解的方程, 比如转化为线性方程. 例如在例 5.2 中, 用测距模型的平方作差处理可以实现模型的线性化. 令

$$\begin{cases} \|\boldsymbol{\beta}\|^2 = \sqrt{x^2 + y^2 + z^2} \\ \|\boldsymbol{\beta}_{0i}\|^2 = \sqrt{x_{0i}^2 + y_{0i}^2 + z_{0i}^2} \quad (i = 1, 2 \cdots, m) \\ \bar{R}_i^2 = R_i^2 - \|\boldsymbol{\beta}_{0i}\|^2 \end{cases} \tag{5.7}$$

则测距方程可以转化为

$$\bar{R}_i^2 = \|\boldsymbol{\beta}\|^2 - 2\boldsymbol{\beta}_{0i}^{\mathrm{T}}\boldsymbol{\beta} \quad (i = 1, 2, \cdots, m) \tag{5.8}$$

所有测距方程减去第 m 个测距方程, 得

$$\frac{1}{2}\left(\bar{R}_i^2 - \bar{R}_m^2\right) = \left(\boldsymbol{\beta}_{0i}^{\mathrm{T}} - \boldsymbol{\beta}_{0m}^{\mathrm{T}}\right)\boldsymbol{\beta} \quad (i = 1, 2, \cdots, m-1) \tag{5.9}$$

记

$$\begin{cases} y_i = \left(\bar{R}_i^2 - \bar{R}_m^2\right)/2 \\ \boldsymbol{x}_i^{\mathrm{T}} = \left(\boldsymbol{\beta}_{0m}^{\mathrm{T}} - \boldsymbol{\beta}_{0i}^{\mathrm{T}}\right) \end{cases} \tag{5.10}$$

得

$$y_i = \boldsymbol{x}_i^{\mathrm{T}}\boldsymbol{\beta} \quad (i = 1, 2, \cdots, m-1) \tag{5.11}$$

从而

$$\begin{bmatrix} y_1 \\ \vdots \\ y_{m-1} \end{bmatrix} = \begin{bmatrix} \boldsymbol{x}_1^{\mathrm{T}} \\ \vdots \\ \boldsymbol{x}_{m-1}^{\mathrm{T}} \end{bmatrix} \boldsymbol{\beta} \tag{5.12}$$

进一步, 记为

$$\boldsymbol{Y} = \boldsymbol{X}\boldsymbol{\beta} \tag{5.13}$$

解得第 m 台测距雷达为中心设备的目标位置

$$\boldsymbol{\beta}_m = \left(\boldsymbol{X}^{\mathrm{T}}\boldsymbol{X}\right)^{-1}\boldsymbol{X}^{\mathrm{T}}\boldsymbol{Y} \tag{5.14}$$

分别用第 1 台, 第 2 台, $\cdots$, 第 $m-1$ 台代替第 m 台测距雷达, 以此类推, 可以得到 $\boldsymbol{\beta}_1,\cdots,\boldsymbol{\beta}_{m-1}$, 依据 "同等无知原则", 令目标位置为

$$[x,y,z]^{\mathrm{T}}=\boldsymbol{\beta}=\frac{1}{m}\sum_{i=1}^{m}\boldsymbol{\beta}_i \tag{5.15}$$

备注 5.1 当测距雷达布站接近平面时, 测量误差可能会导致上述初值化失效, 初值与地心坐标同侧, 后续迭代算法收敛, 但是无法收敛到正确值, 参考例 5.4, 此时只能用三球交汇法进行初始化, 参考 6.2.3 小节.

例 5.4 若飞行器的高程分别为

$$[B,L,H]=[35.1225,109.4901,5580.4505]$$

对应的地心系坐标为

$$[x,y,z]=[-1744023.4,4927657.9,3652205.1]$$

四个地面站雷达车布站几乎在同一个平面上, 纬度、经度、高程分别为

$$\begin{bmatrix} B_1 & L_1 & H_1 \\ B_2 & L_2 & H_2 \\ B_3 & L_3 & H_3 \\ B_4 & L_4 & L_4 \end{bmatrix}=\begin{bmatrix} 34.8418 & 109.5405 & 347.7838 \\ 34.8346 & 109.5399 & 347.6325 \\ 34.8217 & 109.5342 & 343.4228 \\ 34.8297 & 109.5543 & 344.8598 \end{bmatrix}$$

对应的地心系坐标为

$$\begin{bmatrix} x_1 & y_1 & z_1 \\ x_2 & y_2 & z_2 \\ x_3 & y_3 & z_3 \\ x_4 & y_4 & z_4 \end{bmatrix}=10^6\times\begin{bmatrix} -1.7528969 & 4.93891730 & 3.6236756 \\ -1.7529890 & 4.93936604 & 3.6230234 \\ -1.7527727 & 4.94031157 & 3.6218393 \\ -1.7543383 & 4.93921802 & 3.6225702 \end{bmatrix}$$

四站到目标的距离为

$$[R_1,R_2,R_3,R_4]=[31928.93,32696.48,34040.61,33440.55]$$

如果用上述初值化方法得

$$\boldsymbol{\beta}_1=10^6\times[-1.7425794,4.9235910,3.6492160]$$

此时该初值与地心在布站平面的同一侧, 会导致后续迭代算法收敛到错误的解. 只能用三球交汇法进行初始化, 参考 6.2.3 小节.

MATLAB 代码 5.1

```
clc,clear,close all,format long
addpath common_function
X = [-1744023.4  4927657.9  3652205.1]
BLH = XYZ2BLH(X,1)'
X0 =[-1752896.90 4938917.30 3623675.60
     -1752989.03 4939366.04 3623023.46
     -1752772.7 4940311.57 3621839.3
     -1754338.37 4939218.02 3622570.27]
for i = 1:4
    BLH = XYZ2BLH(X0(i,:),1)'
end
% %9月9日0时10分39秒9号目标距离值
R=[31928.93 32696.48 34040.61 33440.55];
for j = 1:num_station  %每个站
    R_bar(j,1) = R(j)'^2 - norm(X0(j,:))^2;
end
for j = 1:num_station-1  %每个站
    Y(j,1) = (R_bar(j+1,1) - R_bar(1,1))/2;
    A(j,:) = -X0(j+1,:) + X0(1,:);
end
X_least_square = A\Y;
X_least_square = X_least_square' %解得的位置
det(X0(1:3,:))
det(X0(1:3,:)-ones(3,1)*X_least_square)
```

5.2.3 单调性

可以通过分析模型的单调性确定参数初值, 例如, 在例 5.3 中, $y = a + \dfrac{b}{1+cx^d}$, $\boldsymbol{\beta}$ 初值的获取是一个难点. 若简单地令 $\boldsymbol{\beta} = [0,0,0,0]^{\mathrm{T}}$, 后续迭代算法中雅可比矩阵不是列满秩的, 从而算法失效. 利用单调性可以找到一个不错的初值. 实际上, 对于试剂定标模型, 若 $x \to \infty$, 则 $y \to a$; 若 $x \to 0$, 则 $y \to a + b$, 故令

$$
\begin{cases} a = \max\{y_i\}_{i=1}^m \\ b = \min\{y_i\}_{i=1}^m - \max\{y_i\}_{i=1}^m \end{cases} \tag{5.16}
$$

另外

$$
cx_i^d = \frac{b}{y_i - a} - 1 \tag{5.17}
$$

上式两边取对数, 整理得

$$[1, \ln x_i]\begin{bmatrix}\ln c\\ d\end{bmatrix} = \ln\left(\frac{b}{y_i - a} - 1\right) \tag{5.18}$$

利用 $(x_i, y_i), i = 2, \cdots, m-1$ 和线性最小二乘法可以估计 $[\ln c, d]$, 继而求得 $[c, d]$. 实际上

$$\begin{bmatrix}1 & \ln x_2\\ \vdots & \vdots\\ 1 & \ln x_{m-1}\end{bmatrix}\begin{bmatrix}\ln c\\ d\end{bmatrix} = \begin{bmatrix}\ln\left[b/\left(y_2 - a\right) - 1\right]\\ \vdots\\ \ln\left[b/\left(y_{m-1} - a\right) - 1\right]\end{bmatrix} \tag{5.19}$$

上式排除了第一个点 x_1 和最后一个点 x_m, 因为上述两个值会导致无意义的结果, 实际上,

$$\begin{cases}\ln x_1 = \ln 0 = \mathrm{NaN}\\ \ln\left[\left(b + a - y_m\right)/\left(y_m - a\right)\right] = \mathrm{NaN}\end{cases} \tag{5.20}$$

记 (5.19) 为

$$\boldsymbol{S}\begin{bmatrix}\ln c\\ d\end{bmatrix} = \boldsymbol{T} \tag{5.21}$$

得

$$\begin{bmatrix}\ln c\\ d\end{bmatrix} = \left(\boldsymbol{S}^{\mathrm{T}}\boldsymbol{S}\right)^{-1}\boldsymbol{S}^{\mathrm{T}}\boldsymbol{T} \tag{5.22}$$

综上, 最终可算得一个初值 $\boldsymbol{\beta} = [a, b, c, d]^{\mathrm{T}}$.

5.3 参数迭代估计

非线性参数估计方法有很多, 其迭代的关键公式实质都是某个函数的泰勒展式的近似. 差别在于：不同的方法针对不同的函数展开. 最速法利用了残差平方和的一阶展开, 高斯-牛顿法 (Gauss-Newton Method) 利用了残差的一阶展开, 牛顿法利用了梯度的一阶展开, 莱文贝格-马夸特阻尼法 (Levenberg-Marquardt Method) 利用了残差平方和的二阶展开. 本章会再次用到第 2 章介绍的梯度向量、雅可比矩阵、黑塞矩阵等概念.

5.3.1 雅可比矩阵

非线性最小二乘理论可以看成是下降算法理论的一个应用. 假定 $\boldsymbol{\beta} = [\beta_1, \beta_2, \cdots, \beta_n]^{\mathrm{T}}$ 是未知参数向量, 参数数量为 n, m 一般表示样本的数量, $m > n$, 关于参数向量 $\boldsymbol{\beta}$ 的 m 维非线性函数向量如下

$$\boldsymbol{f}(\boldsymbol{\beta}) = \left[f_1(\boldsymbol{\beta}), f_2(\boldsymbol{\beta}), \cdots, f_m(\boldsymbol{\beta})\right]^{\mathrm{T}} \tag{5.23}$$

而 $e_i\,(i=1,2,\cdots,m)$ 为测量值 y_i 与计算值 $f_i\,(\boldsymbol{\beta})$ 的残差, 即

$$e_i = y_i - f_i\,(\boldsymbol{\beta}) \quad (i=1,2,\cdots,m) \tag{5.24}$$

或者简记为

$$\boldsymbol{e} = \boldsymbol{y} - \boldsymbol{f}\,(\boldsymbol{\beta}) \tag{5.25}$$

或者简记为

$$\boldsymbol{e} = \boldsymbol{y} - \boldsymbol{f} \tag{5.26}$$

定义 5.1 m 维向量函数 $\boldsymbol{f}$ 对 n 维向量 $\boldsymbol{\beta}$ 的微分称为雅可比矩阵, 记为 $\boldsymbol{J}$, $\nabla\boldsymbol{f}$ 或者 $\dfrac{\partial \boldsymbol{f}\,(\boldsymbol{\beta})}{\partial \boldsymbol{\beta}^{\mathrm{T}}}$, 如下

$$\boldsymbol{J} = \nabla\boldsymbol{f} = \frac{\partial \boldsymbol{f}\,(\boldsymbol{\beta})}{\partial \boldsymbol{\beta}^{\mathrm{T}}} = \begin{bmatrix} \dfrac{\partial f_1}{\partial \beta_1} & \dfrac{\partial f_1}{\partial \beta_2} & \cdots & \dfrac{\partial f_1}{\partial \beta_n} \\ \dfrac{\partial f_2}{\partial \beta_1} & \dfrac{\partial f_2}{\partial \beta_2} & \cdots & \dfrac{\partial f_2}{\partial \beta_n} \\ \vdots & \vdots & \ddots & \vdots \\ \dfrac{\partial f_m}{\partial \beta_1} & \dfrac{\partial f_m}{\partial \beta_2} & \cdots & \dfrac{\partial f_m}{\partial \beta_n} \end{bmatrix} \in \mathbb{R}^{m\times n} \tag{5.27}$$

非线性最小二乘的目标函数为

$$F\,(\boldsymbol{\beta}) = \frac{1}{2}\boldsymbol{e}^{\mathrm{T}}\boldsymbol{e} = \frac{1}{2}\sum_{i=1}^{m} e_i^2 \tag{5.28}$$

为了令 $F\,(\boldsymbol{\beta})$ 最小, 对上式求微分得梯度向量, 如下

$$\dot{F}\,(\boldsymbol{\beta}) = \frac{\partial}{\partial \boldsymbol{\beta}}F\,(\boldsymbol{\beta}) = \begin{bmatrix} \displaystyle\sum_{i=1}^{m} e_i \frac{\partial e_i}{\partial \beta_1} \\ \displaystyle\sum_{i=1}^{m} e_i \frac{\partial e_i}{\partial \beta_2} \\ \vdots \\ \displaystyle\sum_{i=1}^{m} e_i \frac{\partial e_i}{\partial \beta_n} \end{bmatrix} \tag{5.29}$$

函数向量 $\boldsymbol{e}$ 的雅可比矩阵为

$$\nabla \boldsymbol{e} = \frac{\partial \boldsymbol{e}(\boldsymbol{\beta})}{\partial \boldsymbol{\beta}^{\mathrm{T}}} = \begin{bmatrix} \dfrac{\partial e_1}{\partial \beta_1} & \dfrac{\partial e_1}{\partial \beta_2} & \cdots & \dfrac{\partial e_1}{\partial \beta_n} \\ \dfrac{\partial e_2}{\partial \beta_1} & \dfrac{\partial e_2}{\partial \beta_2} & \cdots & \dfrac{\partial e_2}{\partial \beta_n} \\ \vdots & \vdots & \ddots & \vdots \\ \dfrac{\partial e_m}{\partial \beta_1} & \dfrac{\partial e_m}{\partial \beta_2} & \cdots & \dfrac{\partial e_m}{\partial \beta_n} \end{bmatrix} \in \mathbb{R}^{m \times n} \tag{5.30}$$

因为 $\boldsymbol{e} = \boldsymbol{y} - \boldsymbol{f}(\boldsymbol{\beta})$, 所以

$$\nabla \boldsymbol{e} = -\nabla \boldsymbol{f} = -\boldsymbol{J} \tag{5.31}$$

得

$$\dot{F}(\boldsymbol{\beta}) = \nabla \boldsymbol{e}^{\mathrm{T}} \boldsymbol{e} = -\nabla \boldsymbol{f}^{\mathrm{T}} \boldsymbol{e} = -\boldsymbol{J}^{\mathrm{T}} \boldsymbol{e} \in \mathbb{R}^{n} \tag{5.32}$$

5.3.2 最速下降法

目标函数 $F(\boldsymbol{\beta})$ 的一阶泰勒展式为

$$F(\boldsymbol{\beta} + \Delta \boldsymbol{\beta}) = F(\boldsymbol{\beta}) + \dot{F}(\boldsymbol{\beta})^{\mathrm{T}} \Delta \boldsymbol{\beta} + O\left(\|\Delta \boldsymbol{\beta}\|^{2}\right) \tag{5.33}$$

因此目标函数值变化速度可以表示为

$$\frac{F(\boldsymbol{\beta} + \Delta \boldsymbol{\beta}) - F(\boldsymbol{\beta})}{\|\Delta \boldsymbol{\beta}\|} \approx \frac{\dot{F}(\boldsymbol{\beta})^{\mathrm{T}} \Delta \boldsymbol{\beta}}{\|\Delta \boldsymbol{\beta}\|} = \left\|\dot{F}(\boldsymbol{\beta})\right\| \cos \theta \tag{5.34}$$

其中 θ 表示两个向量 $\dot{F}(\boldsymbol{\beta}), \Delta \boldsymbol{\beta}$ 的夹角. 显然, 当 $\cos \theta = -1$ 时, 目标函数值 $F(\boldsymbol{\beta})$ 是下降的, 且下降速度最快, 此时两个向量 $\dot{F}(\boldsymbol{\beta}), \Delta \boldsymbol{\beta}$ 的方向平行相反, 即最速下降 (Steepest Descent) 方向是梯度向量 $\dot{F}(\boldsymbol{\beta})$ 的反方向, 由梯度公式 $\dot{F}(\boldsymbol{\beta}) = -\boldsymbol{J}^{\mathrm{T}} \boldsymbol{e}$ 可得

$$\Delta \boldsymbol{\beta} = -\lambda \dot{F}(\boldsymbol{\beta}) = \lambda \boldsymbol{J}^{\mathrm{T}} \boldsymbol{e} \quad (\lambda > 0) \tag{5.35}$$

算法 5.1 最速下降法

输入 1: 非线性模型 $\boldsymbol{f}$;

输入 2: 数据 $\boldsymbol{y}$;

输入 3: 初值 $\boldsymbol{\beta}$;

输入 3: 最小跳出精度 $\varepsilon_{\min}$;

输入 4: 最大迭代次数 $k_{\max}$;

输入 5: 步长因子 λ;

输出 1：终值 $\boldsymbol{\beta}$;
for $k < k_{\max}$ 或者 $\varepsilon > \varepsilon_{\min}$
步骤 1：计算残差 $\boldsymbol{e} = \boldsymbol{y} - \boldsymbol{f}(\boldsymbol{\beta})$;
步骤 2：计算雅可比矩阵 $\boldsymbol{J} = \nabla \boldsymbol{f} = \partial \boldsymbol{f}(\boldsymbol{\beta}) / \partial \boldsymbol{\beta}^{\mathrm{T}}$;
步骤 3：计算下降方向 $\Delta\boldsymbol{\beta} = \lambda \boldsymbol{J}^{\mathrm{T}} \boldsymbol{e}$;
步骤 4：参数更新 $\boldsymbol{\beta} = \boldsymbol{\beta} + \Delta\boldsymbol{\beta}$;
步骤 5：计算精度 $\varepsilon = \|\Delta\boldsymbol{\beta}\|$, 判断是否跳出;
步骤 6：$k = k + 1$;
end

备注 5.2 算法需要完善如下几个方面:

(1) 最小跳出精度 $\varepsilon_{\min}$, 不同应用的跳出精度不同, 建议采用相对精度;

(2) 最大迭代次数 $k_{\max}$, 该参数是为了防止迭代不收敛导致死循环;

(3) 步长因子 λ：λ 必须足够小, 才能保证迭代后目标函数下降, 否则未必收敛, 可能出现不稳定现象, 因此, 只有当 λ 自适应变化才能保证算法收敛且收敛快速.

5.3.3 高斯-牛顿法

最速下降法是基于目标函数 $F(\boldsymbol{\beta})$ 的一阶近似, 而高斯-牛顿法是基于残差 $\boldsymbol{e}(\boldsymbol{\beta})$ 的一阶近似. 利用 $\nabla \boldsymbol{e} = -\boldsymbol{J}$, 其中 $\boldsymbol{J} = \nabla \boldsymbol{f}$ 是雅可比矩阵, 得

$$
\begin{aligned}
\boldsymbol{e}(\boldsymbol{\beta} + \Delta\boldsymbol{\beta}) &= \boldsymbol{e}(\boldsymbol{\beta}) + \nabla \boldsymbol{e} \Delta\boldsymbol{\beta} + O\left(\|\Delta\boldsymbol{\beta}\|^2\right) \\
&= \boldsymbol{e}(\boldsymbol{\beta}) - \boldsymbol{J}\Delta\boldsymbol{\beta} + O\left(\|\Delta\boldsymbol{\beta}\|^2\right) \\
&\approx \boldsymbol{e}(\boldsymbol{\beta}) - \boldsymbol{J}\Delta\boldsymbol{\beta}
\end{aligned} \tag{5.36}
$$

故

$$
\begin{aligned}
F(\boldsymbol{\beta} + \Delta\boldsymbol{\beta}) &= \frac{1}{2} \boldsymbol{e}(\boldsymbol{\beta} + \Delta\boldsymbol{\beta})^{\mathrm{T}} \boldsymbol{e}(\boldsymbol{\beta} + \Delta\boldsymbol{\beta}) \\
&\approx \frac{1}{2} (\boldsymbol{e} - \boldsymbol{J}\Delta\boldsymbol{\beta})^{\mathrm{T}} (\boldsymbol{e} - \boldsymbol{J}\Delta\boldsymbol{\beta}) \\
&= F(\boldsymbol{\beta}) - \Delta\boldsymbol{\beta}^{\mathrm{T}} \boldsymbol{J}^{\mathrm{T}} \boldsymbol{e} + \frac{1}{2} \Delta\boldsymbol{\beta}^{\mathrm{T}} \boldsymbol{J}^{\mathrm{T}} \boldsymbol{J} \Delta\boldsymbol{\beta}
\end{aligned} \tag{5.37}
$$

高斯-牛顿法的目标是寻找方向 $\Delta\boldsymbol{\beta}$ 使得 $F(\boldsymbol{\beta})$ 下降最快, 故利用微分公式 $\dfrac{d}{d\boldsymbol{x}} \mathrm{trace}(\boldsymbol{x}^{\mathrm{T}} \boldsymbol{b}) = \boldsymbol{b}$ 和 $\dfrac{d\boldsymbol{x}^{\mathrm{T}} \boldsymbol{A} \boldsymbol{x}}{d\boldsymbol{x}} = 2\boldsymbol{A}$ 得

$$
\begin{aligned}
\frac{\partial}{\partial \Delta\boldsymbol{\beta}} F(\boldsymbol{\beta} + \Delta\boldsymbol{\beta}) &= \frac{\partial}{\partial \Delta\boldsymbol{\beta}} \left(F(\boldsymbol{\beta}) - \Delta\boldsymbol{\beta}^{\mathrm{T}} \boldsymbol{J}^{\mathrm{T}} \boldsymbol{e} + \frac{1}{2} \Delta\boldsymbol{\beta}^{\mathrm{T}} \boldsymbol{J}^{\mathrm{T}} \boldsymbol{J} \Delta\boldsymbol{\beta} \right) \\
&= -\boldsymbol{J}^{\mathrm{T}} \boldsymbol{e} + \boldsymbol{J}^{\mathrm{T}} \boldsymbol{J} \Delta\boldsymbol{\beta} = \boldsymbol{0}
\end{aligned} \tag{5.38}
$$

从而

$$\Delta\boldsymbol{\beta}=\lambda\left(\boldsymbol{J}^{\mathrm{T}}\boldsymbol{J}\right)^{-1}\boldsymbol{J}^{\mathrm{T}}\boldsymbol{e}\quad(\lambda>0) \tag{5.39}$$

上述公式就高斯-牛顿迭代公式.

算法 5.2 高斯-牛顿法

输入 1：非线性模型 $\boldsymbol{f}$;
输入 2：数据 $\boldsymbol{y}$;
输入 3：初值 $\boldsymbol{\beta}$;
输入 4：最小跳出精度 $\varepsilon_{\min}$;
输入 5：最大迭代次数 $k_{\max}$;
输入 6：步长因子 λ;
输出 1：终值 $\boldsymbol{\beta}$;
for $k<k_{\max}$ 或者 $\varepsilon>\varepsilon_{\min}$
步骤 1：计算残差 $\boldsymbol{e}=\boldsymbol{y}-\boldsymbol{f}(\boldsymbol{\beta})$;
步骤 2：计算雅可比矩阵 $\boldsymbol{J}=\nabla\boldsymbol{f}=\partial\boldsymbol{f}(\boldsymbol{\beta})/\partial\boldsymbol{\beta}^{\mathrm{T}}$;
步骤 3：计算下降方向 $\Delta\boldsymbol{\beta}=\lambda\left(\boldsymbol{J}^{\mathrm{T}}\boldsymbol{J}\right)^{-1}\boldsymbol{J}^{\mathrm{T}}\boldsymbol{e}$;
步骤 4：参数更新 $\boldsymbol{\beta}=\boldsymbol{\beta}+\Delta\boldsymbol{\beta}$;
步骤 5：计算精度 $\varepsilon=\|\Delta\boldsymbol{\beta}\|$, 判断是否跳出;
步骤 6：$k=k+1$;
end

5.3.4 牛顿法

最速下降法是基于目标函数 $F(\boldsymbol{\beta})$ 的一阶近似, 高斯-牛顿法是基于残差 $\boldsymbol{e}(\boldsymbol{\beta})$ 的一阶近似, 而牛顿法是基于梯度 $\dot{F}(\boldsymbol{\beta})$ 的一阶近似.

记向量函数 $F(\boldsymbol{\beta})=\dfrac{1}{2}\boldsymbol{e}^{\mathrm{T}}\boldsymbol{e}=\dfrac{1}{2}\sum\limits_{i=1}^{m}e_i^2$ 的黑塞矩阵为 $\boldsymbol{H}\in\mathbb{R}^{n\times n}$, 即

$$\boldsymbol{H}=\ddot{F}(\boldsymbol{\beta})=\frac{\partial^2}{\partial\boldsymbol{\beta}^{\mathrm{T}}\partial\boldsymbol{\beta}}F(\boldsymbol{\beta})=\frac{\partial\dot{F}(\boldsymbol{\beta})}{\partial\boldsymbol{\beta}^{\mathrm{T}}} \tag{5.40}$$

目标函数 $F(\boldsymbol{\beta})$ 的梯度 $\dot{F}(\boldsymbol{\beta})$ 是向量函数, $\dot{F}(\boldsymbol{\beta})$ 的一阶泰勒展式为

$$\dot{F}(\boldsymbol{\beta}+\Delta\boldsymbol{\beta})=\dot{F}(\boldsymbol{\beta})+\ddot{F}(\boldsymbol{\beta})\Delta\boldsymbol{\beta}+O\left(\|\Delta\boldsymbol{\beta}\|^2\right) \tag{5.41}$$

如果 $\boldsymbol{\beta}+\Delta\boldsymbol{\beta}$ 刚好是极小值点, 则 $\dot{F}(\boldsymbol{\beta}+\Delta\boldsymbol{\beta})=0$, 那么有

$$\dot{F}(\boldsymbol{\beta})\approx-\ddot{F}(\boldsymbol{\beta})\Delta\boldsymbol{\beta} \tag{5.42}$$

在公式 (5.42) 两边同时左乘 $\Delta\boldsymbol{\beta}^{\mathrm{T}}$, 若黑塞矩阵 $\ddot{F}(\boldsymbol{\beta})$ 是正定矩阵, 则

$$\dot{F}(\boldsymbol{\beta})^{\mathrm{T}}\Delta\boldsymbol{\beta} = \Delta\boldsymbol{\beta}^{\mathrm{T}}\dot{F}(\boldsymbol{\beta}) \approx -\Delta\boldsymbol{\beta}^{\mathrm{T}}\ddot{F}(\boldsymbol{\beta})\Delta\boldsymbol{\beta} < 0 \tag{5.43}$$

上式表明, 若

$$\Delta\boldsymbol{\beta} = -\lambda\ddot{F}(\boldsymbol{\beta})^{-1}\dot{F}(\boldsymbol{\beta}) \quad (\lambda > 0) \tag{5.44}$$

利用 $\ddot{F}(\boldsymbol{\beta}) = \boldsymbol{H}, \dot{F}(\boldsymbol{\beta}) = \boldsymbol{J}^{\mathrm{T}}\boldsymbol{e}$, 得

$$\Delta\boldsymbol{\beta} = \lambda\boldsymbol{H}^{-1}\boldsymbol{J}^{\mathrm{T}}\boldsymbol{e} \quad (\lambda > 0) \tag{5.45}$$

则

$$\begin{aligned} F(\boldsymbol{\beta} + \Delta\boldsymbol{\beta}) &= F(\boldsymbol{\beta}) + \dot{F}(\boldsymbol{\beta})^{\mathrm{T}}\Delta\boldsymbol{\beta} + O\left(\|\Delta\boldsymbol{\beta}\|^2\right) \\ &\approx F(\boldsymbol{\beta}) - \boldsymbol{\lambda}\dot{F}(\boldsymbol{\beta})^{\mathrm{T}}\ddot{F}(\boldsymbol{\beta})^{-1}\dot{F}(\boldsymbol{\beta}) \\ &< F(\boldsymbol{\beta}) \end{aligned} \tag{5.46}$$

备注 5.3　如果 $\ddot{F}(\boldsymbol{\beta})$ 是正定矩阵, 且 $\|\Delta\boldsymbol{\beta}\|$ 足够小, 则 $\Delta\boldsymbol{\beta}$ 确实是目标函数 $F(\boldsymbol{\beta})$ 的一个下降方向. 尽管牛顿法比较高效, 但是 $\ddot{F}(\boldsymbol{\beta})$ 的计算可能很难, 甚至无法获得. 实际上, 由全微分公式可知, $F(\boldsymbol{\beta})$ 的黑塞矩阵 $\ddot{F}(\boldsymbol{\beta}) \in \mathbb{R}^{n\times n}$ 表达式如下

$$\ddot{F}(\boldsymbol{\beta}) = \frac{\partial}{\partial\boldsymbol{\beta}^{\mathrm{T}}}\dot{F}(\boldsymbol{\beta}) = \begin{bmatrix} \sum_{i=1}^{m}\frac{\partial e_i}{\partial\boldsymbol{\beta}^{\mathrm{T}}}\frac{\partial e_i}{\partial\beta_1} \\ \sum_{i=1}^{m}\frac{\partial e_i}{\partial\boldsymbol{\beta}^{\mathrm{T}}}\frac{\partial e_i}{\partial\beta_2} \\ \vdots \\ \sum_{i=1}^{m}\frac{\partial e_i}{\partial\boldsymbol{\beta}^{\mathrm{T}}}\frac{\partial e_i}{\partial\beta_n} \end{bmatrix} + \begin{bmatrix} \sum_{i=1}^{m}e_i\frac{\partial}{\partial\boldsymbol{\beta}^{\mathrm{T}}}\frac{\partial e_i}{\partial\beta_1} \\ \sum_{i=1}^{m}e_i\frac{\partial}{\partial\boldsymbol{\beta}^{\mathrm{T}}}\frac{\partial e_i}{\partial\beta_2} \\ \vdots \\ \sum_{i=1}^{m}e_i\frac{\partial}{\partial\boldsymbol{\beta}^{\mathrm{T}}}\frac{\partial e_i}{\partial\beta_n} \end{bmatrix} = \ddot{F}_1(\boldsymbol{\beta}) + \ddot{F}_2(\boldsymbol{\beta}) \tag{5.47}$$

其中 $\ddot{F}_1(\boldsymbol{\beta}), \ddot{F}_2(\boldsymbol{\beta})$ 分别为

$$\ddot{F}_1(\boldsymbol{\beta}) = \begin{bmatrix} \sum_{i=1}^{m}\frac{\partial f_i}{\partial\beta_1}\frac{\partial f_i}{\partial\beta_1} & \sum_{i=1}^{m}\frac{\partial f_i}{\partial\beta_2}\frac{\partial f_i}{\partial\beta_1} & \cdots & \sum_{i=1}^{m}\frac{\partial f_i}{\partial\beta_n}\frac{\partial f_i}{\partial\beta_1} \\ \sum_{i=1}^{m}\frac{\partial f_i}{\partial\beta_1}\frac{\partial f_i}{\partial\beta_2} & \sum_{i=1}^{m}\frac{\partial f_i}{\partial\beta_2}\frac{\partial f_i}{\partial\beta_2} & \cdots & \sum_{i=1}^{m}\frac{\partial f_i}{\partial\beta_n}\frac{\partial f_i}{\partial\beta_2} \\ \vdots & \vdots & \ddots & \vdots \\ \sum_{i=1}^{m}\frac{\partial f_i}{\partial\beta_1}\frac{\partial f_i}{\partial\beta_n} & \sum_{i=1}^{m}\frac{\partial f_i}{\partial\beta_2}\frac{\partial f_i}{\partial\beta_n} & \cdots & \sum_{i=1}^{m}\frac{\partial f_i}{\partial\beta_n}\frac{\partial f_i}{\partial\beta_n} \end{bmatrix} = \boldsymbol{J}^{\mathrm{T}}\boldsymbol{J} \tag{5.48}$$

$$\ddot{F}_2(\boldsymbol{\beta}) = \begin{bmatrix} \sum_{i=1}^{m} e_i \frac{\partial^2 e_i}{\partial \beta_1 \partial \beta_1} & \sum_{i=1}^{m} e_i \frac{\partial^2 e_i}{\partial \beta_2 \partial \beta_1} & \cdots & \sum_{i=1}^{m} e_i \frac{\partial^2 e_i}{\partial \beta_n \partial \beta_1} \\ \sum_{i=1}^{m} e_i \frac{\partial^2 e_i}{\partial \beta_1 \partial \beta_2} & \sum_{i=1}^{m} e_i \frac{\partial^2 e_i}{\partial \beta_2 \partial \beta_2} & \cdots & \sum_{i=1}^{m} e_i \frac{\partial^2 e_i}{\partial \beta_n \partial \beta_2} \\ \vdots & \vdots & \ddots & \vdots \\ \sum_{i=1}^{m} e_i \frac{\partial^2 e_i}{\partial \beta_1 \partial \beta_n} & \sum_{i=1}^{m} e_i \frac{\partial^2 e_i}{\partial \beta_2 \partial \beta_n} & \cdots & \sum_{i=1}^{m} e_i \frac{\partial^2 e_i}{\partial \beta_n \partial \beta_n} \end{bmatrix}$$
$$= \sum_{i=1}^{m} e_i \frac{\partial^2 e_i}{\partial \boldsymbol{\beta} \partial \boldsymbol{\beta}^{\mathrm{T}}} \tag{5.49}$$

其中 $\frac{\partial^2 e_i}{\partial \boldsymbol{\beta} \partial \boldsymbol{\beta}^{\mathrm{T}}}$ 是 e_i 的黑塞矩阵, 综合 (5.47)~(5.49) 得

$$\ddot{F}(\boldsymbol{\beta}) = \nabla \boldsymbol{e}^{\mathrm{T}} \nabla \boldsymbol{e} + \sum_{i=1}^{m} e_i \frac{\partial^2 e_i}{\partial \boldsymbol{\beta} \partial \boldsymbol{\beta}^{\mathrm{T}}} \tag{5.50}$$

又因为

$$\begin{cases} \nabla \boldsymbol{e} = -\boldsymbol{J} \\ \dfrac{\partial^2 e_i}{\partial \boldsymbol{\beta} \partial \boldsymbol{\beta}^{\mathrm{T}}} = \dfrac{\partial^2 f_i}{\partial \boldsymbol{\beta} \partial \boldsymbol{\beta}^{\mathrm{T}}} \end{cases} \tag{5.51}$$

所以

$$\ddot{F}(\boldsymbol{\beta}) = \boldsymbol{J}^{\mathrm{T}} \boldsymbol{J} + \sum_{i=1}^{m} e_i \frac{\partial^2 f_i}{\partial \boldsymbol{\beta} \partial \boldsymbol{\beta}^{\mathrm{T}}} \tag{5.52}$$

若 $\boldsymbol{\beta}$ 是一个足够好的初值, 那么

$$\sum_{i=1}^{m} e_i \frac{\partial^2 f_i}{\partial \boldsymbol{\beta} \partial \boldsymbol{\beta}^{\mathrm{T}}} \approx 0 \tag{5.53}$$

则 $\ddot{F}(\boldsymbol{\beta})$ 是正定的, 且

$$\ddot{F}(\boldsymbol{\beta}) \approx \boldsymbol{J}^{\mathrm{T}} \boldsymbol{J} \tag{5.54}$$

此时牛顿法退化为高斯-牛顿法.

备注 5.4 从上述公式可以发现, 最速法和牛顿法只相差一个黑塞矩阵 $\boldsymbol{H} = \ddot{F}(\boldsymbol{\beta})$, 一个自然的问题是 $\boldsymbol{H}$ 能否修改成其他的形式, 参考 5.3.5 小节.

算法 5.3 牛顿法

输入 1：非线性模型 $\boldsymbol{f}$;
输入 2：数据 $\boldsymbol{y}$;

输入 3：初值 $\boldsymbol{\beta}$;
输入 4：最小跳出精度 $\varepsilon_{\min}$;
输入 5：最大迭代次数 $k_{\max}$;
输入 6：步长因子 λ;
输出 1：终值 $\boldsymbol{\beta}$;
for $k < k_{\max}$ 或者 $\varepsilon > \varepsilon_{\min}$
步骤 1：计算残差 $\boldsymbol{e} = \boldsymbol{y} - \boldsymbol{f}(\boldsymbol{\beta})$;
步骤 2：计算雅可比矩阵 $\boldsymbol{J} = \nabla \boldsymbol{f} = \partial \boldsymbol{f}(\boldsymbol{\beta}) / \partial \boldsymbol{\beta}^{\mathrm{T}}$;
步骤 3：计算黑塞阵 $\boldsymbol{H} = \ddot{F}(\boldsymbol{\beta}) = \boldsymbol{J}^{\mathrm{T}}\boldsymbol{J} + \sum\limits_{i=1}^{m} e_i \boldsymbol{H}_i^f$;
步骤 4：计算下降方向 $\Delta\boldsymbol{\beta} = \lambda \boldsymbol{H}^{-1}\boldsymbol{J}^{\mathrm{T}}\boldsymbol{e}$;
步骤 5：参数更新 $\boldsymbol{\beta} = \boldsymbol{\beta} + \Delta\boldsymbol{\beta}$;
步骤 6：计算精度 $\varepsilon = \|\Delta\boldsymbol{\beta}\|$, 判断是否跳出;
步骤 7：$k = k + 1$;
end

5.3.5 莱文贝格-马夸特阻尼法

最速下降法是基于目标函数 $F(\boldsymbol{\beta})$ 的一阶近似; 高斯-牛顿法是基于残差 $\boldsymbol{e}(\boldsymbol{\beta})$ 的一阶近似; 牛顿法是基于梯度 $\dot{F}(\boldsymbol{\beta})$ 的一阶近似; 而莱文贝格-马夸特阻尼法是基于目标函数 $F(\boldsymbol{\beta})$ 的二阶近似. 因

$$F(\boldsymbol{\beta} + \Delta\boldsymbol{\beta}) = F(\boldsymbol{\beta}) + \dot{F}(\boldsymbol{\beta})^{\mathrm{T}} \Delta\boldsymbol{\beta} + \frac{1}{2}\Delta\boldsymbol{\beta}^{\mathrm{T}}\ddot{F}(\boldsymbol{\beta})\Delta\boldsymbol{\beta} + O\left(\|\Delta\boldsymbol{\beta}\|^3\right) \tag{5.55}$$

记

$$L(\Delta\boldsymbol{\beta}) = F(\boldsymbol{\beta}) + \dot{F}(\boldsymbol{\beta})^{\mathrm{T}} \Delta\boldsymbol{\beta} + \frac{1}{2}\Delta\boldsymbol{\beta}^{\mathrm{T}}\nabla \boldsymbol{f}^{\mathrm{T}}\nabla \boldsymbol{f}\Delta\boldsymbol{\beta} \tag{5.56}$$

原始的目标是令 $F(\boldsymbol{\beta})$ 最小, 在此设立如下新的目标函数

$$\varphi(\Delta\boldsymbol{\beta}) = L(\Delta\boldsymbol{\beta}) + \frac{1}{2}\mu\Delta\boldsymbol{\beta}^{\mathrm{T}}\Delta\boldsymbol{\beta} \tag{5.57}$$

其中 $\mu \geqslant 0$ 为阻尼参数, 第二项 $\frac{1}{2}\mu\Delta\boldsymbol{\beta}^{\mathrm{T}}\Delta\boldsymbol{\beta}$ 可以看成是对 $\Delta\boldsymbol{\beta}$ 的惩罚, 对公式 (5.57) 取微分得

$$\dot{\varphi}(\Delta\boldsymbol{\beta}) = \dot{F}(\boldsymbol{\beta}) + \left(\nabla \boldsymbol{f}^{\mathrm{T}}\nabla \boldsymbol{f} + \mu\boldsymbol{I}\right)\Delta\boldsymbol{\beta} = \boldsymbol{0} \tag{5.58}$$

只要 μ 足够大, 则 $\ddot{F}(\boldsymbol{\beta}) + \mu\boldsymbol{I}$ 必然是正定矩阵, 得

$$\Delta\boldsymbol{\beta} = \left(\boldsymbol{J}^{\mathrm{T}}\boldsymbol{J} + \mu\boldsymbol{I}\right)^{-1}\boldsymbol{J}^{\mathrm{T}}\boldsymbol{e} \tag{5.59}$$

备注 5.5 对比 4 种迭代算法, 可以发现:

(1) 只要参数 λ 足够小, 最速法、牛顿法的迭代方向必然为下降方向;

(2) 只要阻尼参数 μ 足够大, 莱文贝格-马夸特阻尼法迭代方向必然为下降方向;

(3) 当 μ 足够大时, $\Delta\boldsymbol{\beta}=\mu^{-1}\boldsymbol{J}$, 即莱文贝格-马夸特阻尼法退化为最速法;

(4) 当 μ 足够小时, $\Delta\boldsymbol{\beta}=\left(\boldsymbol{J}^{\mathrm{T}}\boldsymbol{J}\right)^{-1}\boldsymbol{J}$, 此时 $\Delta\boldsymbol{\beta}$ 未必是下降方向, 因缺少参数 λ 导致步长未必足够小;

(5) 最速法和牛顿法都有对应的确定参数 λ 的策略, 阻尼参数 μ 的调整策略为：定义增益比 (Gain Ratio)

$$\rho=\frac{F(\boldsymbol{\beta})-F(\boldsymbol{\beta}+\Delta\boldsymbol{\beta})}{L(\mathbf{0})-L(\Delta\boldsymbol{\beta})} \tag{5.60}$$

注意 $L(\mathbf{0})=F(\boldsymbol{\beta})$, 故

$$L(\mathbf{0})-L(\Delta\boldsymbol{\beta})=-\Delta\boldsymbol{\beta}^{\mathrm{T}}\dot{F}(\boldsymbol{\beta})-\frac{1}{2}\Delta\boldsymbol{\beta}^{\mathrm{T}}\nabla\boldsymbol{f}^{\mathrm{T}}\nabla\boldsymbol{f}\Delta\boldsymbol{\beta} \tag{5.61}$$

结合公式 (5.59) 和 (5.61)

$$L(\mathbf{0})-L(\Delta\boldsymbol{\beta})=\frac{1}{2}\Delta\boldsymbol{\beta}^{\mathrm{T}}\left[\mu\Delta\boldsymbol{\beta}-\dot{F}(\boldsymbol{\beta})\right]>\mathbf{0} \tag{5.62}$$

(a) ρ 小于 0, 说明步长太大, $L(\Delta\boldsymbol{\beta})$ 不是 $F(\boldsymbol{\beta}+\Delta\boldsymbol{\beta})$ 的好的近似, 惩罚不够大, 需要增大 μ, 比如翻倍:

$$\mu\leftarrow 2\mu \tag{5.63}$$

(b) ρ 大于 0, 说明 $\Delta\boldsymbol{\beta}$ 确实是减小方向; ρ 很大, 说明减小很快, 步长还不错, 可以适当扩大步长. 若惩罚太大, 需要减小 μ, 比如降到 1/3, 建议如下

$$\mu\leftarrow\max\left\{\frac{1}{3}\mu,1-(2\rho-1)^{3}\right\} \tag{5.64}$$

例如, $\rho=1$ 时, $\mu\leftarrow\frac{1}{3}\mu$; 又如 $\rho=0.5$ 时, $\mu\leftarrow\max\left\{\frac{1}{3}\mu,1\right\}$.

(6) 阻尼参数 μ 的规则比较复杂, 应用中常令 $\Delta\boldsymbol{\beta}=-\lambda\left(\boldsymbol{J}^{\mathrm{T}}\boldsymbol{J}+\mu\boldsymbol{I}\right)^{-1}\boldsymbol{J}$, 其中 $\mu=0$, 且每次迭代改用步长因子 λ 压缩-膨胀法：每次迭代令 $\mu=1$; 若目标函数没有下降则 $\mu\leftarrow\frac{1}{2}\mu$; 直到目标函数下降为止. 但是, 两个参数, 阻尼参数 μ 和步长因子 λ, 哪个更加重要？这是一个值得探讨的问题.

5.4 非线性精度分析

观测数据 $\boldsymbol{y}$、非线性函数向量 $\boldsymbol{f}(\boldsymbol{\beta})$、观测误差 $\boldsymbol{\varepsilon}$ 的行数为 m. 由于观测有误差 $\{\varepsilon_i, i=1,2,\cdots,m\}$, 因此估计的参数向量 $\hat{\boldsymbol{\beta}}$ 和拟合值 $\boldsymbol{f}(\hat{\boldsymbol{\beta}})$ 都有不确定度. 分别把 $[\hat{\beta}_i-\Delta\hat{\beta}_i, \hat{\beta}_i+\Delta\hat{\beta}_i](i=1,2,\cdots,n)$, $[f(\hat{\boldsymbol{\beta}})-\Delta\hat{y}_j, f(\hat{\boldsymbol{\beta}})+\Delta\hat{y}_j](j=1,2,\cdots,m)$ 称为 "参数管道""测量管道".

类似于线性数据精度分析, 管道半径依赖于显著性水平 α, 显著性水平越大, 管道半径就越大. 精度分析就是先给定显著性水平 α, 后计算不确定度 $\Delta\hat{\beta}_i(i=1,2,\cdots,n)$ 和 $\Delta\hat{y}_j\,(j=1,2,\cdots,m)$, 称之为精度半径.

非线性模型的雅可比矩阵 $\boldsymbol{J}$, 相当于线性模型的设计矩阵 $\boldsymbol{X}$. 因此可以仿照线性模型, 给出参数管道、测量管道的经验公式, 这些公式不予以证明.

假定 $\boldsymbol{y}$ 是 m 个已知的观测数据, $\boldsymbol{\beta}$ 是 n 个未知参数, $\boldsymbol{f}(\boldsymbol{\beta})$ 是 m 个关于 $\boldsymbol{\beta}$ 的函数向量, 拟合模型为

$$\boldsymbol{y}=\boldsymbol{f}(\boldsymbol{\beta})+\boldsymbol{e},\quad \boldsymbol{e}\sim N\left(\mathbf{0},\sigma^2\boldsymbol{I}\right) \tag{5.65}$$

下面基于高斯-牛顿法分析参数管道和测量管道, $\boldsymbol{\beta}$ 的非线性最小二乘迭代公式为

$$\hat{\boldsymbol{\beta}}=\boldsymbol{\beta}+\left(\boldsymbol{J}^{\mathrm{T}}\boldsymbol{J}\right)^{-1}\boldsymbol{J}^{\mathrm{T}}\left[\boldsymbol{y}-\boldsymbol{f}(\boldsymbol{\beta})\right] \tag{5.66}$$

由式 (5.65) 得

$$\boldsymbol{y}\sim N\left(\boldsymbol{f}(\boldsymbol{\beta}),\sigma^2\boldsymbol{I}\right) \tag{5.67}$$

由式 (5.66) 和 (5.67) 可知, $\hat{\boldsymbol{\beta}}$ 的分布近似为

$$\hat{\boldsymbol{\beta}}\sim N\left(\boldsymbol{\beta},\sigma^2\left(\boldsymbol{J}^{\mathrm{T}}\boldsymbol{J}\right)^{-1}\right) \tag{5.68}$$

(1) 参数管道.

记

$$\boldsymbol{S}=\left(\boldsymbol{J}^{\mathrm{T}}\boldsymbol{J}\right)^{-1} \tag{5.69}$$

则 $\hat{\boldsymbol{\beta}}$ 的 $\boldsymbol{n}$ 个分量 $\left\{\hat{\beta}_i\right\}_{i=1}^{n}$ 近似满足

$$\hat{\beta}_i\sim N\left(\beta_i,\sigma^2 s_{ii}\right) \tag{5.70}$$

其中 s_{ii} 是 $\boldsymbol{S}$ 的第 i 个对角元, 从而

$$\frac{\hat{\beta}_i-\beta_i}{\sqrt{s_{ii}}\hat{\sigma}}\sim t\,(m-n) \tag{5.71}$$

所以在显著水平为 α 的条件下, β_i 的置信区间为

$$\left[\hat{\beta}_i - t_{1-\alpha/2}\sigma\sqrt{s}_{ii}, \hat{\beta}_i + t_{1-\alpha/2}\sigma\sqrt{s}_{ii}\hat{\beta}_i\right] \tag{5.72}$$

(2) 测量管道.

记

$$\boldsymbol{H} = \boldsymbol{J}\left(\boldsymbol{J}^{\mathrm{T}}\boldsymbol{J}\right)^{-1}\boldsymbol{J}^{\mathrm{T}} \tag{5.73}$$

h_{ii} 是 $\boldsymbol{H}$ 的第 i 个对角元, 在显著水平为 α 的条件下, $f_i(\boldsymbol{\beta})$ 的置信区间为

$$\left[f_i(\hat{\boldsymbol{\beta}}) - t_{1-\alpha/2}\sigma\sqrt{h}_{ii}, f_i(\hat{\boldsymbol{\beta}}) + t_{1-\alpha/2}\sigma\sqrt{h}_{ii}\hat{\boldsymbol{\beta}}_i\right] \tag{5.74}$$

第 6 章　典型应用

6.1　坐标转换

地心系坐标 $[x, y, z]$ 到大地系坐标的纬度、经度、高程 $[B, L, H]$ 的转换问题实质是非线性参数估计问题，很多国军标或者专著都给出了坐标转换公式，但是未必可实现，例如，文献 [12] 的转换公式依赖了未知的卯酉圈半径参数 N.

如图 6.1 所示，在地球子午圈上的点 $[X, Y]$，满足

$$\frac{X^2}{a^2}+\frac{Y^2}{b^2}=1 \tag{6.1}$$

两边取微分得

$$\frac{2X}{a^2}+\frac{2Y\dot{Y}}{b^2}=0 \tag{6.2}$$

故切线斜率为

$$\dot{Y}=-\frac{b^2X}{a^2Y} \tag{6.3}$$

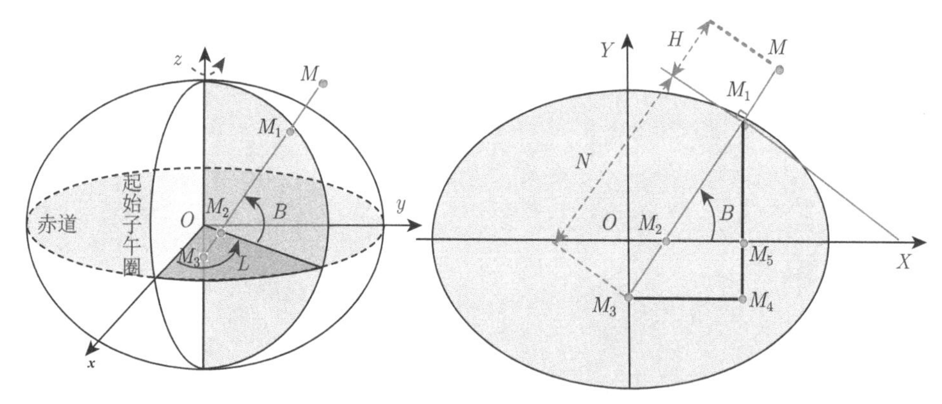

图 6.1　地球模型 (左图) 与子午圈切片模型 (右图)

称图 6.1 中的 $N=\left\|\overrightarrow{M_1M_3}\right\|$ 为卯酉圈半径，利用 $Y=\dfrac{b}{a}\sqrt{a^2-X^2}$，且切线与法线斜率积为 1，得

$$\cot B=-\dot{Y}=\frac{b^2X}{a^2Y}=\frac{b^2X}{a^2\dfrac{b}{a}\sqrt{a^2-X^2}}=\frac{b}{a\sqrt{\dfrac{a^2}{X^2}-1}}=\frac{b}{a\sqrt{\dfrac{a^2}{N^2\cos^2B}-1}} \tag{6.4}$$

从而

$$\cot^2 B = \frac{b^2}{a^2\left(\dfrac{a^2}{N^2\cos^2 B} - 1\right)} \tag{6.5}$$

继而

$$N^2\cos^2 B = \frac{a^2}{1 + \dfrac{b^2\tan^2 B}{a^2}} = \frac{a^2\cos^2 B}{\cos^2 B + (1 - e^2)\sin^2 B} \tag{6.6}$$

最后

$$N = \frac{a}{\sqrt{1 - e^2\sin^2 B}} \tag{6.7}$$

利用 $X = N\cos B$ 和 $e = \dfrac{c}{a} = \dfrac{\sqrt{a^2 - b^2}}{a} = \sqrt{1 - \dfrac{b^2}{a^2}}$, 得

$$Y = \frac{b}{a}\sqrt{a^2 - X^2} = \sqrt{1 - e^2}\sqrt{a^2 - N^2\cos^2 B} \tag{6.8}$$

再利用 $N = \dfrac{a}{\sqrt{1 - e^2\sin^2 B}}$, 得

$$\sqrt{a^2 - N^2\cos^2 B} = N\sin B\sqrt{1 - e^2} \tag{6.9}$$

从而

$$M_1M_2 = \frac{Y}{\sin B} = \frac{1}{\sin B}\sqrt{1 - e^2}\sqrt{a^2 - N^2\cos^2 B} = \left(1 - e^2\right)N \tag{6.10}$$

故卯酉圈半径 N 被赤道面切分为 M_1M_2 和 M_2M_3, 长度分别为 $(1 - e^2)N$ 和 e^2N, 即

$$M_1M_2 : M_2M_3 = \left(1 - e^2\right) : e^2 \tag{6.11}$$

6.1.1 近似大地纬度

备注 6.1 图 6.2 中的坐标 Y 就是地心坐标的 z; 坐标 X 的绝对值就是地心坐标的赤道面投影 $\sqrt{x^2 + y^2}$. 大地坐标 “纬经高”$[B, L, H]$ 可以非常方便地转化为地心系坐标 $[x, y, z]$,

$$\begin{cases} x = (N + H)\cos B\cos L \\ y = (N + H)\cos B\sin L \\ z = (N(1 - e^2) + H)\sin B \end{cases} \tag{6.12}$$

但是从 $[x, y, z]$ 转化到 $[B, L, H]$ 却没有解析式. 如图 6.2 所示, 可以将 $\angle MOM_4$ 近似为大地纬度 B, 但是误差较大, 满足

$$B > \angle MOM_4 > \phi \tag{6.13}$$

因

$$\tan\left(\angle MOM_4\right)=\frac{z}{\sqrt{x^2+y^2}} \tag{6.14}$$

得如下从 $[x,y,z]$ 转化为 $[B,L,H]$ 的近似公式

$$\left\{\begin{array}{l} L=\operatorname{atan2}(y,x) \\ B=\operatorname{atan}(z/\sqrt{x^2+y^2}) \\ H=z/\sin B-N\left(1-e^2\right), N=a/\sqrt{1-e^2\sin^2 B} \end{array}\right. \tag{6.15}$$

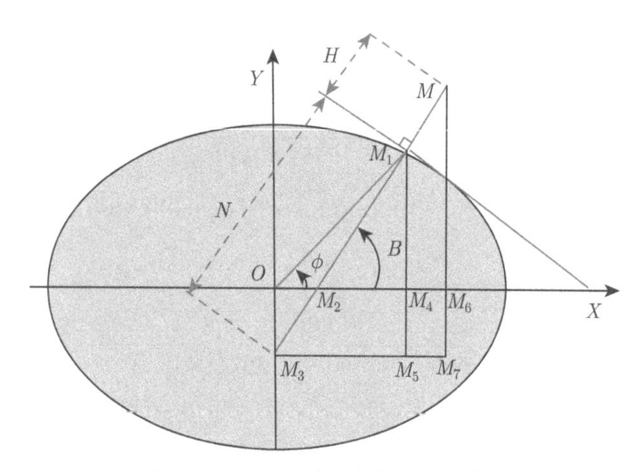

图 6.2　卵酉圈上目标的几何结构

若 $H=100000, a=6378137\,\mathrm{m}, B$ 等于 45°, 则计算的 B 比真实的 B 大 0.2°, 这个角度误差将引起至多 20000 m 的位置误差. 对于 $H=100000, a=6378137\,\mathrm{m}, B\in[0,90°]$, 角度误差图见图 6.3.

备注 6.2　反正切常用符号 arctan, 在代码中常用 atan 与 atan2, 它们适用于不同场合, 其中 atan 是一元函数, 且 $\operatorname{atan}(x/y)$ 不允许 y 为 0; atan2 是二元函数, 且 $\operatorname{atan}(x,y)$ 允许 y 为 0.

MATLAB 代码 6.1

```
e = 0.0818191910428; %离心率
a = 6378137 %长半轴
b = a*sqrt(1-e^2);
H= 100000;  %海拔
B = 0:6:90; %度
Bd=B*pi/180; %度转弧度
N = a./sqrt(1-e^2*sin(Bd).^2); %酉半径
R_xy =  (N+H).*cos(Bd); %xy上投影长度
```

```
z = (N.*(1-e^2) + H).*sin(Bd); %z上投影长度
tan_phi = z./R_xy;
B2= atan(tan_phi);
B2 = B2*180/pi; %弧度转度
residual =  B - B2;
plot(B, residual,'linewidth',2),grid on,xlabel('纬度/度'),
ylabel('近似误差/度')
set(gcf,'Position',[1550,1000,600,200])
```

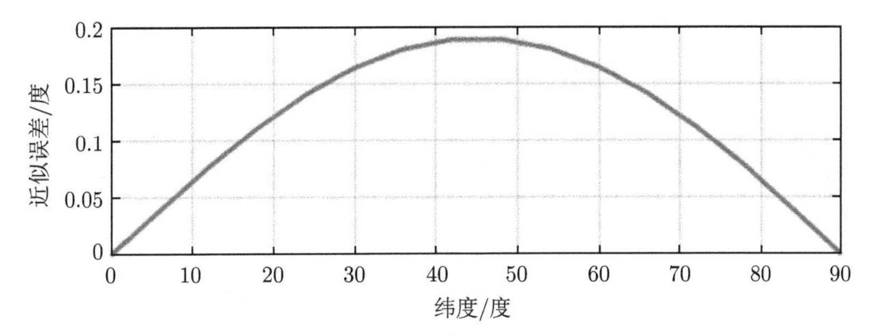

图 6.3 近似大地纬度法误差

6.1.2 近似地心纬度

由几何分析可知

$$MM_7 = MM_6/(1-e^2) \tag{6.16}$$

记 $\phi = \angle MOM_4$, 有

$$\begin{aligned}\tan B &= \frac{M_1M_5}{M_3M_5} = \frac{MM_7}{M_3M_7} = \frac{z/(1-e^2)}{\sqrt{x^2+y^2}} \\ &= \frac{\tan\angle MOM_4}{1-e^2} \approx \frac{\tan\phi}{1-e^2}\end{aligned} \tag{6.17}$$

从而得如下从 $[x,y,z]$ 转化到 $[B,L,H]$ 的近似公式

$$\begin{cases} L = \operatorname{atan2}(y,x) \\ B = \operatorname{atan}\left(z/\sqrt{x^2+y^2}/(1-e^2)\right) \\ H = z/\sin B - N\left(1-e^2\right), N = a/\sqrt{1-e^2\sin^2 B} \end{cases} \tag{6.18}$$

若 $H = 100000, a = 6378137\,\mathrm{m}, B = 45°$, 则计算的 B 比真实的 B 小 0.003°, 这个角度误差将引起至多 300 m 的位置误差. 对于 $H = 100000, a = 6378137\,\mathrm{m}, B \in [0, 90°]$, 角度误差图见图 6.4.

MATLAB 代码 6.2

```
e = 0.0818191910428; %离心率
tan_phi = z./R_xy;
B2 = atan(tan_phi./(1-e^2));
B2 = B2*180/pi; %弧度转度
residual = B -B2;
figure,plot(B,residual,'linewidth',2),grid on
xlabel('纬度/度'),ylabel('近似误差/度'),set(gcf,'Position',[1550,
    1000,600,200])
```

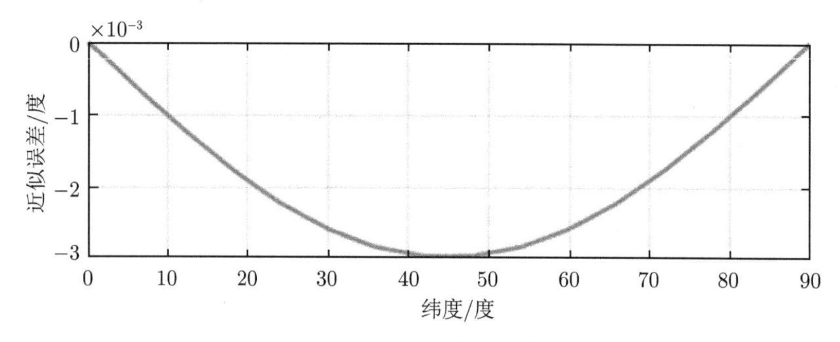

图 6.4　近似地心纬度法误差

6.1.3　近似扁率法

文献 [3] 给出如下从 $[x, y, z]$ 转化到 $[B, L, H]$ 的近似公式

$$\begin{cases} L = \mathrm{atan2}\,(y, x) \\ B = \mathrm{atan}(z/\sqrt{x^2+y^2}\,(1-E)) \\ H = z/\sin B - N\,(1-e^2)\,, N = a/\sqrt{1-e^2\sin^2 B} \end{cases} \tag{6.19}$$

其中

$$\begin{cases} r^2 = x^2+y^2, R = x^2+y^2+z^2 \\ E = \dfrac{e^2}{1+K\sqrt{1-e^2z^2/R^2}} \\ K = \dfrac{R}{a} - \dfrac{1-\alpha}{\sqrt{1-e^2r^2/R^2}} \\ \alpha = \dfrac{b-a}{a} \end{cases} \tag{6.20}$$

若 $H = 100000, a = 6378137\,\mathrm{m}, B = 45^\circ$, 则计算的 B 比真实的 B 大 0.4°, 这个角度误差将引起至多 $40000\,\mathrm{m}$ 的位置误差. 对于 $H = 100000, a = 6378137\,\mathrm{m}, B \in [0, 90^\circ]$, 角度误差图见图 6.5.

MATLAB 代码 6.3

```
tan_phi = z./R_xy;alpha=(b-a)/a;L = pi/4;
x =(N+H).*cos(Bd).*cos(L)
y =(N+H).*cos(Bd).*sin(L)
z = (N.*(1-e^2) + H).*sin(Bd); %z上投影长度
R =sqrt(x.^2+y.^2+z.^2);
K = R/a-(1-alpha)./sqrt(1-e^2*R_xy.^2./R.^2)
E = e^2./(1+K.*sqrt(1-e^2*z.^2./R.^2))
B2 = atan(tan_phi.*(1-E));
B2 = B2*180/pi; %弧度转度
residual = B-B2;
figure,plot(B,residual,'linewidth',2),grid on
xlabel('纬度/度'),ylabel('近似误差/度'),set(gcf,'Position',[1550,
     1000,600,200])
```

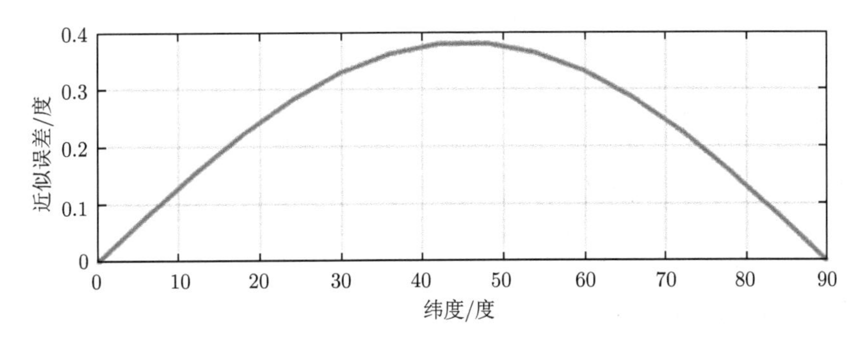

图 6.5 近似扁率法误差

6.1.4 二分法

如图 6.6 所示, 若对于 $a<b$, 有 $f(a)f(b)<0$, 则在 (a,b) 内 $f(x)=0$ 至少有一个根. 例如, 坐标转换中 $\angle MOM_4<B<90°$, 可取 $a=\angle MOM_4=\text{atan}\dfrac{z}{\sqrt{x^2+y^2}}, b=90°$.

记 ab 的中点为 $x_1=\dfrac{a+b}{2}$, 计算 $f(x_1)$, 若 $f(a)f(x_1)<0$(图 6.6 的右图), 则在 (a,x_1) 内 $f(x)=0$ 至少有一个根. 取 $a_1=a,b_1=x_1$. 若 $f(a)f(x_1)>0$ (图 6.6 的左图), 则取 $a_1=x_1,b_1=b$. 依此类推, 可得 $b_k-a_k\to 0\,(k\to\infty)$.

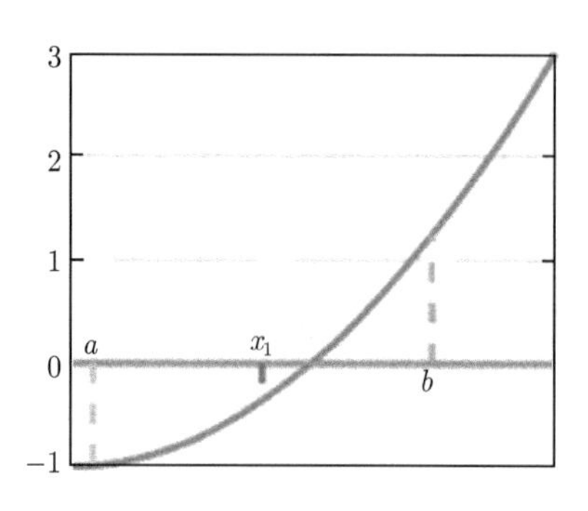

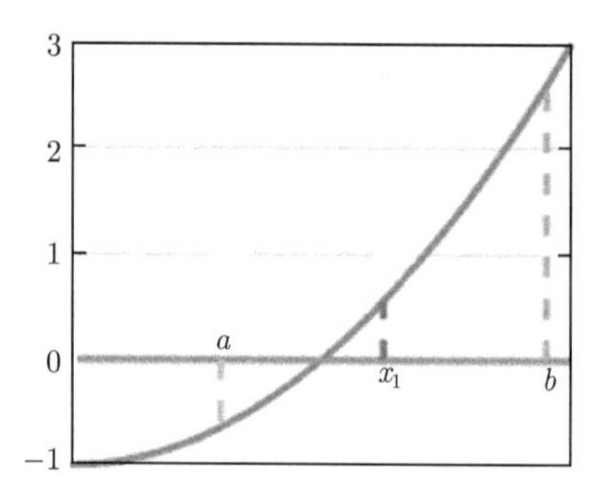

图 6.6 二分法示意图

用二分法求方程 $f(x)=0$ 在 $[a,b]$ 的根 x^* 的近似值的算法如下.

算法 6.1 二分法

输入 1：模型 $f(x)$;

输入 2：初值 $[a,b]$, 满足 $f(a)f(b)<0$;

输入 3：预先给定的要求精度 ε;

输出 1：x_1, 满足 $f(x_1)=0$;

输出 2：迭代次数 k;

步骤 1：计算 $x_1=(a+b)/2$;

while $b-a\leqslant\varepsilon$

步骤 2：若 $f(a)=0$, 则退出迭代;

步骤 3：若 $f(a)\neq 0$, 且 $f(a)f(x_1)<0$, 则 $b=x_1$;

步骤 4：若 $f(a)\neq 0$, 且 $f(a)f(x_1)>0$, 则 $a=x_1$.

end

由式 (6.12) 可知大地纬度 B 满足

$$f(B)=\frac{\sqrt{x^2+y^2}}{\cos B}-\frac{z}{\sin B}-\frac{a}{\sqrt{1-e^2\sin^2 B}}e^2=0 \tag{6.21}$$

将近似法的结果作为初值, 对于 $H=100000, a=6378137\,\mathrm{m}, B\in[0,90°]$, 迭代 21 次就能达到 10^{-8} 的精度, 角度误差见图 6.7.

MATLAB 代码 6.4

```
figure,set(gcf,'Position',[1550,1000,600,200])
subplot(1,2,1),X=[0:0.1:2],Y =X.^2 - 1
plot(X,Y','linewidth',2),hold on,grid on
plot([min(X);max(X)],[0;0]','linewidth',2)
```

```
x=[0.1,0,1.5],x(2)=(x(1)+x(3))/2
plot([x(1);x(1)],[0;x(1).^2 - 1],'--','linewidth',2)
plot([x(2);x(2)],[0;x(2).^2 - 1],'--','linewidth',2)
plot([x(3);x(3)],[0;x(3).^2 - 1],'--','linewidth',2)
text(x(1),1,'a'),text(x(2),1,'x_1'),text(x(3),1,'b')
xlim([min(X),max(X)]),ylim([min(Y),max(Y)]),set(gca,'XTick',[]);
subplot(1,2,2),plot(X,Y','linewidth',2)
hold on,grid on,plot([min(X);max(X)],[0;0]','linewidth',2)
x=[0.6,0,1.9],x(2)=(x(1)+x(3))/2
plot([x(1);x(1)],[0;x(1).^2 - 1],'--','linewidth',2)
plot([x(2);x(2)],[0;x(2).^2 - 1],'--','linewidth',2)
plot([x(3);x(3)],[0;x(3).^2 - 1],'--','linewidth',2)
text(x(1),1,'a'),text(x(2),1,'x_1'),text(x(3),1,'b')
xlim([min(X),max(X)]),ylim([min(Y),max(Y)]),set(gca,'XTick',[]);
tan_phi = z./R_xy;B2 = atan(tan_phi./(1-e^2));n = length(B);
for i =1:n %关键0.003, B2(i)-0.02是有先验的
    [B2(i),ii] = f2(@(x) R_xy(i)/cos(x) - z(i)/sin(x) - a*e^2/
        sqrt(1-e^2*sin(x)^2), B2(i)-0.02, B2(i), eps); I(i) = ii;
end
B2 = B2*180/pi;
residual = B-B2;figure,plot(B,residual,'linewidth',2),grid on
xlabel('纬度/度'),ylabel('近似误差/度'),
set(gcf,'Position',[1550,1000,600,200])
function [x,k]=f2(f,a,b,eps)
k=0;
while b-a>eps      x=(a+b)/2;  fx=f(x);
    if f(a)*fx < 0,    b=x;     else         a=x;     end
    k=k+1;
end
```

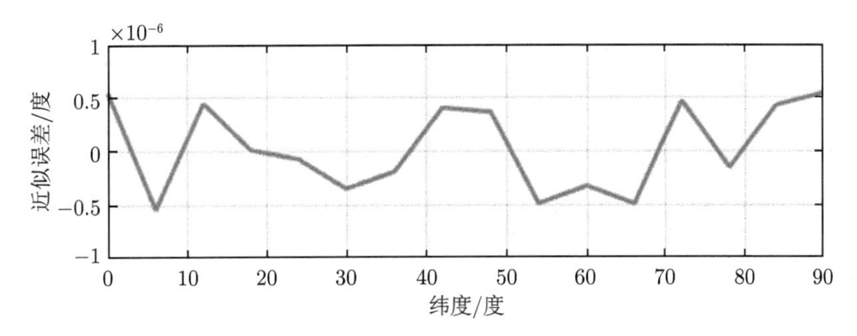

图 6.7　二分迭代法误差

6.1.5 压缩映射法

假定 x 与 y 可以相互转化, 表达式为

$$\begin{cases} y = f(x) \\ x = g(y) \end{cases} \tag{6.22}$$

其中 f, g 都是非线性方程, 设 $[x_i, y_i]$ 是第 i 次迭代的值, 且按如下方法迭代

$$\begin{cases} y_{i+1} = f(x_i) \\ x_{i+1} = g(y_{i+1}) \end{cases} \tag{6.23}$$

则有

$$x_{i+1} = g(f(x_i)) \tag{6.24}$$

设 $\dot{f}_x, \dot{g}_y$ 为 f, g 的导数, 则有

$$\begin{aligned} x_{i+1} - x_i &= g(f(x_i)) - g(f(x_{i-1})) \\ &= \dot{g}_y [f(x_i) - f(x_{i-1})] + o(y_i - y_{i-1}) \\ &= \dot{g}_y \dot{f}_x [x_i - x_{i-1}] + o(y_i - y_{i-1}) + o(x_i - x_{i-1}) \end{aligned} \tag{6.25}$$

若在 $[x_0, y_0]$ 的邻域内 $f \cdot g$ 满足压缩映射条件, 即

$$\left\| \dot{g}_y \dot{f}_x \right\| < 1 \tag{6.26}$$

则 $\{x_i\}_{i=1}^{\infty}$ 收敛.

在地心系坐标转换中, 设 $r_{xy} = \sqrt{x^2 + y^2}$, 则

$$N = \frac{a}{\sqrt{1 - e^2 \sin^2 B}} \tag{6.27}$$

$$H = \frac{z}{\sin B} - N\left(1 - e^2\right) \tag{6.28}$$

再由

$$\begin{cases} r_{xy} = (N + H)\cos B \\ z = (N(1 - e^2) + H)\sin B \end{cases} \tag{6.29}$$

可知

$$B = \operatorname{atan} \frac{z(N + H)}{r_{xy}(N(1 - e^2) + H)} \tag{6.30}$$

易得如下导数表达式

$$\frac{dN}{dB} = \frac{-1}{2} \frac{ae^2 \sin 2B}{\left(1 - e^2 \sin^2 B\right)^{3/2}} \tag{6.31}$$

$$\frac{dB}{dH}=\frac{1}{\left[\frac{z\left(N+H\right)}{r_{xy}\left(N\left(1-e^2\right)+H\right)}\right]^2+1}\frac{z}{r_{xy}}\frac{\left(N\left(1-e^2\right)+H\right)-\left(N+H\right)}{\left[\left(N\left(1-e^2\right)+H\right)\right]^2} \tag{6.32}$$

$$\frac{dH}{dN}=-\left(1-e^2\right) \tag{6.33}$$

因 $e^2=0.0067, N\approx a, \tan B\approx z/r_{xy}, H\ll ae$, 故

$$\begin{aligned}\frac{dN}{dB}\frac{dB}{dH}\frac{dH}{dN}&=\frac{-1}{2}\frac{ae^2\sin 2B}{\left(1-e^2\sin^2 B\right)^{3/2}}\left[-\left(1-e^2\right)\right]\\&\quad\times\frac{1}{\left[\frac{z\left(N+H\right)}{r_{xy}\left(N\left(1-e^2\right)+H\right)}\right]^2+1}\frac{z}{r_{xy}}\frac{-Ne^2}{\left[\left(N\left(1-e^2\right)+H\right)\right]^2}\\&=-\frac{1}{2}\frac{ae^2\sin 2B}{\left(1-e^2\sin^2 B\right)^{3/2}}\left(1-e^2\right)\\&\quad\times\frac{1}{\left[\frac{z\left(N+H\right)}{r_{xy}\left(N\left(1-e^2\right)+H\right)}\right]^2+1}\frac{z}{r_{xy}}\frac{Ne^2}{\left[\left(N\left(1-e^2\right)+H\right)\right]^2}\\&=-\frac{\sin^2 B}{\left(1-e^2\sin^2 B\right)^{3/2}}\left(1-e^2\right)\frac{1}{\left[\frac{z\left(N+H\right)}{r_{xy}\left(N\left(1-e^2\right)+H\right)}\right]^2+1}\\&\quad\times\frac{e^2e^2Na}{\left[\left(N\left(1-e^2\right)+H\right)\right]^2}\approx\sin^2 B*1*e^2e^2\ll 1\end{aligned}$$

故

$$\frac{dN}{dB}\frac{dH}{dN}\frac{dB}{dH}\ll 1 \tag{6.34}$$

用压缩映射法求大地纬度的算法如下.

算法 6.2 压缩映射法

输入 1：初值 B_0;
输入 2：预先给定的要求精度 ε;
输出 1：终值 B_0;
输出 2：迭代次数 k;
while $B_i-B_{i-1}\leqslant\varepsilon$
步骤 1：用公式 (6.27) 计算 N_i;
步骤 2：用公式 (6.28) 的右等式计算 H_i;
步骤 3：用公式 (6.29) 计算 B_i;
end

将近似法的结果作为初值, 对于 $H = 100000, a = 6378137\,\mathrm{m}, B \in [0, 90°]$, 迭代 5 次就能达到 10^{-12} 的精度, 角度误差图见图 6.8.

MATLAB 代码 6.5

```
n = length(B);
for i =1:n
    [BLH,ii] = XYZ2BLH([R_xy(i),0,z(i)]);
    I(i) = ii;
    B2(i)=BLH(1);
end
residual = B-B2;
figure,plot(B,residual,'linewidth',2),grid on,
xlabel('纬度/度'),ylabel('近似误差/度'),
set(gcf,'Position',[1550,1000,600,200])
function [BLH,i]=XYZ2BLH(X)
a = 6378137.0; e = sqrt(0.00669438002290); e2 = 0.00669438002290;
L=atan2(X(2),X(1)); %区别: atan要分4种情况
Rxy = norm(X(1:2));x= X(1);y=X(2);z = X(3);
tanB = z/Rxy;B = atan(tanB); B2 = 0;H = 0; i = 0;
while (abs(B2 - B)>1E-10) %迭代精度
    i=i+1;
    B2 = B;
    N = a/sqrt(1 - e2*sin(B)*sin(B));
    H = z/sin(B) - N*(1 - e2);
    B = atan(z*(N + H)/(sqrt(x*x + y*y)*(N*(1 - e2)+ H)));
end
B = B*180/pi;L= L*180/pi;BLH = [B;L;H]; %% 弧度变成角度
```

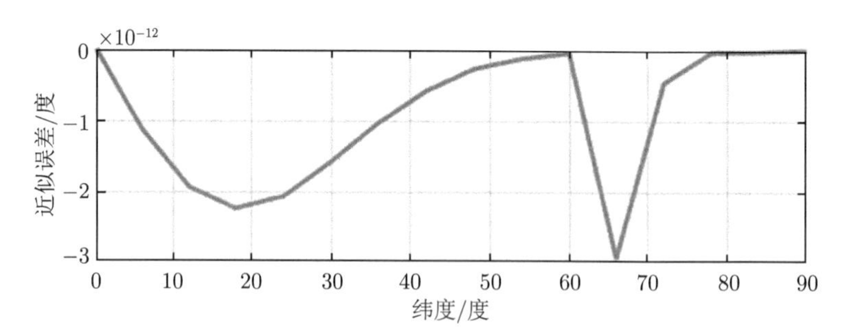

图 6.8　压缩映射迭代法误差

6.1.6 牛顿迭代法

牛顿迭代法又称为牛顿-拉弗森方法 (Newton-Raphson Method), 是一种在实数域和复数域上通过迭代计算求出非线性方程的数值解方法. 如图 6.9 所示, 对任意 x_0 点, 切线与 x 轴相交于 x_1, 切线斜率为

$$\dot{f}(x_0)=\frac{f(x_1)-f(x_0)}{x_1-x_0}=\frac{0-f(x_0)}{x_1-x_0} \tag{6.35}$$

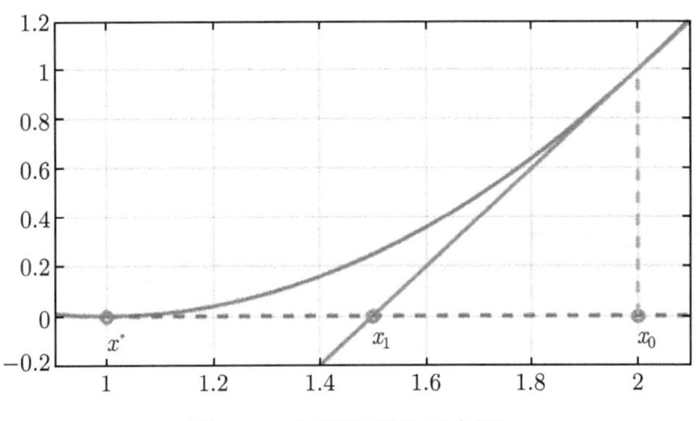

图 6.9 牛顿迭代法示意图

该方法的基本思路为: 给定初始近似值 x_0, 使用函数 $f(x)$ 在 x_0 处的泰勒级数展式的前两项作为函数 $f(x)$ 的近似表达式. 由于该表达式是一个线性函数, 通过线性表达式替代方程 $f(x)=0$ 中的 $f(x)$ 求得近似解 x_1. 即将方程 $f(x)=0$ 在 x_0 处局部线性化计算出近似解 x_1, 重复这一过程, 将方程 $f(x)=0$ 在 x_1 处局部线性化计算出 x_2, 求得近似解 x_2. 更一般地, 假设方程的解 x^* 在 x_0 附近, 函数 $f(x)$ 在点 x_0 处的局部线化表达式为

$$0=f(x)\approx f(x_0)+(x-x_0)\dot{f}(x_0) \tag{6.36}$$

从而

$$x\approx x_0-\dot{f}(x_0)^{-1}f(x_0) \tag{6.37}$$

所以迭代公式为

$$x_{n+1}=x_n-\dot{f}(x_n)^{-1}f(x_n) \tag{6.38}$$

牛顿迭代法的最大优点是收敛速度快, 具有二阶收敛速度.

定理 6.1 假设$f(x)$ 在x^* 的某邻域内具有连续的二阶导数, 且 $f(x^*)=0$, $\dot{f}(x^*)\neq 0$, 则对充分靠近 x^* 的初始值 x_0, 牛顿迭代法产生的序列 $\{x_i\}_{i=1}^{\infty}$ 收敛于 x^*.

对于大地纬度, 由

$$f(B) = \frac{\sqrt{x^2+y^2}}{\cos B} - \frac{z}{\sin B} - \frac{a}{\sqrt{1-e^2\sin^2 B}}e^2 = 0 \tag{6.39}$$

可得

$$\dot{f}(B) = \frac{\sin B\sqrt{x^2+y^2}}{\cos^2 B} + \frac{\cos Bz}{\sin^2 B} - \frac{1}{2}\frac{e^2\sin 2B}{\left(1-e^2\sin^2 B\right)^{3/2}}ae^2 \tag{6.40}$$

用牛顿法求大地纬度的算法如下.

算法 6.3 牛顿法

输入 1: 初值 B_0;
输入 2: 预先给定的要求精度 ε;
输出 1: 终值 B_0;
输出 2: 迭代次数 k;
while $B_i - B_{i-1} \leqslant \varepsilon$
步骤 1: 用公式 (6.39) 计算 $f(B)$;
步骤 2: 用公式 (6.40) 的右等式计算 $\dot{f}(B)$;
步骤 3: 用公式 (6.38) 更新 B_i;
end

将近似法的结果作为初值, 对于 $H = 100000, a = 6378137\,\text{m}, B \in [0, 90°]$, 迭代 5 次就能达到 10^{-11} 的精度, 角度误差图 6.10 如下.

MATLAB 代码 6.6

```
figure,set(gcf,'Position',[1550,1000,600,300])
X = 0.9:0.05:2.1;
plot(X,(X-1).^2,'linewidth',2),hold on,grid on
plot(X,2*(X- 1)-1,'linewidth',2),axis([0.9,2.1,-0.2,1.2])
plot([1;2.1],[0;0],'--','linewidth',2),plot([1;2.1],[0;0],'--',
    'linewidth',2)
plot([1],[0]','ro','linewidth',2),plot([1.5],[0]','ro',
    'linewidth',2)
plot([2],[0]','ro','linewidth',2),plot([2,2],[0,1]','--',
    'linewidth',2)
text(1,-0.1,'X^*'),text(1.5,-0.1,'X_1'),text(2,-0.1,'X_0')
 tan_phi = z./R_xy;B2 = atan(tan_phi./(1-e^2));n = length(B);
for i =1:n
    Bd(i)-B2(i)
```

```
    [B2(i),ii] = f_newton(@(x) R_xy(i)/cos(x) - z(i)/sin(x)
        - a*e^2/sqrt(1-e^2*sin(x)^2), ...
   @(x) sin(x)*R_xy(i)/cos(x)^2 +cos(x)*z(i)/sin(x)^2
      -a*e^2*sin(2*x)/sqrt(1-e^2*sin(x)^2)^3/2, ...
   B2(i), eps);
    I(i) = ii;
end
B2 = B2*180/pi;
residual = B-B2;
figure,set(gcf,'Position',[1550,1000,600,300])
plot(B,residual,'linewidth',2),grid on,
xlabel('纬度/度'),ylabel('近似误差/度')
function [x1,k]=f_newton(f,fd,x0,eps)
k=1;fx=f(x0);fdx=fd(x0);x1 = x0 - fx / fdx;
while abs(x1-x0)>eps
 x0=x1;fx=f(x0);fdx=fd(x0);x1 = x0 - fx / fdx;
k = k+1;
end
```

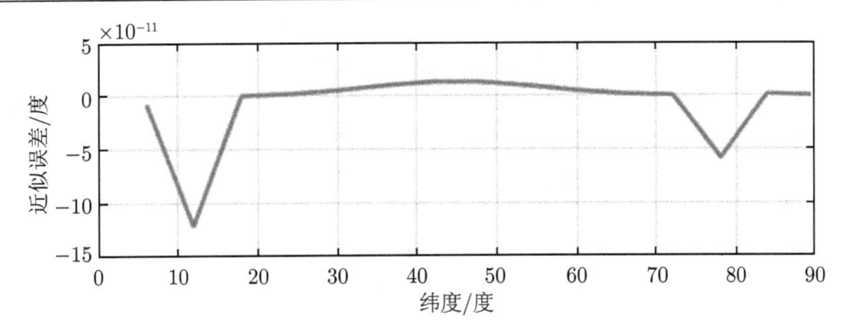

图 6.10 牛顿迭代法误差

6.2 定 位 导 航

6.2.1 定位线性公式

若无系统误差和随机误差, 则雷达的测距方程为

$$R_i = \sqrt{(x - x_{0i})^2 + (y - y_{0i})^2 + (z - z_{0i})^2} \quad (i = 1, 2, \cdots, m) \tag{6.41}$$

记目标位置为 $\boldsymbol{\beta} = [x, y, z]^{\mathrm{T}}$, 测站位置为 $\boldsymbol{\beta}_{i0} = [x_{i0}, y_{i0}, z_{i0}]^{\mathrm{T}}$, 两边取平方则有

$$R_i^2 = \|\boldsymbol{\beta}\|^2 + \|\boldsymbol{\beta}_{0i}\|^2 - 2\boldsymbol{\beta}_{0i}^{\mathrm{T}}\boldsymbol{\beta} \tag{6.42}$$

记 $\bar{R}_i^2 = R_i^2 - \|\boldsymbol{\beta}_{i0}\|^2$, 则

$$\bar{R}_i^2 = \|\boldsymbol{\beta}\|^2 - 2\boldsymbol{\beta}_{i0}^{\mathrm{T}}\boldsymbol{\beta} \tag{6.43}$$

若有 4 台及以上的测距雷达, 所有测距方程减去第一个测距方程, 得

$$\frac{1}{2}\left(\bar{R}_i^2 - \bar{R}_1^2\right) = \left(\boldsymbol{\beta}_{01}^{\mathrm{T}} - \boldsymbol{\beta}_{0i}^{\mathrm{T}}\right)\boldsymbol{\beta} \quad (i = 2, \cdots, m) \tag{6.44}$$

记为

$$y_i = \boldsymbol{X}_{i-1}\boldsymbol{\beta} \quad (i = 2, \cdots, m) \tag{6.45}$$

从而

$$\begin{bmatrix} y_1 \\ \vdots \\ y_{m-1} \end{bmatrix} = \begin{bmatrix} \boldsymbol{X}_1 \\ \vdots \\ \boldsymbol{X}_{m-1} \end{bmatrix}\boldsymbol{\beta} \tag{6.46}$$

进一步, 记为

$$\boldsymbol{y} = \boldsymbol{X}\boldsymbol{\beta} \tag{6.47}$$

解得第 1 台测距雷达为中心设备的目标位置解算公式

$$\boldsymbol{\beta}_1 = \left(\boldsymbol{X}^{\mathrm{T}}\boldsymbol{X}\right)^{-1}\boldsymbol{X}^{\mathrm{T}}\boldsymbol{y} \tag{6.48}$$

分别用第 2~m 台代替公式 (5.9) 中的第 1 台测距雷达, 依次类推可以得到 $\boldsymbol{\beta}_2, \cdots, \boldsymbol{\beta}_m$, 依据 “同等无知原则”, 计算的目标位置为

$$\boldsymbol{\beta} = \frac{1}{m}\sum_{i=1}^{m}\boldsymbol{\beta}_i \tag{6.49}$$

6.2.2 定速线性公式

假定已经由测距方程获得位置向量 $\boldsymbol{\beta} = [x, y, z]^{\mathrm{T}}$, 记 $\dot{\boldsymbol{\beta}} = [\dot{x}, \dot{y}, \dot{z}]^{\mathrm{T}}$, 对 (6.41) 微分可得雷达径向速率方程为

$$\dot{R}_i R_i = (x - x_{0i})\,\dot{x} + (y - y_{0i})\,\dot{y} + (z - z_{0i})\,\dot{z} \tag{6.50}$$

两边除 R_i, 并记

$$[l_i, m_i, n_i] = \left[\frac{x - x_{0i}}{R_i}, \frac{y - y_{0i}}{R_i}, \frac{z - z_{0i}}{R_i}\right]$$

有

$$\dot{R}_i = l_i\dot{x} + m_i\dot{y} + n_i\dot{z} \tag{6.51}$$

设

$$
\begin{cases}
\boldsymbol{y} = \left[\dot{R}_1, \dot{R}_2, \dot{R}_3, \cdots\right]^{\mathrm{T}} \\
\boldsymbol{X} = \begin{bmatrix} l_1 & m_1 & n_1 \\ l_2 & m_2 & n_2 \\ l_3 & m_3 & n_3 \\ \vdots & \vdots & \vdots \end{bmatrix}
\end{cases} \tag{6.52}
$$

于是

$$
\boldsymbol{X}\dot{\boldsymbol{\beta}} = \boldsymbol{y} \tag{6.53}
$$

$$
\dot{\boldsymbol{\beta}} = \left(\boldsymbol{X}^{\mathrm{T}}\boldsymbol{X}\right)^{-1}\boldsymbol{X}^{\mathrm{T}}\boldsymbol{y} \tag{6.54}
$$

6.2.3 三球交汇初始化

判断三个测站是否构成右手系 (逆时针)、判断被测目标是否在测站平面上方是非常关键的问题.

(1) 当三个测站址 $[\boldsymbol{X}_{01}, \boldsymbol{X}_{02}, \boldsymbol{X}_{03}]$ 成右手系, 即坐标原点在站址平面下方, 且人逆时针沿三点所围的三角形行走, 三角形内部在人的左侧时, 混合积 (行列式) 满足

$$
\det\begin{bmatrix} x_{10} & y_{10} & z_{10} \\ x_{20} & y_{20} & z_{20} \\ x_{30} & y_{30} & z_{30} \end{bmatrix} > 0 \tag{6.55}
$$

一般地, 记

$$
s_1 = \operatorname{sign}\left(\det\begin{bmatrix} x_{10} & y_{10} & z_{10} \\ x_{20} & y_{20} & z_{20} \\ x_{30} & y_{30} & z_{30} \end{bmatrix}\right) \tag{6.56}
$$

若 $s_1 > 0$, 则 $[\boldsymbol{X}_{01}, \boldsymbol{X}_{02}, \boldsymbol{X}_{03}]$ 构成右手系, 否则 $[\boldsymbol{X}_{01}, \boldsymbol{X}_{02}, \boldsymbol{X}_{03}]$ 构成左手系或者地心与三个测站共面.

备注 6.3 在极端特殊观测几何下, 例如, 所有测站共表面, 测站行列式可能会出现 0, 比如 $z_{i0} = 0, i = 1, 2, 3$, 则上述方法可能失效.

(2) 当目标与地心在测站平面的异侧, 称目标在测站平面上方, 否则称在测站平面下方. 设目标点的地心坐标为 $[x, y, z]$, 三个测站到目标的向量记为 $[\tilde{\boldsymbol{X}}_{01}, \tilde{\boldsymbol{X}}_{02}, \tilde{\boldsymbol{X}}_{03}]$, 其中

$$
\tilde{\boldsymbol{X}}_{0i} = \boldsymbol{X} - \boldsymbol{X}_{0i} = [\tilde{x}_{0i}, \tilde{y}_{0i}, \tilde{z}_{0i}] \quad (i = 1, 2, 3) \tag{6.57}
$$

记

$$s_2 = \mathrm{sign}\left(\det\begin{bmatrix} \tilde{x}_{10} & \tilde{y}_{10} & \tilde{z}_{10} \\ \tilde{x}_{20} & \tilde{y}_{20} & \tilde{z}_{20} \\ \tilde{x}_{30} & \tilde{y}_{30} & \tilde{z}_{30} \end{bmatrix}\right) \tag{6.58}$$

若 $s_2 > 0$, 则目标在测站平面**上方** (与地心**不同侧**);

若 $s_2 = 0$, 则目标与测站平面共面;

若 $s_2 < 0$, 则目标在测站平面**下方** (与地心**同侧**).

备注 6.4　一般来说, 海上落点和高轨目标都在测站平面上方. 潜射导弹从测站平面下方出发, 上升后穿过测站平面. 对于潜射出水段, 一般不用 3R 定位, 而是用两个 AE 测角设备交汇测量; 对于“非合作目标”来说, 敌方已知我方布站, 就可以采用贴地飞行的方式躲避连续波测距雷达的跟踪.

记

$$s = s_1 s_2 \tag{6.59}$$

三个测站连线称为基线, 基线在地心系中的方向向量为

$$\begin{bmatrix} a_{i-1} \\ b_{i-1} \\ c_{i-1} \end{bmatrix} = \frac{1}{d_{i-1}}\begin{bmatrix} x_{0i} - x_{01} \\ y_{0i} - y_{01} \\ z_{0i} - z_{01} \end{bmatrix} \quad (i = 2, 3) \tag{6.60}$$

其中

$$d_{i-1} = \sqrt{(x_{0i} - x_{01})^2 + (y_{0i} - y_{01})^2 + (z_{0i} - z_{01})^2} \quad (i = 2, 3) \tag{6.61}$$

基线夹角余弦和正弦为

$$\begin{cases} \cos\theta = a_1 a_2 + b_1 b_2 + c_1 c_2 \\ \sin\theta = \sqrt{1 - \cos^2\theta} \end{cases} \tag{6.62}$$

如图 6.11 所示, X_4 是目标点 X 在测站平面法线的投影点, $\overrightarrow{X_1 X_4}$ 的方向向量为

$$\begin{bmatrix} a_3 \\ b_3 \\ c_3 \end{bmatrix} = \frac{1}{\sin\theta}\det\begin{bmatrix} i & j & k \\ a_1 & b_1 & c_1 \\ a_2 & b_2 & c_2 \end{bmatrix} \tag{6.63}$$

R_1 在两基线上的投影为

$$\begin{cases} p_1 = [a_1, b_1, c_1]\,\overrightarrow{X_1 X} = \cos\theta_1 R_1 = \dfrac{R_1^2 + d_1^2 - R_2^2}{2d_1} \\ p_2 = [a_2, b_2, c_2]\,\overrightarrow{X_1 X} = \cos\theta_2 R_1 = \dfrac{R_1^2 + d_2^2 - R_3^2}{2d_2} \end{cases} \tag{6.64}$$

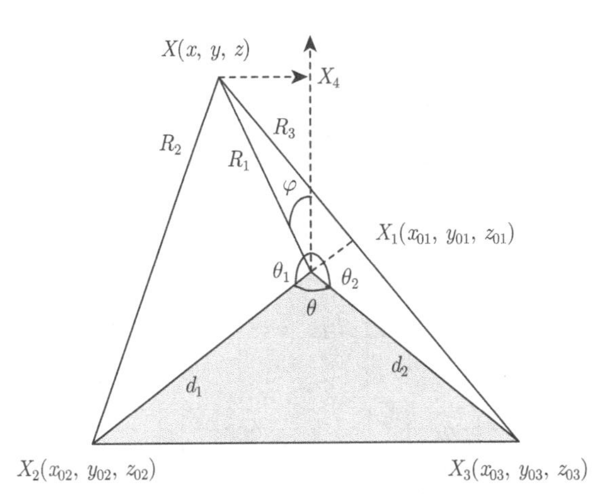

图 6.11 三球交汇几何原理

$\overrightarrow{XX_4}$ 与测站平面平行, 故 $\overrightarrow{X_4X}$ 可以线性表示为

$$\begin{bmatrix} a_1 & a_2 \\ b_1 & b_2 \\ c_1 & c_2 \end{bmatrix}\begin{bmatrix} q_1 \\ q_2 \end{bmatrix} = \overrightarrow{X_4X} \tag{6.65}$$

由于 $\overrightarrow{X_1X_4}$ 与测站平面正交, 结合式 (6.64) 可知

$$\begin{aligned}
&\begin{bmatrix} a_1 & a_2 \\ b_1 & b_2 \\ c_1 & c_2 \end{bmatrix}^{\mathrm{T}}\begin{bmatrix} a_1 & a_2 \\ b_1 & b_2 \\ c_1 & c_2 \end{bmatrix}\begin{bmatrix} q_1 \\ q_2 \end{bmatrix} = \begin{bmatrix} a_1 & a_2 \\ b_1 & b_2 \\ c_1 & c_2 \end{bmatrix}^{\mathrm{T}}\overrightarrow{X_4X} \\
&= \begin{bmatrix} a_1 & a_2 \\ b_1 & b_2 \\ c_1 & c_2 \end{bmatrix}^{\mathrm{T}}\left(\overrightarrow{X_1X_4} + \overrightarrow{X_4X}\right) = \begin{bmatrix} a_1 & a_2 \\ b_1 & b_2 \\ c_1 & c_2 \end{bmatrix}^{\mathrm{T}}\overrightarrow{X_1X} \\
&= \begin{bmatrix} a_1 & a_2 \\ b_1 & b_2 \\ c_1 & c_2 \end{bmatrix}^{\mathrm{T}}\begin{bmatrix} x - z_{10} \\ y - z_{10} \\ z - z_{10} \end{bmatrix} = \begin{bmatrix} p_1 \\ p_2 \end{bmatrix}
\end{aligned} \tag{6.66}$$

即

$$\begin{bmatrix} 1 & \cos\theta \\ \cos\theta & 1 \end{bmatrix}\begin{bmatrix} q_1 \\ q_2 \end{bmatrix} = \begin{bmatrix} p_1 \\ p_2 \end{bmatrix} \tag{6.67}$$

也即

$$\begin{bmatrix} q_1 \\ q_2 \end{bmatrix} = \frac{1}{\sin^2\theta}\begin{bmatrix} 1 & -\cos\theta \\ -\cos\theta & 1 \end{bmatrix}\begin{bmatrix} p_1 \\ p_2 \end{bmatrix} \tag{6.68}$$

$$\begin{cases} q_1 = \dfrac{p_1 - p_2\cos\theta}{\sin^2\theta} \\ q_2 = \dfrac{p_2 - p_1\cos\theta}{\sin^2\theta} \end{cases} \tag{6.69}$$

由式 (6.65) 和 (6.67) 得

$$\begin{aligned} \left\|\overrightarrow{X_4X}\right\|^2 &= \begin{bmatrix} q_1 \\ q_2 \end{bmatrix}^{\mathrm{T}} \begin{bmatrix} a_1 & a_2 \\ b_1 & b_2 \\ c_1 & c_2 \end{bmatrix}^{\mathrm{T}} \begin{bmatrix} a_1 & a_2 \\ b_1 & b_2 \\ c_1 & c_2 \end{bmatrix} \begin{bmatrix} q_1 \\ q_2 \end{bmatrix} \\ &= \begin{bmatrix} q_1 \\ q_2 \end{bmatrix}^{\mathrm{T}} \begin{bmatrix} 1 & \cos\theta \\ \cos\theta & 1 \end{bmatrix} \begin{bmatrix} q_1 \\ q_2 \end{bmatrix} \\ &= \begin{bmatrix} q_1 \\ q_2 \end{bmatrix}^{\mathrm{T}} \begin{bmatrix} p_1 \\ p_2 \end{bmatrix} = q_1p_1 + q_2p_2 \end{aligned} \tag{6.70}$$

考虑到

$$\left\|\overrightarrow{X_1X_4}\right\|^2 + \left\|\overrightarrow{X_4X}\right\|^2 = R_1^2 \tag{6.71}$$

则直角边 $\left\|\overrightarrow{X_4X}\right\|$ 为

$$\left\|\overrightarrow{X_1X_4}\right\| = \sqrt{R_1^2 - (q_1p_1 + q_2p_2)} \tag{6.72}$$

记 $[a_3, b_3, c_3]$ 与 $\overrightarrow{X_1X}$ 的内积为 q_3 或者 p_3, 记

$$q_3 \triangleq p_3 \triangleq s\left\|\overrightarrow{X_1X_4}\right\| = s\sqrt{R_1^2 - (q_1p_1 + q_2p_2)} \tag{6.73}$$

其中, 符号 s 源于式 (6.59).

备注 6.5 值得注意的是 $s = s_1s_2$, 其中 s_1 表示 1-2-3 站是否构成右手系, s_2 表示目标与地心是否在测站平面的异侧. 例如, $s_1 = 1$, $s_2 = 1$, 则 1-2-3 站构成右手系, 且目标与地心在测站平面的异侧 (即目标在上方), 从而 $[a_3, b_3, c_3]$ 与 $\overrightarrow{X_1X}$ 内积大于零; 又如, $s_1 = 1$, $s_2 = -1$, 则 1-2-3 站构成右手系, 且目标与地心不在测站平面的异侧 (即目标在下方), 从而 $[a_3, b_3, c_3]$ 与 $\overrightarrow{X_1X}$ 内积小于零. 对 $s_1 = -1$, $s_2 = 1$ 或者 $s_1 = -1$, $s_2 = -1$, 类似可以判断 $[a_3, b_3, c_3]$ 与 $\overrightarrow{X_1X}$ 内积的符号. 但是在应用中, 难点在于 X 是未知的, 因为无法直接判断 s_2 的符号, 这意味着三球交汇难以适用于导弹穿面过程的定位解算. 由式 (6.64), (6.69) 和 (6.73) 得

$$\begin{bmatrix} 1 & -\cos\theta & 0 \\ -\cos\theta & 1 & 0 \\ 0 & 0 & 1 \end{bmatrix} \begin{bmatrix} \sin^{-2}\theta & 0 & 0 \\ 0 & \sin^{-2}\theta & 0 \\ 0 & 0 & 1 \end{bmatrix} \begin{bmatrix} p_1 \\ p_2 \\ q_3 \end{bmatrix} = \begin{bmatrix} q_1 \\ q_2 \\ q_3 \end{bmatrix} \tag{6.74}$$

从而

$$\begin{bmatrix} a_1 & b_1 & c_1 \\ a_2 & b_2 & c_2 \\ a_3 & b_3 & c_3 \end{bmatrix} \begin{bmatrix} x - x_{01} \\ y - y_{01} \\ z - z_{01} \end{bmatrix} = \begin{bmatrix} p_1 \\ p_2 \\ p_3 \end{bmatrix} = \begin{bmatrix} 1 & & \\ & 1 & \\ & & 1 \end{bmatrix} \begin{bmatrix} p_1 \\ p_2 \\ q_3 \end{bmatrix}$$

$$= \begin{bmatrix} 1 & \cos\theta & 0 \\ \cos\theta & 1 & 0 \\ 0 & 0 & 1 \end{bmatrix} \begin{bmatrix} 1 & -\cos\theta & 0 \\ -\cos\theta & 1 & 0 \\ 0 & 0 & 1 \end{bmatrix} \begin{bmatrix} \sin^{-2}\theta & 0 & 0 \\ 0 & \sin^{-2}\theta & 0 \\ 0 & 0 & 1 \end{bmatrix} \begin{bmatrix} p_1 \\ p_2 \\ q_3 \end{bmatrix}$$

$$= \begin{bmatrix} a_1 & b_1 & c_1 \\ a_2 & b_2 & c_2 \\ a_3 & b_3 & c_3 \end{bmatrix} \begin{bmatrix} a_1 & b_1 & c_1 \\ a_2 & b_2 & c_2 \\ a_3 & b_3 & c_3 \end{bmatrix}^{\mathrm{T}} \begin{bmatrix} q_1 \\ q_2 \\ q_3 \end{bmatrix}$$

上式先消掉 $\begin{bmatrix} a_1 & b_1 & c_1 \\ a_2 & b_2 & c_2 \\ a_3 & b_3 & c_3 \end{bmatrix}$, 再移项得

$$\begin{bmatrix} x \\ y \\ z \end{bmatrix} = \begin{bmatrix} a_1 & b_1 & c_1 \\ a_2 & b_2 & c_2 \\ a_3 & b_3 & c_3 \end{bmatrix}^{\mathrm{T}} \begin{bmatrix} q_1 \\ q_2 \\ q_3 \end{bmatrix} + \begin{bmatrix} x_{01} \\ y_{01} \\ z_{01} \end{bmatrix} \tag{6.75}$$

6.2.4 多 R 非线性导航

不失一般性, 以 4RdR 为例, 同时计算位置和速度, 则未知变量为

$$\boldsymbol{\beta} = [x, y, z, \dot{x}, \dot{y}, \dot{z}]^{\mathrm{T}} \tag{6.76}$$

测距、测速方程组为

$$\boldsymbol{f} = \left[R_1, R_2, R_3, R_4, \dot{R}_1, \dot{R}_2, \dot{R}_3, \dot{R}_4\right]^{\mathrm{T}} \tag{6.77}$$

记测距-测速数据为 $\boldsymbol{Y}$, 于是构造了如下矛盾方程组

$$\boldsymbol{Y} = \boldsymbol{f}(\boldsymbol{\beta}) \tag{6.78}$$

记

$$\begin{cases} l_i = \dfrac{x - x_{0i}}{R_i}, m_i = \dfrac{y - y_{0i}}{R_i}, n_i = \dfrac{z - z_{0i}}{R_i} \\ \dot{l}_i = \dfrac{\dot{x} - \dot{R}_i l_i}{R_i}, \dot{m}_i = \dfrac{\dot{y} - \dot{R}_i m_i}{R_i}, \dot{n}_i = \dfrac{\dot{z} - \dot{R}_i n_i}{R_i} \end{cases} \quad (i = 1, 2, 3, 4) \tag{6.79}$$

$$\begin{cases} \boldsymbol{X} = [x, y, z]^{\mathrm{T}} \\ \dot{\boldsymbol{X}} = [\dot{x}, \dot{y}, \dot{z}]^{\mathrm{T}} \end{cases} \tag{6.80}$$

则

$$[l_i, m_i, n_i] = (\boldsymbol{X} - \boldsymbol{X}_{0i}) / R_i \quad (i = 1, 2, 3, 4) \tag{6.81}$$

其中径向速率是距离对时间的导数, 即速度与径向的内积

$$\dot{R}_i = l_i\dot{x} + m_i\dot{y} + n_i\dot{z} \quad (i = 1, 2, 3, 4) \tag{6.82}$$

满足

$$\begin{cases} \dfrac{\partial}{\partial x}R_i = l_i, \dfrac{\partial}{\partial y}R_i = m_i, \dfrac{\partial}{\partial z}R_i = n \\ \dfrac{\partial}{\partial \dot{x}}R_i = 0, \dfrac{\partial}{\partial \dot{y}}R_i = 0, \dfrac{\partial}{\partial \dot{z}}R_i = 0 \end{cases} \quad (i = 1, 2, 3, 4) \tag{6.83}$$

且当 $i = 1, 2, 3, 4$ 时有

$$\begin{cases} \dfrac{\partial}{\partial x}\dot{R}_i = \dfrac{\dot{x} - \dot{R}_i l_i}{R_i}, \dfrac{\partial}{\partial y}\dot{R}_i = \dfrac{\dot{y} - \dot{R}_i m_i}{R_i}, \dfrac{\partial}{\partial z}\dot{R}_i = \dfrac{\dot{z} - \dot{R}_i n_i}{R_i} \\ \dfrac{\partial}{\partial \dot{x}}\dot{R}_i = l_i, \dfrac{\partial}{\partial \dot{y}}\dot{R}_i = m_i, \dfrac{\partial}{\partial \dot{z}}\dot{R}_i = n_i \end{cases} \tag{6.84}$$

实际上

$$\frac{\partial}{\partial \dot{x}}\dot{R}_i = \frac{\partial}{\partial \dot{x}}\left(\frac{\dot{x}(x - x_{0i}) + \dot{y}(y - y_{0i}) + \dot{z}(z - z_{0i})}{R_i}\right) = \frac{x - x_{0i}}{R_i} = l_i \tag{6.85}$$

$$\begin{aligned} \frac{\partial}{\partial x}\dot{R}_i &= \frac{\partial}{\partial x}\left(\frac{\dot{x}(x - x_{0i}) + \dot{y}(y - y_{0i}) + \dot{z}(z - z_{0i})}{R_i}\right) \\ &= \frac{\dot{x}R_i - [\dot{x}(x - x_{0i}) + \dot{y}(y - y_{0i}) + \dot{z}(z - z_{0i})]\dfrac{x - x_{0i}}{R_i}}{R_i^2} \\ &= \frac{\dot{x} - (\dot{x}l_i + \dot{y}m_i + \dot{z}n_i)l_i}{R_i} = \frac{\dot{x} - \dot{R}_i l_i}{R_i} \end{aligned} \tag{6.86}$$

因

$$\frac{\partial}{\partial t}l_i = \frac{\partial}{\partial t}\left(\frac{x - x_{0i}}{R_i}\right) = \frac{\dot{x}R_i - (x - x_{0i})\dot{R}_i}{R_i^2} = \frac{\dot{x} - l_i\dot{R}_i}{R_i} = \frac{\partial}{\partial x}\dot{R}_i \tag{6.87}$$

故有如下记号

$$\frac{\partial}{\partial x}\dot{R}_i = \dot{l}_i, \quad \frac{\partial}{\partial y}\dot{R}_i = \dot{m}_i, \quad \frac{\partial}{\partial z}\dot{R}_i = \dot{n}_i \tag{6.88}$$

综上, 得测距-测速方程组的雅可比矩阵

$$\boldsymbol{J} = \nabla \boldsymbol{f} \triangleq \frac{\partial \boldsymbol{f}}{\partial \boldsymbol{\beta}^{\mathrm{T}}} = \begin{bmatrix} l_1 & m_1 & n_1 & 0 & 0 & 0 \\ l_2 & m_2 & n_2 & 0 & 0 & 0 \\ l_3 & m_3 & n_3 & 0 & 0 & 0 \\ l_4 & m_4 & n_4 & 0 & 0 & 0 \\ \dot{l}_1 & \dot{m}_1 & \dot{n}_1 & l_1 & m_1 & n_1 \\ \dot{l}_2 & \dot{m}_2 & \dot{n}_2 & l_2 & m_2 & n_2 \\ \dot{l}_3 & \dot{m}_3 & \dot{n}_3 & l_3 & m_3 & n_3 \\ \dot{l}_4 & \dot{m}_4 & \dot{n}_4 & l_4 & m_4 & n_4 \end{bmatrix} \tag{6.89}$$

例 6.1 如图 6.12 所示, 四个站站址为 [0.5,0.5,0],[−0.5,0.5,0], [−0.5,0.5,0], [0.5,−0.5,0], 目标与坐标原点在同一侧, 从 [0,0,0] 逐步过渡到 [0,0,2], 测距随机误差的标准差为 0.001. 试求三球定位与非线性最小二乘迭代解算误差与 GDOP 曲线.

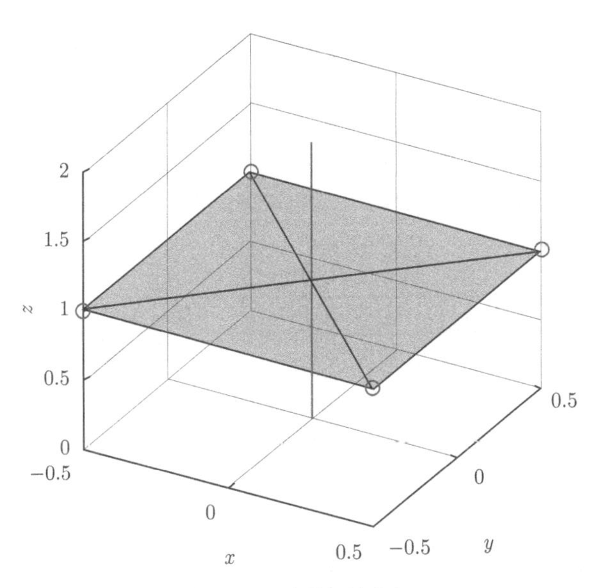

图 6.12 平面布站几何

解 仿真结论表明:

(1) 平面布站条件下, 无论是三球定位解算 (图 6.13), 还是非线性最小二乘迭代解算 (图 6.14), 误差都与 GDOP 正相关;

(2) 平面布站条件下, 若初值与真值不在测站平面同一侧, 那么解算结果是错误的, 而立体布站不存在这个问题. 例如, 在空旷的平面靶场中对装备静态测试, 则可能导致解算错误, 布站时应该尽量令其中一个测站的海拔错开, 形成立体布站.

(3) 平面布站条件下, 目标穿面时, 位置计算误差显著变大, 速度计算完全失效. 对于潜射导弹, 应该增加测量设备, 而且应该避免平面布站, 防止穿面问题.

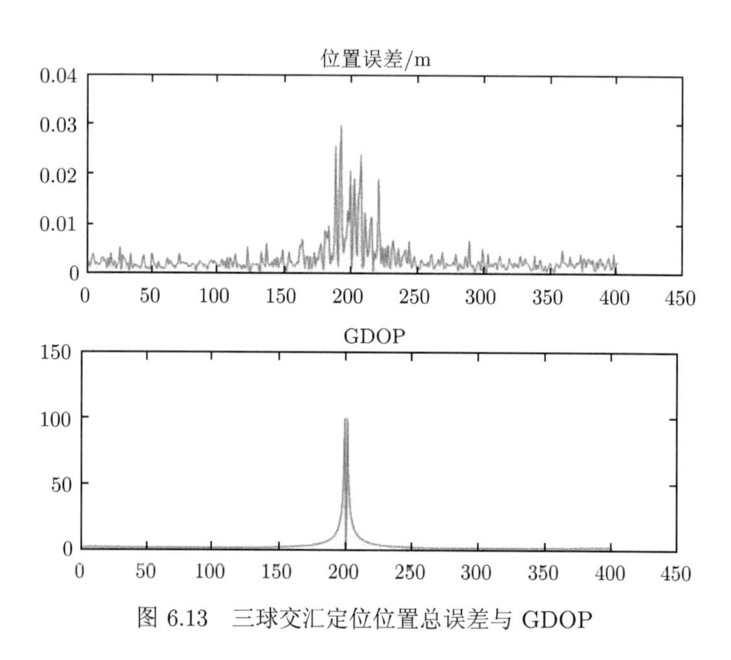

图 6.13　三球交汇定位位置总误差与 GDOP

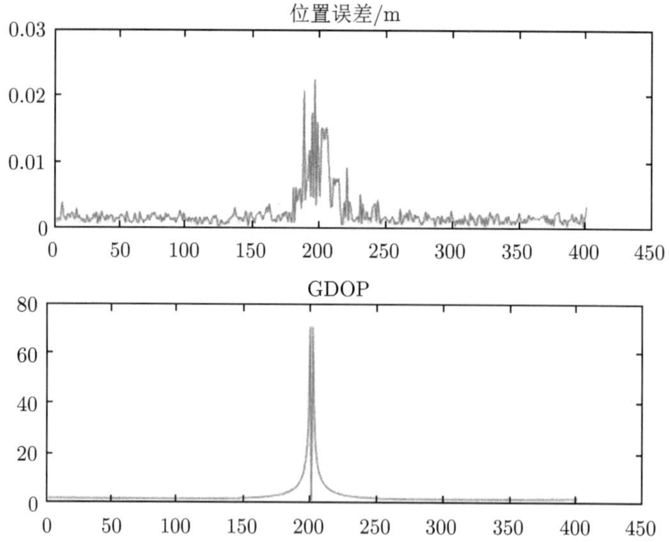

图 6.14　非线性迭代定位位置总误差与 GDOP

MATLAB 代码 6.7

```
function R3_2020_09_03
clc,clear,close all
%% 情况1: 三站布站
type = 0;
t = [0:0.0005:0.666]';
X = [t,t,t];
X0(1,:) = [1,  0, 0];
X0(2,:) = [0,  1, 0];
X0(3,:) = [0,  0, 1];
%% 情况2: 四站共面布站
t = [0:0.005:2]';
X = [0*t,0*t,t];
type = 1;
X0(1,:) = [ 0.5,   0.5, 1];
X0(2,:) = [-0.5,   0.5, 1];
X0(3,:) = [-0.5,  -0.5, 1];
X0(4,:) = [ 0.5,  -0.5, 1];
plot3(X0(:,1),X0(:,2),X0(:,3),'o','linewidth',2)
hold on
plot3(X(:,1),X(:,2),X(:,3),'-','linewidth',2)
hold on
Face=[1,2,3;1,2,4;1,3,4;2,3,4];
for i = 1:4
    h = patch('vertices',X0,'faces',Face(i,:));
    set(h,'edgecolor','k','linewidth',2,'FaceAlpha',0.1);
end
grid on,view(30,30)
set(gcf,'position',[400,100,400,400])
xlabel('x'),ylabel('y'),zlabel('z')
%% 距离
[m,~] = size(X);
n = size(X0,1);
R = zeros(m,n);
sigma = 0.001;
for i = 1:m
    for j = 1:n
        R(i,j) = norm(X(i,:)-X0(j,:))+randn(1,1)*sigma;
        R_real(i,j) = norm(X(i,:)-X0(j,:));
```

```
    end
end
figure
for i = 1:n
    subplot(n,1,i),plot(R(:,i))
    title(['R_' num2str(i)])
    ylim([min(R(:,i)),max(R(:,i))])
end
%% 方法1: 三球定位
num_station = length(X0);
X_analytic = [];
gdop = [];
for i =1:m
    %% 位置解算
    index =[1:3];
    X0_temp = X0(index,:);
    R_temp = R(i,:);
    s2 = sign(det(ones(3,1)*X(i,:)-X0_temp))
    X_temp = analytic(X0_temp,R_temp,s2);
    X_analytic = [X_analytic; X_temp'];
    %% 观测几何因子
    gdop_temp = GDOP_hzm(X(i,:),X0_temp,3);
    gdop= [gdop;gdop_temp];
end
figure
subplot(211)
plot(sqrt(abs(diag((X_analytic-X)*(X_analytic-X)')))),
    title('位置误差/m')
subplot(212)
plot(gdop),title('GDOP')
%% 方法2: 非线性最小二乘解算——迭代----
k_max = 50;
X_nonlinear_LS_all =[];
gdop = [];
for ii =1:m
    k = 0;
    s2 = sign(det(ones(3,1)*X(ii,:)-X0(1:3,:)))
    if s2==1 %%平面布站的初值必须同侧, 立体布站没有这个问题
        X_nonlinear_LS0 = [0,0,2];
```

```
else
    X_nonlinear_LS0 = [0,0,0];
end

current_e_norm = MSE_ls(X0, X_nonlinear_LS0, R(ii,:),
   num_station);
while (1)
    last_e_norm = current_e_norm; %//记录上一次MSE
    for i = 1:num_station
        X_X0i = X_nonlinear_LS0 -  X0(i,:); %矢径X-X0i
        f(i) = norm(X_X0i);    %计算的距离
        mln = X_X0i/f(i); %方向向量
        J(i,1:3)=  mln; %雅可比阵
    end
    e = R(ii,:)'-f'; %OC残差
    X_nonlinear_LS_delta = J\e; %更新增量
    j = 0;
    while(1)
        X_nonlinear_LS = X_nonlinear_LS0 + 0.5^j*X_nonlinear_
            LS_delta';
        current_e_norm = MSE_ls(X0,X_nonlinear_LS,R(ii,:),
           num_station);
        k_step_MSE = [k,0.5^j,current_e_norm];
        if(current_e_norm < last_e_norm || j==20)
            break;
%如果MSE变小了，说明步长有效，步长不能小于1/0.5^50,约为1e-9
        else
            j = j+1; %否则步长减半
        end
    end

    %%为下一步迭代做准备
    if abs(last_e_norm - current_e_norm) > 0.001 && k < k_max
        X_nonlinear_LS0 = X_nonlinear_LS;
        k = k+1 %还没有收敛，继续迭代
    else
        break; %迭代达到最大次数或者收敛了，都要退出
    end
end
```

```
    X_nonlinear_LS_all = [X_nonlinear_LS_all;X_nonlinear_LS];
    gdop_temp = GDOP_hzm(X(ii,:),X0,n);
    gdop= [gdop;gdop_temp];
end
figure
subplot(211)
plot(sqrt(abs(diag((X_nonlinear_LS_all-X)*(X_nonlinear_LS_all-X)')
    ))),title('位置误差/m')
subplot(212)
plot(gdop),title('GDOP')
function gdop = GDOP_hzm(X,X0,m)
X_solve = X;
for j= 1:m
    r = X_solve -X0(j,:);                         %矢径
    mln = r/norm(r);                         %单位向量
    G(j,1:3)=  mln;
end
gdop = sqrt(trace(pinv(G(:,1:3)'*G(:,1:3)))); %几何因子
function last_e_norm = MSE_ls(X0,X_nonlinear_LS0,R,m)
for i=1:m
    X_X0i = X_nonlinear_LS0-X0(i,:);
    f(i) = norm(X_X0i);
end
%OC残差------------------------------------
e = R-f;
%MSE---------------------------------------
last_e_norm = norm(e);
function X = analytic(X0,R,s2)
abc = zeros(3);
d1 = norm(X0(2,:) - X0(1,:));
d2 = norm(X0(3,:) - X0(1,:));
abc(:,1)=(X0(2,:) - X0(1,:))'/d1;
abc(:,2)=(X0(3,:) - X0(1,:))'/d2;
cos_theta = dot(abc(:,1),abc(:,2));
sin_theta = sqrt(1-cos_theta^2);
abc(:,3) = cross(abc(:,1),abc(:,2))/sin_theta;
s = sign(det(X0(1:3,:)));
p1 = (R(1)^2 + d1^2 - R(2)^2 )/2/d1;
p2 = (R(1)^2 + d2^2 - R(3)^2 )/2/d2;
```

```
q1 = (p1-p2*cos_theta)/sin_theta^2;
q2 = (p2-p1*cos_theta)/sin_theta^2;
q3 = s2*s*sqrt(abs(R(1)^2-(q1*p1+q2*p2)));
X = abc*[q1;q2;q3]+X0(1,:)';
```

6.3 试剂定标

6.3.1 迭代初值

对于如下模型试剂定标模型

$$y_i = a + \frac{b}{1 + cx_i^d} \quad (i = 1, 2, \cdots, m) \tag{6.90}$$

待估参数为

$$\boldsymbol{\beta} = [a, b, c, d]^{\mathrm{T}} \tag{6.91}$$

计算 $[a, b]$, 如下

$$\begin{cases} a = y_m \\ b = y_1 - y_m \end{cases} \tag{6.92}$$

构造二变量方程, 如下

$$\boldsymbol{S\xi} = \boldsymbol{T} \tag{6.93}$$

其中是 $\boldsymbol{S}, \boldsymbol{\xi}, \boldsymbol{T}$ 分别为

$$\boldsymbol{S} = \begin{bmatrix} 1 & \ln x_2 \\ \vdots & \vdots \\ 1 & \ln x_{m-1} \end{bmatrix}, \quad \boldsymbol{\xi} = \begin{bmatrix} \ln c \\ d \end{bmatrix}, \quad \boldsymbol{T} = \begin{bmatrix} \ln(y_2 - b - a) - \ln(a - y_2) \\ \vdots \\ \ln(y_{m-1} - b - a) - \ln(a - y_{m-1}) \end{bmatrix} \tag{6.94}$$

计算二变量, 如下

$$\boldsymbol{\xi} = \left(\boldsymbol{S}^{\mathrm{T}}\boldsymbol{S}\right)^{-1} \boldsymbol{S}^{\mathrm{T}}\boldsymbol{T} \tag{6.95}$$

计算 $[c, d]$, 若 ξ_1, ξ_2 分别是 $\boldsymbol{\xi}$ 的第 1 维、第 2 维, 则

$$\begin{cases} c = \mathrm{e}^{\xi_1} \\ d = \xi_2 \end{cases} \tag{6.96}$$

6.3.2　雅可比矩阵

计算雅可比矩阵 $\boldsymbol{J}$, 其中 $\boldsymbol{J}$ 是具有 m 行 4 列的雅可比矩阵, 如下

$$\boldsymbol{J}=\begin{bmatrix} 1 & \dfrac{1}{1+cx_1^d} & \dfrac{-bx_1^d}{\left(1+cx_1^d\right)^2} & \dfrac{-bcx_1^d\ln x_1}{\left(1+cx_1^d\right)^2} \\ \vdots & \vdots & \vdots & \vdots \\ 1 & \dfrac{1}{1+cx_m^d} & \dfrac{-bx_m^d}{\left(1+cx_m^d\right)^2} & \dfrac{-bcx_m^d\ln x_m}{\left(1+cx_m^d\right)^2} \end{bmatrix} \tag{6.97}$$

局部处理, 若 $x_1 \neq 0$, 则不用局部处理; 否则, 依据洛必达法则, 令 $\boldsymbol{J}$ 第 1 行第 4 列的元素等于 0, 如下

$$J_{14}=0 \tag{6.98}$$

6.4　自回归模型

6.4.1　自回归模型的定义

在给出自回归模型前, 先介绍自协方差函数、自相关函数的概念. 序列 $\{e_t, t-1,2,\cdots\}$ 中的每一个元素 c_t 都是随机变量.

定义 6.1　若序列 $\{e_t\}$ 的期望与方差不随时间 t 改变, 则称之为宽平稳序列, 简称平稳序列.

下文总是默认序列是平稳的, 即

$$\begin{cases} \mathrm{E}(e_t)=\mu \quad (t=1,2,\cdots) \\ \mathrm{var}(e_t)=\sigma_e^2 \quad (t=1,2,\cdots) \end{cases} \tag{6.99}$$

定义 6.2　序列 $\{e_t\}$ 的两个随机变量 e_t 与 e_{t-k} 的自协方差函数定义为

$$\gamma_k=\mathrm{cov}(e_t,e_{t-k})=\mathrm{E}[(e_t-\mu)(e_{t-k}-\mu)] \quad (k=0,1,2,\cdots) \tag{6.100}$$

定义 6.3　序列 $\{e_t\}$ 的两个随机变量 e_t 与 e_{t-k} 的自相关函数定义

$$\rho_k=\frac{\mathrm{cov}(e_t,e_{t-k})}{\sqrt{\mathrm{var}(e_t)}\sqrt{\mathrm{var}(e_{t-k})}} \quad (k=0,1,2,\cdots) \tag{6.101}$$

对于平稳序列有 $\mathrm{var}(e_t)=\mathrm{var}(e_{t-k})=\sigma_e^2$, 故

$$\rho_k=\frac{\mathrm{cov}(e_t,e_{t-k})}{\sigma_e^2}=\frac{\gamma_k}{\sigma_e^2}=\frac{\gamma_k}{\gamma_0} \quad (k=0,1,2,\cdots) \tag{6.102}$$

显然

$$\begin{cases} \rho_0 = 1 \\ \rho_k = \rho_{-k} \end{cases} \tag{6.103}$$

定义 6.4 称满足如下三个条件的序列 $\{e_t\}$ 为 p 阶自回归 (Auto Regression, AR) 序列, 记为 AR(p):

(1) 对任意时刻 t, e_t 是零均值的, 且自相关系数只与时间差的绝对值有关, 即

$$r_k = r_{-k} = \mathrm{E}\left(e_t e_{t-k}\right) \tag{6.104}$$

(2) 对任意时刻 $t > p$, e_t 满足如下模型

$$e_t = \varphi_1 e_{t-1} + \cdots + \varphi_p e_{t-p} + \varepsilon_t \tag{6.105}$$

其中噪声 ε_t 是高斯白噪声序列, 且

$$\mathrm{var}(\varepsilon_t) = \sigma^2 \tag{6.106}$$

(3) e_t 是因果时序, 未来的噪声不影响过去的序列, 即

$$\mathrm{E}\left(e_{t-k}\varepsilon_t\right) = 0 \quad (\forall k > 0) \tag{6.107}$$

上两式可以总结如下:

$$\mathrm{E}\left(e_{t-k}\varepsilon_t\right) = \begin{cases} \sigma^2, & k = 0 \\ 0, & k > 0 \end{cases} \tag{6.108}$$

如何利用 $\{e_k\}$ 计算模型参数? 可以从两个角度解决该问题:

(1) 用轮次方法构造自回归方程组;

(2) 用矩估计法计算相关系数, 然后构造尤尔-沃克 (Yule-Walker) 方程组估计参数.

6.4.2 自回归方程组

用轮次方法构造自回归方程组, 如下

$$\begin{bmatrix} e_{t+1} \\ e_{t+2} \\ \vdots \\ e_{t+m} \end{bmatrix} = \begin{bmatrix} e_t & e_{t-1} & \cdots & e_{t+1-p} \\ e_{t+1} & e_t & \cdots & e_{t+2-p} \\ \vdots & \vdots & & \vdots \\ e_{t+m-1} & e_{t+m-2} & \cdots & e_{t+m-p} \end{bmatrix} \begin{bmatrix} \varphi_1 \\ \varphi_2 \\ \vdots \\ \varphi_p \end{bmatrix} + \begin{bmatrix} \varepsilon_{t+1} \\ \varepsilon_{t+2} \\ \vdots \\ \varepsilon_{t+m} \end{bmatrix} \tag{6.109}$$

记

$$\boldsymbol{y}=\begin{bmatrix} e_{t+1} \\ \vdots \\ e_{t+m} \end{bmatrix}, \quad \boldsymbol{\varepsilon}=\begin{bmatrix} \varepsilon_{t+1} \\ \vdots \\ \varepsilon_{t+m} \end{bmatrix}, \quad \boldsymbol{X}=\begin{bmatrix} e_t & \cdots & e_{t+1-p} \\ \vdots & & \vdots \\ e_{t+m-1} & \cdots & e_{t+m-p} \end{bmatrix}, \quad \boldsymbol{\beta}=\begin{bmatrix} \varphi_1 \\ \vdots \\ \varphi_p \end{bmatrix} \tag{6.110}$$

则有

$$\boldsymbol{y}=\boldsymbol{X}\boldsymbol{\beta}+\boldsymbol{\varepsilon}, \quad \boldsymbol{\varepsilon} \sim N\left(\mathbf{0}, \sigma^2 \boldsymbol{I}_m\right) \tag{6.111}$$

由最小二乘理论得

$$\boldsymbol{\beta}=\left(\boldsymbol{X}^{\mathrm{T}}\boldsymbol{X}\right)^{-1}\boldsymbol{X}^{\mathrm{T}}\boldsymbol{y} \tag{6.112}$$

$$\sigma^2=\frac{\|\boldsymbol{y}-\boldsymbol{X}\boldsymbol{\beta}\|^2}{m-p} \tag{6.113}$$

例 6.2　设 AR(2) 过程, $e_t=\varphi_1 e_{t-1}+\varphi_2 e_{t-2}+\varepsilon_t$, 并且可以获得 10 个数据 $\{e_i\}_{i=1}^{10}$ 如表 6.1 所示.

表 6.1

1.0000	−0.5000	−0.7384	−0.1129	0.3135
0.2167	−0.0553	−0.1191	−0.0313	0.0619

利用轮次法构造线性方程组求 $[\varphi_1, \varphi_2]$.

解　因

$$\begin{bmatrix} e_3 \\ \vdots \\ e_m \end{bmatrix}=\begin{bmatrix} e_2 & e_1 \\ \vdots & \vdots \\ e_{m-1} & e_{m-2} \end{bmatrix}\begin{bmatrix} \varphi_1 \\ \varphi_2 \end{bmatrix}$$

记为

$$\boldsymbol{Y}=\boldsymbol{A}\boldsymbol{\beta}$$

$\boldsymbol{\beta}$ 的最小二乘估计为

$$\boldsymbol{\beta}=\left(\boldsymbol{A}^{\mathrm{T}}\boldsymbol{A}\right)^{-1}\boldsymbol{A}^{\mathrm{T}}\boldsymbol{Y}$$

得

$$\boldsymbol{\beta}=[0.4872, -0.4966]^{\mathrm{T}}$$

MATLAB 代码 6.8

```
%% AR
phi = [0.5,-0.5]
```

```
m = 10;
e = zeros(m,1);
e(1) = 1,e(2)=-0.5;
randn('seed',0); %固定随机种子
for i = 1:m-2
    e(i+2) = phi(1)*e(i+1)+phi(2)*e(i) + 0.01*randn(1);
end
plot([1:m]',e,'o-')
hold on
grid on
%利用时序关系
phi_cap = [e(2:end-1) e(1:end-2)]\e(3:end)
```

6.4.3 尤尔-沃克方程组

下面用矩估计法计算相关系数, 然后构造尤尔-沃克方程组估计参数.

在 $e_t = \varphi_1 e_{t-1} + \cdots + \varphi_p e_{t-p} + \varepsilon_t$ 两边同乘 e_{t-k}, 再取数学期望, 得

$$r_k = \mathrm{E}\left(e_t e_{t-k}\right) = \varphi_1 \mathrm{E}\left(e_{t-1} e_{t-k}\right) + \cdots + \varphi_p \mathrm{E}\left(e_{t-p} e_{t-k}\right) + \mathrm{E}\left(\varepsilon_t e_{t-k}\right) \tag{6.114}$$

利用 $r_k = r_{-k} = \mathrm{E}\left(e_t e_{t-k}\right)$, 得

$$r_k = \varphi_1 r_{|k-1|} + \varphi_2 r_{|k-2|} + \cdots + \varphi_p r_{|k-p|} + \mathrm{E}\left(\varepsilon_t e_{t-k}\right) \tag{6.115}$$

利用条件 $\mathrm{var}(\varepsilon_t) = \sigma^2, \mathrm{E}\left(e_{t-k}\varepsilon_t\right) = 0, \forall k > 0$, 得

$$\left.\begin{array}{l} k=1, r_1 = \varphi_1 r_0 + \varphi_2 r_1 + \cdots + \varphi_p r_{p-1} \\ k=2, r_2 = \varphi_1 r_1 + \varphi_2 r_0 + \cdots + \varphi_p r_{p-2} \\ \qquad\qquad \cdots\cdots \\ k=p, r_p = \varphi_1 r_{p-1} + \varphi_2 r_{p-2} + \cdots + \varphi_p r_0 \\ k>p, r_k = \varphi_1 r_{k-1} + \varphi_2 r_{k-2} + \cdots + \varphi_{k-p} r_{k-p} \end{array}\right\} \tag{6.116}$$

可知自回归序列的自协方差函数具有拖尾性, 且

$$\begin{bmatrix} r_1 \\ r_2 \\ \vdots \\ r_p \end{bmatrix} = \begin{bmatrix} r_0 & r_1 & \cdots & r_{p-1} \\ r_1 & r_0 & \ddots & \vdots \\ \vdots & \ddots & \ddots & r_1 \\ r_{p-1} & \cdots & r_1 & r_0 \end{bmatrix} \begin{bmatrix} \varphi_1 \\ \varphi_2 \\ \vdots \\ \varphi_p \end{bmatrix} \tag{6.117}$$

记相关系数为

$$\rho_k = \frac{r_k}{r_0} \tag{6.118}$$

得尤尔-沃克方程组

$$\begin{bmatrix} \rho_1 \\ \rho_2 \\ \vdots \\ \rho_p \end{bmatrix} = \begin{bmatrix} 1 & \rho_1 & \cdots & \rho_{p-1} \\ \rho_1 & 1 & \ddots & \vdots \\ \vdots & \ddots & \ddots & \rho_1 \\ \rho_{p-1} & \cdots & \rho_1 & 1 \end{bmatrix} \begin{bmatrix} \varphi_1 \\ \varphi_2 \\ \vdots \\ \varphi_p \end{bmatrix} \tag{6.119}$$

由大数定律可知, 对 $k = 0, \cdots, p-1$, 有

$$\hat{r}_k = \sum_{t=k}^{m} e_t e_{t-k} \to r_k \quad (m \to \infty) \tag{6.120}$$

故 r_k 可以直接用 $\hat{r}_k$ 代替得

$$\begin{bmatrix} \hat{r}_1 \\ \hat{r}_2 \\ \vdots \\ \hat{r}_p \end{bmatrix} = \begin{bmatrix} \hat{r}_0 & \hat{r}_1 & \cdots & \hat{r}_{p-1} \\ \hat{r}_1 & \hat{r}_0 & \ddots & \vdots \\ \vdots & \ddots & \ddots & \hat{r}_1 \\ \hat{r}_{p-1} & \cdots & \hat{r}_1 & \hat{r}_0 \end{bmatrix} \begin{bmatrix} \varphi_1 \\ \varphi_2 \\ \vdots \\ \varphi_p \end{bmatrix} \tag{6.121}$$

把上式记为

$$\boldsymbol{y} = \boldsymbol{X\beta} \tag{6.122}$$

由最小二乘理论得

$$\boldsymbol{\beta} = \boldsymbol{X}^{-1}\boldsymbol{y} \tag{6.123}$$

例 6.3　设 AR(2) 过程, $e_t = \varphi_1 e_{t-1} + \varphi_2 e_{t-2} + \varepsilon_t$, 并且可以获得 10 个数据 $\{e_i\}_{i=1}^{10}$, 如表 6.2 所示.

表 6.2

1.0000	−0.5000	−0.7384	−0.1129	0.3135
0.2167	−0.0553	−0.1191	−0.0313	0.0619

利用轮次法构造线性方程组求 $[\varphi_1, \varphi_2]$.

解 因

$$
\begin{cases}
\rho_1 = \dfrac{\dfrac{1}{m-2}\displaystyle\sum_{k=1}^{m-1} e_k e_{k+1}}{\dfrac{1}{m-1}\displaystyle\sum_{k=1}^{m} e_k e_k} = 0.0106 \\
\rho_2 = \dfrac{\dfrac{1}{m-3}\displaystyle\sum_{k=1}^{m-2} e_k e_{k+2}}{\dfrac{1}{m-1}\displaystyle\sum_{k=1}^{m} e_k e_k} = -0.1409
\end{cases}
$$

尤尔-沃克方程为

$$
\begin{bmatrix} \rho_1 \\ \rho_2 \end{bmatrix} = \begin{bmatrix} 1 & \rho_1 \\ \rho_1 & 1 \end{bmatrix} \begin{bmatrix} \varphi_1 \\ \varphi_2 \end{bmatrix}
$$

由克拉默法则得

$$
[\varphi_1, \varphi_2] = [-0.01734, -0.6423]
$$

MATLAB 代码 6.9

```
%% AR
phi = [0.5,-0.5]
m = 10;
e = zeros(m,1);
e(1) = 1,e(2)=-0.5;
randn('seed',0); %固定随机种子
for i = 1:m-2
    e(i+2) = phi(1)*e(i+1)+phi(2)*e(i)+0.01*randn(1);
end
plot([1:m]',e,'o-')
hold on
grid on
%利用Yule-Waker方程:精度更差
begin = 1;
r0 = e(begin:end)'*e(begin:end)/(m-begin);
r1 = e(begin:end-1)'*e(begin+1:end)/(m-begin - 1);
r2 = e(begin:end-2)'*e(begin+2:end)/(m-begin - 2);
rho1 = r1/r0
rho2 = r2/r0
A = [1 rho1; rho1 1];
b = [rho1;rho2];
phi_cap2 = A\b
```

6.5 滑动平均模型

6.5.1 滑动平均的定义

平稳序列 $\{e_t, t=1,2,\cdots\}$ 中的每一个元素 e_t 都是随机变量.

定义 6.5 称满足如下三个条件的序列 $\{e_t\}$ 为 q 阶滑动平均 (Moving Average) 序列, 记为 MA(q):

(1) 任意时刻 t, e_t 是零均值的, 且自相关系数只与时间差的绝对值有关, 即

$$r_k = r_{-k} = \mathrm{E}\left(e_t e_{t-k}\right) \tag{6.124}$$

(2) 任意时刻 $t > q$, e_t 满足如下模型

$$e_t = \varepsilon_t - \theta_1 \varepsilon_{t-1} - \cdots - \theta_q \varepsilon_{t-q} \tag{6.125}$$

其中噪声 ε_t 是高斯白噪声序列, 且

$$\mathrm{var}(\varepsilon_t) = \sigma^2 \tag{6.126}$$

(3) e_t 是因果时序, 未来的噪声不影响过去的序列, 即

$$\mathrm{E}\left(e_{t-k}\varepsilon_t\right) = 0, \quad \forall k > 0 \tag{6.127}$$

上两式可以总结如下:

$$\mathrm{E}\left(e_{t-k}\varepsilon_t\right) = \begin{cases} \sigma^2, & k=0 \\ 0, & k>0 \end{cases} \tag{6.128}$$

有了 $\{e_k\}$ 如何计算模型参数?

两个等式 $e_t=\varepsilon_t-\theta_1\varepsilon_{t-1}-\cdots-\theta_q\varepsilon_{t-q}$, $e_{t-k}=\varepsilon_{t-k}-\theta_1\varepsilon_{t-k-1}-\cdots-\theta_q\varepsilon_{t-k-q}$ 相乘, 再取数学期望得

$$\begin{aligned} \mathrm{E}\left(e_t e_{t-k}\right) &= \mathrm{E}\left(\varepsilon_t - \theta_1\varepsilon_{t-1} - \cdots - \theta_q\varepsilon_{t-q}\right)\left(\varepsilon_{t-k} - \theta_1\varepsilon_{t-k-1} - \cdots - \theta_q\varepsilon_{t-k-q}\right) \\ &= \begin{cases} \mathrm{E}\left(\varepsilon_t^2 + \sum\limits_{i=1}^{q} \theta_i^2 \varepsilon_{t-i}^2\right), & k=0 \\ \mathrm{E}\left(-\theta_k\varepsilon_{t-k}^2 + \theta_{k+1}\theta_1\varepsilon_{t-k-1}^2 + \cdots + \theta_q\theta_{q-k}\varepsilon_{t-q}^2\right), & 1 \leqslant k \leqslant q \\ 0, & k>q \end{cases} \end{aligned} \tag{6.129}$$

利用式 (6.128) 得自协方差函数

$$r_k = \begin{cases} (1+\theta_1^2+\theta_2^2+\cdots+\theta_q^2)\sigma^2, & k=0 \\ (-\theta_k+\theta_{k+1}\theta_1+\cdots+\theta_q\theta_{q-k})\sigma^2, & 1 \leqslant k \leqslant q \\ 0, & k>q \end{cases} \tag{6.130}$$

自相关函数为

$$\rho_k = \begin{cases} 1, & k=0 \\ \dfrac{-\theta_k+\theta_{k+1}\theta_1+\cdots+\theta_q\theta_{q-k}}{1+\theta_1^2+\theta_2^2+\cdots+\theta_q^2}, & 1 \leqslant k \leqslant q \\ 0, & k>q \end{cases} \tag{6.131}$$

其自协方差函数和自相关函数具有 q 步截尾性.

利用大数定律, $\hat{r}_k \triangleq \sum\limits_{t=k}^{m} e_t e_{t-k} \to r_k\ (m\to\infty)$, 故自协方差函数 r_k 用估计式 $\hat{r}_k$ 代替, 得

$$\begin{cases} \sigma^2(1+\theta_1^2+\theta_2^2+\cdots+\theta_q^2)=\hat{r}_0 \\ \sigma^2(-\theta_k+\theta_{k+1}\theta_1+\cdots+\theta_q\theta_{q-k})=\hat{r}_k \quad (k=1,2,\cdots,q) \end{cases} \tag{6.132}$$

这是一个关于 $\theta_1,\cdots,\theta_q$ 的非线性方程, 可用以下轮次迭代法和高斯-牛顿法两种方法求其数值解[4,8,9].

6.5.2 轮次迭代法

将协方差函数改写为

$$\begin{cases} \sigma^2 = \dfrac{\hat{r}_0}{1+\theta_1^2+\cdots+\theta_q^2} \\ \theta_k = (\theta_{k+1}\theta_1+\cdots+\theta_q\theta_{q-k}) - \dfrac{\hat{r}_k}{\sigma^2} \end{cases} \quad (k=1,2,\cdots,q) \tag{6.133}$$

给定初值 $\theta_1^{(0)},\cdots,\theta_q^{(0)}$, 例如全部取 1, 按下式依次迭代

$$\begin{cases} \sigma^{2(i)} = \dfrac{\hat{r}_0}{1+\sum\limits_{j=1}^{q}\theta_j^{2(i)}} \\ \theta_k^{(i+1)} = \sum\limits_{j=1}^{q-k}\theta_j^{(i)}\theta_{j+k}^{(i)} - \dfrac{\hat{r}_k}{\sigma^{2(i)}} \end{cases} \quad (k=1,2,\cdots,q) \tag{6.134}$$

直到相邻两次迭代值结果相差不大时停止迭代.

6.5.3 高斯-牛顿法

设 $k=1,2,\cdots,q$, 协方差函数改写为

$$\begin{cases} \hat{r}_0=\hat{\sigma}^2+(\hat{\theta}_1\hat{\sigma})^2+\cdots+(\hat{\theta}_q\hat{\sigma})^2 \\ \hat{r}_k=-\hat{\sigma}(\hat{\sigma}\hat{\theta}_k)+(\hat{\sigma}\hat{\theta}_{k+1})(\hat{\sigma}\hat{\theta}_1)+\cdots+(\hat{\sigma}\hat{\theta}_q)(\hat{\sigma}\hat{\theta}_{q-k}) \end{cases} \tag{6.135}$$

设 $z_k=\hat{\sigma}\hat{\theta}_k(k=1,2,\cdots,q), z_0=-\hat{\sigma}\,(k=1,2,\cdots,q)$, 则上式又可写为

$$\begin{cases} f_0(z_0,z_1,\cdots,z_q)=z_0^2+z_1^2+\cdots+z_q^2-\hat{r}_0=0 \\ f_k(z_0,z_1,\cdots,z_q)=z_0z_k+z_1z_{k+1}+\cdots+z_{q-k}z_q-\hat{r}_k=0 \end{cases} \tag{6.136}$$

记 $\boldsymbol{z}=[z_0,z_1,\cdots,z_q]^{\mathrm{T}}, \boldsymbol{f}(\boldsymbol{z})=[f_0,f_1,\cdots,f_q]^{\mathrm{T}}$, 则上式又可写为

$$\boldsymbol{f}(\boldsymbol{z})=\boldsymbol{0} \tag{6.137}$$

高斯-牛顿法迭代公式为

$$\boldsymbol{z}^{(k+1)}=\boldsymbol{z}^{(k)}-\lambda\left[\nabla\boldsymbol{f}\left(\boldsymbol{z}^{(k)}\right)\right]^{-1}\boldsymbol{f}\left(z^{(k)}\right)\quad(\lambda>0) \tag{6.138}$$

其中雅可比阵为

$$\nabla\boldsymbol{f}=\begin{bmatrix} \dfrac{\partial f_0}{\partial z_0} & \dfrac{\partial f_0}{\partial z_1} & \cdots & \dfrac{\partial f_0}{\partial z_q} \\ \dfrac{\partial f_1}{\partial z_0} & \dfrac{\partial f_1}{\partial z_1} & \cdots & \dfrac{\partial f_1}{\partial z_q} \\ \vdots & \vdots & & \vdots \\ \dfrac{\partial f_q}{\partial z_0} & \dfrac{\partial f_q}{\partial z_1} & \cdots & \dfrac{\partial f_q}{\partial z_q} \end{bmatrix}$$

$$=\begin{bmatrix} 2z_0 & 2z_1 & 2z_2 & \cdots & 2z_{q-2} & 2z_{q-1} & 2z_q \\ z_1 & z_2 & z_3 & \cdots & z_{q-1} & z_q & z_{q-1} \\ z_2 & z_3 & z_4 & \cdots & z_q & z_{q-1} & z_{q-2} \\ \vdots & \vdots & \vdots & & \vdots & \vdots & \vdots \\ z_{q-2} & z_{q-1} & z_q & \cdots & z_0 & z_1 & z_2 \\ z_{q-1} & z_q & 0 & \cdots & 0 & z_0 & z_1 \\ z_q & 0 & 0 & \cdots & 0 & 0 & z_0 \end{bmatrix} \tag{6.139}$$

直到相邻两次迭代值结果相差不大时停止迭代, 最大迭代次数为 $k_{\max}$, 则最后得

$$\hat{\sigma}^2=\left(z_0^{(k_{\max})}\right)^2,\quad \hat{\theta}_k=\frac{z_k^{(k_{\max})}}{-z_0^{(k_{\max})}}\quad(k=1,2,\cdots,q) \tag{6.140}$$

6.6 自回归滑动平均模型

6.6.1 自回归滑动平均的定义

定义 6.6 称满足如下三个条件的序列 $\{e_t\}$ 为 q 阶自回归滑动平均 (Auto Regress Moving Average) 序列, 记为 ARMA(p,q):

(1) 对于任意时刻 t, e_t 是零均值的, 且自相关系数只与时间差的绝对值有关, 即

$$r_k = r_{-k} = \mathrm{E}\left(e_t e_{t-k}\right) \tag{6.141}$$

(2) 对于任意时刻 $t>p, t>1, e_t$ 满足如下模型

$$e_t = \varphi_1 e_{t-1} + \cdots + \varphi_p e_{t-p} + \varepsilon_t - \theta_1 \varepsilon_{t-1} - \cdots - \theta_q \varepsilon_{t-q} \tag{6.142}$$

其中噪声 ε_t 是高斯白噪声序列, 且

$$\mathrm{var}(\varepsilon_t) = \sigma^2 \tag{6.143}$$

(3) e_t 是因果时序, 即未来的噪声不影响过去的序列

$$\mathrm{E}\left(e_{t-k}\varepsilon_t\right) = 0 \quad (k>0) \tag{6.144}$$

上两式可以总结如下：

$$\mathrm{E}\left(e_{t-k}\varepsilon_t\right) = \begin{cases} \sigma^2, & k=0 \\ 0, & k>0 \end{cases} \tag{6.145}$$

有了 $\{e_k\}$ 如何计算模型参数?

在 $e_t = \varphi_1 e_{t-1} + \cdots + \varphi_p e_{t-p} + \varepsilon_t - \theta_1 \varepsilon_{t-1} - \cdots - \theta_q \varepsilon_{t-q}$, 两边同乘 e_{t-k}, 再取数学期望得

$$\begin{aligned} \mathrm{E}\left(e_t e_{t-k}\right) = {} & \varphi_1 \mathrm{E}\left(e_{t-1} e_{t-k}\right) + \cdots + \varphi_p \mathrm{E}\left(e_{t-p} e_{t-k}\right) \\ & + \mathrm{E}\left(\varepsilon_t - \theta_1 \varepsilon_{t-1} - \cdots - \theta_q \varepsilon_{t-q}\right) e_{t-k} \end{aligned} \tag{6.146}$$

从而

$$\begin{aligned} r_k = {} & \varphi_1 r_{|k-1|} + \varphi_2 r_{|k-2|} + \cdots + \varphi_p r_{|k-p|} \\ & + \mathrm{E}\left(\varepsilon_t - \theta_1 \varepsilon_{t-1} - \cdots - \theta_q \varepsilon_{t-q}\right) e_{t-k} \end{aligned} \tag{6.147}$$

若 $k>q$, 则有

$$r_k = \varphi_1 r_{k-1} + \varphi_2 r_{k-2} + \cdots + \varphi_p r_{k-p} \quad (k>q) \tag{6.148}$$

尤其是 $k \geqslant q+p$ 时有

$$\begin{aligned} r_{q+1} &= \varphi_1 r_{q+1-1} + \varphi_2 r_{q+1-2} + \cdots + \varphi_p r_{q+1-p} \\ r_{q+2} &= \varphi_1 r_{q+2-1} + \varphi_2 r_{q+2-2} + \cdots + \varphi_p r_{q+2-p} \\ &\cdots\cdots \\ r_{q+p} &= \varphi_1 r_{q+p-1} + \varphi_2 r_{q+p-2} + \cdots + \varphi_p r_{q+p-p} \end{aligned} \tag{6.149}$$

把上式记为

$$\boldsymbol{y} = \boldsymbol{X\beta} \tag{6.150}$$

由最小二乘理论得

$$[\varphi_1, \cdots, \varphi_p] = \boldsymbol{\beta} = \boldsymbol{X}^{-1}\boldsymbol{y} \tag{6.151}$$

记为

$$w_t = e_t - (\varphi_1 e_{t-1} + \cdots + \varphi_p e_{t-p}) \tag{6.152}$$

则

$$w_t = \varepsilon_t - \theta_1 \varepsilon_{t-1} - \cdots - \theta_q \varepsilon_{t-q} \tag{6.153}$$

类似于 MA(q) 模型的分析, 自协方差函数为

$$r_k^w = \begin{cases} \left(1+\theta_1^2+\theta_2^2+\cdots+\theta_q^2\right)\sigma^2, & k=0 \\ (-\theta_k+\theta_{k+1}\theta_1+\cdots+\theta_q\theta_{q-k})\sigma^2, & 1 \leqslant k \leqslant q \\ 0, & k>q \end{cases}$$

又因为 $w_t = e_t - (\varphi_1 e_{t-1} + \cdots + \varphi_p e_{t-p})$, 可计算得 r_k^w, 记 $\varphi_0 \triangleq 1$, 则

$$r_k^w = \sum_{i=0}^{p} \sum_{j=0}^{p} \varphi_i \varphi_j r_{i-j+k} \tag{6.154}$$

于是可以采用 MA(q) 模型的参数估计方法计算 θ, σ^2.

自相关函数和偏相关函数是分析识别时间序列模型的有力工具, 依此可以给出平稳时间序列的分类, 见表 6.3.

表 6.3 平稳时间序列的分类

	自回归 AR	滑动平均 MA	自回归滑动平均 ARMA
模型方程	$\Phi(B)e_t = \varepsilon_t$	$e_t = \Theta(B)\varepsilon_t$	$\Phi(B)e_t = \Theta(B)\varepsilon_t$
稳定条件	$\Phi(B)=0$ 的根都在单位圆外	无条件	$\Phi(B)=0$ 的根都在单位圆外
可逆条件	无条件	$\Theta(B)=0$ 的根都在单位圆外	$\Theta(B)=0$ 的根都在单位圆外
自相关函数	拖尾	截尾	拖尾
偏相关函数	截尾	拖尾	拖尾

6.6.2 自相关函数

自相关函数定义

$$\rho_k = \frac{\mathrm{cov}(e_t, e_{t-k})}{\sigma_e^2} = \frac{\gamma_k}{\sigma_e^2} = \frac{\gamma_k}{\gamma_0} \quad (k=0,1,2,\cdots) \tag{6.155}$$

对于一个平稳序列有 $\mathrm{var}(e_t) = \mathrm{var}(e_{t-k}) = \sigma_e^2$, 故

$$\begin{cases} \rho_0 = 1 \\ \rho_k = \rho_{-k} \end{cases} \tag{6.156}$$

可知, AR(p) 和 ARMA(p,q) 的自相关函数具有拖尾性, MA(q) 的自相关函数具有 q 步截尾性.

6.6.3 偏相关函数

偏相关函数是描述序列结构特征的另一种方法, 在实际应用中, 往往不知道自回归模型的阶数, 因此会用如下模型试错

$$e_t = \varphi_{k1}e_{t-1} + \varphi_{k2}e_{t-2} + \cdots + \varphi_{kk}e_{t-k} + \varepsilon_t \tag{6.157}$$

定义 6.7 模型 $e_t = \varphi_{k1}e_{t-1} + \varphi_{k2}e_{t-2} + \cdots + \varphi_{kk}e_{t-k} + \varepsilon_t$ 中, φ_{kk} 是关于 k 的函数, 称之为偏相关函数.

对于 1 阶尤尔-沃克方程

$$\rho_1 = \varphi_{11} \tag{6.158}$$

对于 2 阶尤尔-沃克方程

$$\begin{bmatrix} \rho_1 \\ \rho_2 \end{bmatrix} = \begin{bmatrix} 1 & \rho_1 \\ \rho_1 & 1 \end{bmatrix} \begin{bmatrix} \varphi_{21} \\ \varphi_{22} \end{bmatrix} \tag{6.159}$$

解得

$$\varphi_{22} = \frac{\rho_2 - \rho_1^2}{1 - \rho_1^2} \tag{6.160}$$

对于 k 阶尤尔-沃克方程

$$\begin{bmatrix} \rho_1 \\ \rho_2 \\ \vdots \\ \rho_k \end{bmatrix} = \begin{bmatrix} 1 & \rho_1 & \cdots & \rho_{k-1} \\ \rho_1 & 1 & \ddots & \vdots \\ \vdots & \ddots & \ddots & \rho_1 \\ \rho_{k-1} & \cdots & \rho_1 & 1 \end{bmatrix} \begin{bmatrix} \varphi_{k1} \\ \varphi_{k2} \\ \vdots \\ \varphi_{kk} \end{bmatrix} \tag{6.161}$$

同样可解得 φ_{kk}, 对于 AR(p), 当 $k > p$ 时, 用时序估计 $\varphi_{kk} = 0$. AR(p) 的偏相关函数具有 p 步截尾性. 但是 MA(q) 和 ARMA(p,q) 的偏相关函数具有拖尾性. 以

MA(1) 为例, 因为 MA(1) 过程可以转换为无限阶的 AR 过程, 故 MA(1) 过程的偏相关函数呈指数衰减特征 (但是不会截尾). 比如 $e_t=\varepsilon_t-\frac{1}{2}\varepsilon_{t-1}=\left(1-\frac{1}{2}B\right)\varepsilon_t$, 故

$$
\begin{aligned}
\varepsilon_t &= \left(1-\frac{1}{2}B\right)^{-1}e_t=\sum_{k=0}^{\infty}\left(\frac{1}{2}B\right)^k e_t \\
&= e_t+\frac{1}{2}e_{t-1}+\cdots+\frac{1}{2^k}e_{t-k}+\cdots
\end{aligned} \tag{6.162}
$$

故 MA 和 ARMA 序列的偏相关函数具有拖尾性.

例 6.4　利用 MATLAB 仿真生成如下三个模型的 10000 个数据, 利用数据估计模型的参数, 画出自相关函数和偏相关函数

$$
\begin{cases}
\mathrm{AR}(2): e_t=0.5e_{t-1}-0.5e_{t-2}+\varepsilon_t \\
\mathrm{MA}(2): e_t=\varepsilon_t-0.5\varepsilon_{t-1}+0.5\varepsilon_{t-2} \\
\mathrm{ARMA}(2,2): e_t=0.5e_{t-1}-0.5e_{t-2}+\varepsilon_t-0.5\varepsilon_{t-1}+0.5\varepsilon_{t-2}
\end{cases} \tag{6.163}
$$

解　MATLAB 自带 arima, simulate, autocorr, parcorr, estimate, 分别用于构建模型、生成数据、计算自相关函数、计算偏相关函数和估计参数. 计算的模型如下

$$
\begin{cases}
\mathrm{AR}(2): e_t=0.509481e_{t-1}-0.50281e_{t-2}+\varepsilon_t \\
\mathrm{MA}(2): e_t=\varepsilon_t-0.502212\varepsilon_{t-1_t}+0.49427\varepsilon_{t-2} \\
\mathrm{ARMA}(2,2): e_t=0.48597e_{t-1}-0.500617e_{t-2}+\varepsilon_t \\
\qquad\qquad -0.491946\varepsilon_{t-1_t}+0.390275\varepsilon_{t-2}
\end{cases} \tag{6.164}
$$

值得注意的是, 噪声的方差和样本的容量对参数的估计影响很大, 仿真图像见图 6.15~ 图 6.17, 其中 AR 模型和 MA 模型的参数估计偏差较小, 而 ARMA 模型的参数估计偏差较大, 而且相关图表明 ARMA 模型的截尾性不明显, 确定 ARMA 模型的结构并不容易, 需要谨慎选取.

MATLAB 代码 6.10

```
clear,clc,close all,n=10000,sigma2=1
%% AR(2)
rng(1);
Mdl = arima('AR',{0.5 -0.5},'Constant',0,'Variance',10)
y = simulate(Mdl,n);
```

```
[acf,lags,bounds] = autocorr(y,[],2);
subplot(211),autocorr(y),title('AR自相关函数\rho_k'),
ylabel('\rho_k'),xlabel('k')
[partialacf,lags,bounds] = parcorr(y,[],2);
subplot(212),parcorr(y),title('AR偏相关函数\phi_{kk}'),
ylabel('\phi_{kk}'),xlabel('k')
struct=arima(2,0,0);EstMdl.Constant=0,EstMdl=estimate(struct,y)
%% MA(2)
Mdl = arima('MA',{-0.5 0.5},'Constant',0,'Variance',sigma2)
y = simulate(Mdl,n);
[acf,lags,bounds] = autocorr(y,[],2);
subplot(211),autocorr(y),title('MA自相关函数\rho_k'),
ylabel('\rho_k'),xlabel('k')
[partialacf,lags,bounds] = parcorr(y,[],2);
subplot(212),parcorr(y),title('MA偏相关函数\phi_{kk}'),
ylabel('\phi_{kk}'),xlabel('k')
struct=arima(0,0,2);EstMdl.Constant=0,EstMdl=estimate(struct,y)
%% ARMA(2,2)
Mdl=arima('AR',{0.5 -0.5},'MA',{-0.5 0.4},'Constant',0,'Variance',
    sigma2)
y = simulate(Mdl,n);
[acf,lags,bounds] = autocorr(y,[],2);
subplot(211),autocorr(y),title('ARMA自相关函数\rho_k'),
ylabel('\rho_k'),xlabel('k')
[partialacf,lags,bounds] = parcorr(y,[],2);
subplot(212),parcorr(y),title('ARMA偏相关函数\phi_{kk}'),
ylabel('\phi_{kk}'),xlabel('k')
struct=arima(2,0,2);EstMdl.Constant=0,EstMdl=estimate(struct,y)
```

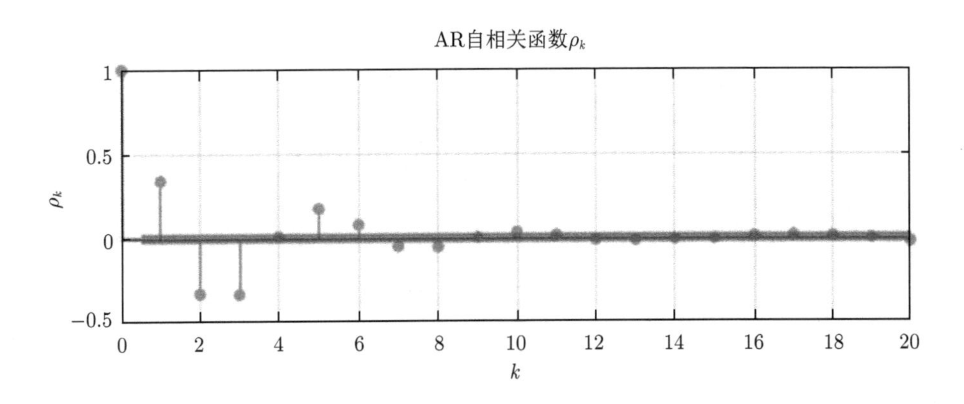

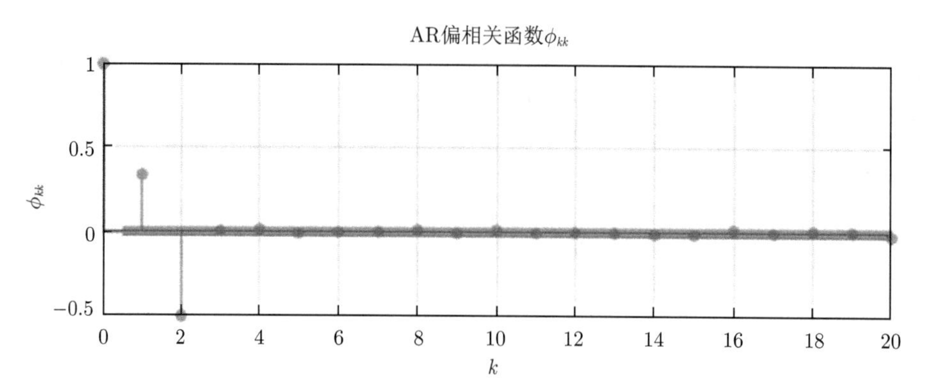

图 6.15　AR(2) 的自相关函数和偏相关函数

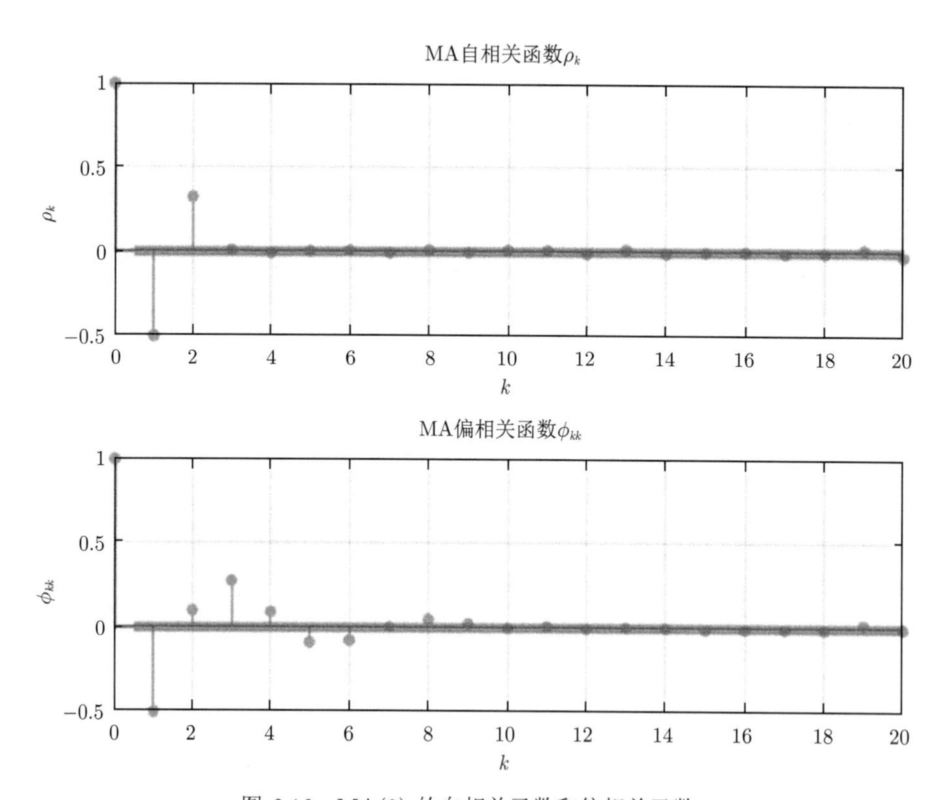

图 6.16　MA(2) 的自相关函数和偏相关函数

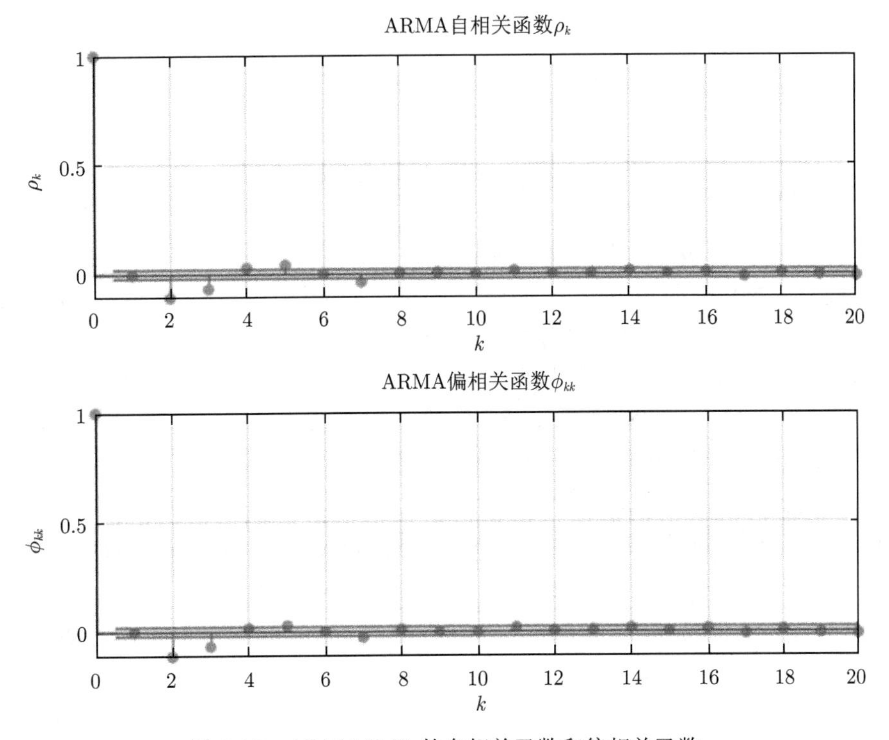

图 6.17 ARMA(2,2) 的自相关函数和偏相关函数

第 7 章　有偏估计方法

可以用方差、偏差、均方误差刻画参数估计的性能, 在所有一致线性无偏估计中, 最小二乘估计是方差最小的估计. 有偏估计方法允许一定的偏差, 借以显著减小参数估计的方差, 并且从整体上改善参数估计的均方误差.

如图 7.1 所示, 本章先给出潜模型及其参数估计的性能指标, 比较经典最小二乘 (Least Squares, LS) 估计、主元 (Principal Component, PC) 估计、改进主元 (Improved Principal Component, IPC) 估计、岭 (Ridge, R) 估计、广义岭 (Generalized Ridge, GR) 估计的估计性能, 并且给出三种推广型有偏估计方法: 第 I 型估计基于权向量, 第 II 型估计基于反射权矩阵, 第 III 型估计基于一步最优权矩阵.

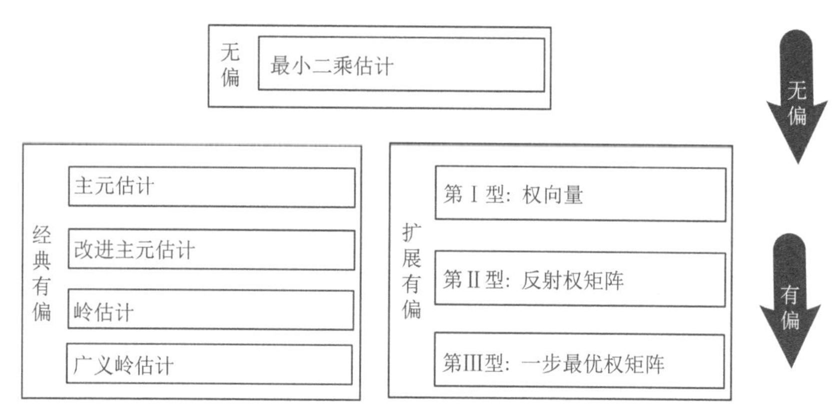

图 7.1　线性有偏估计方法的分类

7.1　原模型和潜模型

7.1.1　参数估计的性能

考虑如下线性测量模型:

$$\boldsymbol{y} = \boldsymbol{X}\boldsymbol{\beta} + \boldsymbol{e} \tag{7.1}$$

其中 $\boldsymbol{y} \in \mathbb{R}^{m\times 1}$ 是测量设备的 m 个观测值; $\boldsymbol{X} \in \mathbb{R}^{m\times n}$ 表示由基函数决定的设计矩阵, 本章总是假定 $\boldsymbol{X}$ 是列满秩的, 此时 $\boldsymbol{X}$ 的广义逆就是左逆, 如下

$$\boldsymbol{X}^{+} = \left(\boldsymbol{X}^{\mathrm{T}}\boldsymbol{X}\right)^{-1}\boldsymbol{X}^{\mathrm{T}} \tag{7.2}$$

满足

$$\boldsymbol{X}^{+}\boldsymbol{X} = \boldsymbol{I}_n \tag{7.3}$$

$\boldsymbol{\beta} \in \mathbb{R}^{n\times 1}$ 是待估计的参数, $\boldsymbol{e} \in \mathbb{R}^{m\times 1}$ 表示测量噪声, 一般假定测量噪声满足高斯-马尔可夫条件, 即不同时刻的噪声是相互独立的, 且都满足均值为零、方差为 σ^2 的高斯分布, 记为

$$\boldsymbol{e} \sim \left(\boldsymbol{0}_m, \sigma^2\boldsymbol{I}_m\right) \tag{7.4}$$

定义 7.1 对于 $\boldsymbol{\beta}$ 的任意一个估计 $\hat{\boldsymbol{\beta}}$, 它的方差 $\mathrm{var}(\hat{\boldsymbol{\beta}})$、偏差 $\mathrm{bia}(\hat{\boldsymbol{\beta}})$ 和均方差 $\mathrm{mse}(\hat{\boldsymbol{\beta}})$ 分别定义为

$$\mathrm{var}(\hat{\boldsymbol{\beta}}) = \mathrm{E}\left\|\hat{\boldsymbol{\beta}} - \mathrm{E}(\hat{\boldsymbol{\beta}})\right\|^2 \tag{7.5}$$

$$\mathrm{bia}(\hat{\boldsymbol{\beta}}) = \left\|\boldsymbol{\beta} - \mathrm{E}(\hat{\boldsymbol{\beta}})\right\|^2 \tag{7.6}$$

$$\mathrm{mse}(\hat{\boldsymbol{\beta}}) = \mathrm{E}\left\|\hat{\boldsymbol{\beta}} - \boldsymbol{\beta}\right\|^2 \tag{7.7}$$

方差 $\mathrm{var}(\hat{\boldsymbol{\beta}})$ 代表了参数估计的随机误差大小, 偏差 $\mathrm{bia}(\hat{\boldsymbol{\beta}})$ 代表了参数估计的系统误差大小, 均方差 $\mathrm{mse}(\hat{\boldsymbol{\beta}})$ 代表了参数估计的综合误差大小. 可以验证

$$\mathrm{mse}(\hat{\boldsymbol{\beta}}) = \mathrm{var}(\hat{\boldsymbol{\beta}})+\mathrm{bia}(\hat{\boldsymbol{\beta}}) \tag{7.8}$$

上式可以简述为 "均方差等于偏差与方差之和". 在众多估计方法中, 所有线性无偏估计的集合记为

$$\left\{\hat{\boldsymbol{\beta}} = \boldsymbol{A}\boldsymbol{y} | \mathrm{E}(\hat{\boldsymbol{\beta}}) = \boldsymbol{\beta}, \boldsymbol{A} \in \mathbb{R}^{n\times m}\right\} \tag{7.9}$$

无论是最小二乘准则, 还是极大似然准则, 都可以最优地估计参数 $\boldsymbol{\beta}$, 且两种准则下, 估计的参数表达式是相同的, 表达式为

$$\hat{\boldsymbol{\beta}}_{\mathrm{LS}} = \boldsymbol{X}^{+}\boldsymbol{y} \tag{7.10}$$

下文称 $\hat{\boldsymbol{\beta}}_{\mathrm{LS}}$ 为参数 $\boldsymbol{\beta}$ 的最小二乘估计. $\hat{\boldsymbol{\beta}}_{\mathrm{LS}}$ 具有多重性质, 如无偏性和线性方差一致最小性, 前者是指

$$\mathrm{E}(\hat{\boldsymbol{\beta}}_{\mathrm{LS}}) = \boldsymbol{\beta} \tag{7.11}$$

后者是指在所有线性无偏估计的集合中, $\hat{\boldsymbol{\beta}}_{\mathrm{LS}}$ 的方差是最小的, 即任取线性无偏估计 $\hat{\boldsymbol{\beta}}$, 有

$$\mathrm{var}(\hat{\boldsymbol{\beta}}_{\mathrm{LS}}) \leqslant \mathrm{var}(\hat{\boldsymbol{\beta}}) \tag{7.12}$$

因 $\hat{\boldsymbol{\beta}}_{\mathrm{LS}}$ 是无偏估计, 故方差 $\mathrm{var}(\hat{\boldsymbol{\beta}}_{\mathrm{LS}})$ 和均方差 $\mathrm{mse}(\hat{\boldsymbol{\beta}}_{\mathrm{LS}})$ 相等, 即

$$\mathrm{var}(\hat{\boldsymbol{\beta}}_{\mathrm{LS}}) = \mathrm{mse}(\hat{\boldsymbol{\beta}}_{\mathrm{LS}}) \tag{7.13}$$

且

$$\mathrm{var}(\hat{\boldsymbol{\beta}}_{\mathrm{LS}})=\sigma^2\mathrm{trace}\left(\boldsymbol{X}^{\mathrm{T}}\boldsymbol{X}\right)^{-1} \tag{7.14}$$

若 $\boldsymbol{X}$ 的列样本均值为 0, 列样本方差为 1, 即

$$\begin{cases}\mathrm{mean}\,(i)=\dfrac{1}{m}\displaystyle\sum_{j=1}^{m}x_{ij}=0,\\ \mathrm{std}\,(i)=\dfrac{1}{m}\displaystyle\sum_{j=1}^{m}\Big(x_{ij}-\mathrm{mean}\,(i)\Big)^2=1\end{cases}\quad(i=1,\cdots,n) \tag{7.15}$$

则 $\dfrac{1}{m}\boldsymbol{X}^{\mathrm{T}}\boldsymbol{X}$ 是 $\boldsymbol{X}$ 的样本相关系数矩阵, 若不引起歧义, 称 $\dfrac{1}{m}\boldsymbol{X}^{\mathrm{T}}\boldsymbol{X}$ 为相关系数. 改写 $\mathrm{var}(\hat{\boldsymbol{\beta}}_{\mathrm{LS}})$ 如下

$$\mathrm{var}(\hat{\boldsymbol{\beta}}_{\mathrm{LS}})=\frac{1}{m}\cdot\sigma^2\cdot\mathrm{trace}\left(\frac{1}{m}\boldsymbol{X}^{\mathrm{T}}\boldsymbol{X}\right)^{-1} \tag{7.16}$$

尽管设计矩阵 $\boldsymbol{X}$ 是列满秩的, 即 $\boldsymbol{X}$ 列向量是线性无关的, 但是 $\boldsymbol{X}$ 的列向量可能是近似相关的, 即样本相关矩阵 $\dfrac{1}{m}\boldsymbol{X}^{\mathrm{T}}\boldsymbol{X}$ 可能出现非常小的奇异值, 不妨假定样本相关矩阵的特征值分解为

$$\frac{1}{m}\boldsymbol{X}^{\mathrm{T}}\boldsymbol{X}=\boldsymbol{P}\boldsymbol{\Lambda}\boldsymbol{P}^{\mathrm{T}} \tag{7.17}$$

$\boldsymbol{\Lambda}$ 的对角元为奇异值, 它们是降序的, 即

$$\boldsymbol{\Lambda}=\mathrm{diag}\,(\lambda_1,\cdots,\lambda_n)\quad(\lambda_1\geqslant\cdots\geqslant\lambda_n\geqslant 0) \tag{7.18}$$

$\boldsymbol{P}$ 是正交矩阵，$\boldsymbol{P}$ 的 n 个列分块为

$$\boldsymbol{P}=[\boldsymbol{P}_1,\cdots,\boldsymbol{P}_n] \tag{7.19}$$

因 $\mathrm{COV}(\hat{\boldsymbol{\beta}}_{\mathrm{LS}})=\sigma^2\left(\boldsymbol{X}^{\mathrm{T}}\boldsymbol{X}\right)^{-1}$, 故

$$\mathrm{var}(\hat{\boldsymbol{\beta}}_{\mathrm{LS}})=\mathrm{trace}\left(\mathrm{COV}(\hat{\boldsymbol{\beta}}_{\mathrm{LS}})\right)=\frac{1}{m}\cdot\sigma^2\cdot\sum_{i=1}^{n}\lambda_i^{-1} \tag{7.20}$$

备注 7.1 上式表明参数估计的精度由下面三个因素决定.

(1) 观测设备的精度 σ^2：设备精度越高, 参数估计精度越高, 所以提高观测设备的观测精度是参数估计的硬件要求;

(2) 样本的容量 m：样本容量越大, 参数估计精度越高, 所以提高样本采样的频率和采样总时长是参数估计的数据要求;

(3) 设计矩阵 $\boldsymbol{X}$ 的协方差矩阵的奇异值 $\lambda_1,\cdots,\lambda_n$：观测几何越好, 最小奇异值越大, 参数估计精度越高, 所以观测设备点位设计和参数估计方法设计是参数估计的布站几何要求.

7.1.2 参数估计扰动分析

矩阵 $\boldsymbol{X} \in \mathbb{R}^{m\times n}$ 的奇异值分解为

$$\boldsymbol{X} = \boldsymbol{Q}\boldsymbol{\Lambda}\boldsymbol{P}^{\mathrm{T}} \tag{7.21}$$

其中 $\boldsymbol{\Lambda}$ 的对角元为奇异值, 是降序的, 即

$$\boldsymbol{\Lambda} = \mathrm{diag}\,(\lambda_1, \cdots, \lambda_n) \quad (\lambda_1 \geqslant \cdots \geqslant \lambda_n \geqslant 0) \tag{7.22}$$

$\boldsymbol{P}$ 是正交矩阵，$\boldsymbol{P}$ 的 n 个列分块为

$$\boldsymbol{P} = [\boldsymbol{P}_1, \cdots, \boldsymbol{P}_n] \tag{7.23}$$

简单起见假定 $\boldsymbol{X}$ 是方阵, 即 $\boldsymbol{X} \in \mathbb{R}^{n\times n}$.

若最小的奇异值中 λ_n 非常小, 则 $\mathrm{var}(\hat{\boldsymbol{\beta}}_{\mathrm{LS}})$ 将非常大, 即

$$\mathrm{var}(\hat{\boldsymbol{\beta}}_{\mathrm{LS}}) \to \infty \quad (\lambda_n \to 0) \tag{7.24}$$

在这种情况下, $\hat{\boldsymbol{\beta}}_{\mathrm{LS}}$ 的估计精度很差, 估计值是极其不稳定的. 实际上, 条件数从另一个侧面刻画了最小二乘估计的参数估计的“相对”精度. $\boldsymbol{X}$ 的条件数为

$$\mathrm{cond}\,(\boldsymbol{X}) = \lambda_1/\lambda_n \tag{7.25}$$

$\mathrm{cond}\,(\boldsymbol{X})$ 越大，测量模型 $\boldsymbol{y} = \boldsymbol{X}\boldsymbol{\beta} + \boldsymbol{e}$ 的条件数就越差, 因为方程的解越容易受噪声的影响, 分析如下：

(1) 若 $\boldsymbol{X}$ 不是列满秩的, 则 $\lambda_n = 0$, 测量模型 $\boldsymbol{y} = \boldsymbol{X}\boldsymbol{\beta} + \boldsymbol{e}$ 的最小二乘估计是不唯一的, 最小二乘估计的通解表达式为

$$\hat{\boldsymbol{\beta}}_{\mathrm{LS}} = \boldsymbol{X}^{+}\boldsymbol{y} + \boldsymbol{P}_{r+1:n}\boldsymbol{a} \tag{7.26}$$

其中 $\boldsymbol{a} \in \mathbb{R}^{(n-r)}$ 是任意 $n-r$ 维向量, $\boldsymbol{P}_{r+1:n}$ 是奇异值分解中 $\boldsymbol{P}$ 的最后 $n-r$ 列, 且 r 为设计矩阵 $\boldsymbol{X}$ 的秩, 即

$$r = \mathrm{rank}\,(\boldsymbol{X}) \tag{7.27}$$

即使没有噪声, 最小二乘估计也是极端不稳定的, 因为估计值有无穷多.

(2) 若 $\boldsymbol{X}$ 是列满秩的, 则 $\lambda_n > 0$, 这在应用中是最可能出现的情况, 测量模型存在唯一的最小二乘估计.

若观测没有噪声, 则模型 $\boldsymbol{y} = \boldsymbol{X}\boldsymbol{\beta} + \boldsymbol{e}$ 退化为

$$\boldsymbol{y} = \boldsymbol{X}\boldsymbol{\beta} \tag{7.28}$$

解为

$$\boldsymbol{\beta}_0 = \boldsymbol{X}^{-1}\boldsymbol{y} \tag{7.29}$$

若观测有噪声, 且值为 $\boldsymbol{e}$, 则模型 $\boldsymbol{y} = \boldsymbol{X}\boldsymbol{\beta} + \boldsymbol{e}$ 的解为

$$\boldsymbol{\beta}_1 = \boldsymbol{X}^{-1}(\boldsymbol{y} - \boldsymbol{e}) \tag{7.30}$$

$$\boldsymbol{X}^{-1} = \boldsymbol{P}\boldsymbol{\Lambda}^{-1}\boldsymbol{Q}^{\mathrm{T}} \tag{7.31}$$

噪声 $\boldsymbol{e}$ 引起参数扰动量为

$$\Delta\boldsymbol{\beta} = \boldsymbol{\beta}_1 - \boldsymbol{\beta}_0 = -\boldsymbol{X}^{-1}\boldsymbol{e} \tag{7.32}$$

定义 7.2 矩阵 $\boldsymbol{A}$ 的 Frobenius 算子范数定义为

$$\|\boldsymbol{A}\| \triangleq \max_{\|x\|=1} \|\boldsymbol{A}\boldsymbol{x}\| \tag{7.33}$$

则

$$\begin{cases} \|\boldsymbol{X}\| = \lambda_1 \\ \left\|\boldsymbol{X}^{-1}\right\| = \lambda_n^{-1} \end{cases} \tag{7.34}$$

从而

$$\begin{cases} \|\Delta\boldsymbol{\beta}\| = \left\|-\boldsymbol{X}^{-1}\boldsymbol{e}\right\| \leqslant \left\|\boldsymbol{X}^{-1}\right\| \cdot \|\boldsymbol{e}\| = \lambda_n^{-1}\|\boldsymbol{e}\| \\ \lambda_1^{-1}\|\boldsymbol{y}\| = \lambda_1^{-1}\|\boldsymbol{X}\boldsymbol{\beta}_0\| \leqslant \lambda_1^{-1}\|\boldsymbol{X}\|\,\|\boldsymbol{\beta}_0\| = \|\boldsymbol{\beta}_0\| \end{cases} \tag{7.35}$$

于是

$$\frac{\|\Delta\boldsymbol{\beta}\|}{\|\boldsymbol{\beta}_0\|} \leqslant \frac{\lambda_n^{-1}\|\boldsymbol{e}\|}{\lambda_1^{-1}\|\boldsymbol{y}\|} = \operatorname{cond}(\boldsymbol{X})\frac{\|\boldsymbol{e}\|}{\|\boldsymbol{y}\|} \tag{7.36}$$

由上式可知, $\operatorname{cond}(\boldsymbol{X})$ 是“相对”扰动放大倍数的一个上界, 其实这个上界还是“可达的”, 即存在 $\boldsymbol{y}$ 和 $\boldsymbol{e}$ 使得等式 $\dfrac{\|\Delta\boldsymbol{\beta}\|}{\|\boldsymbol{\beta}_0\|} = \operatorname{cond}(\boldsymbol{X})\dfrac{\|\boldsymbol{e}\|}{\|\boldsymbol{y}\|}$ 成立. $\boldsymbol{y}$ 取 $\boldsymbol{P}$ 的第一列 $\boldsymbol{P}_1$, $\boldsymbol{e}$ 取 $\boldsymbol{P}$ 的最后一列 $\boldsymbol{P}_n$, 即

$$\begin{cases} \boldsymbol{y} = \boldsymbol{P}_1 \\ \boldsymbol{e} = \boldsymbol{P}_n \end{cases} \tag{7.37}$$

则

$$\frac{\|\Delta\boldsymbol{\beta}\|}{\|\boldsymbol{\beta}_0\|} = \frac{\left\|\boldsymbol{X}^{-1}\boldsymbol{e}\right\|}{\left\|\boldsymbol{X}^{-1}\boldsymbol{y}\right\|} = \frac{\left\|\boldsymbol{X}^{-1}\boldsymbol{P}_n\right\|}{\left\|\boldsymbol{X}^{-1}\boldsymbol{P}_1\right\|} = \operatorname{cond}(\boldsymbol{X})\frac{\|\boldsymbol{e}\|}{\|\boldsymbol{y}\|} \tag{7.38}$$

例 7.1 若 $\boldsymbol{y} = \boldsymbol{X}\boldsymbol{\beta}$ 中 $\boldsymbol{X} = \begin{bmatrix} 10 & 0 \\ 0 & 0.1 \end{bmatrix}$, $\boldsymbol{y} = \begin{bmatrix} 1 \\ 0 \end{bmatrix}$, 则 $\boldsymbol{X}$ 奇异值分解为 $\boldsymbol{X} = \boldsymbol{I}_2\begin{bmatrix} 10 & 0 \\ 0 & 0.1 \end{bmatrix}\boldsymbol{I}_2$, 条件数为 $\operatorname{cond}(\boldsymbol{X}) = \lambda_{\max}/\lambda_{\min} = \dfrac{10}{0.1} = 100$, 方程

解为 $\boldsymbol{\beta}_0 = \begin{bmatrix} 0.1 \\ 0 \end{bmatrix}$. 假定噪声为 $\boldsymbol{e} = \begin{bmatrix} 0 \\ 0.1 \end{bmatrix}$, 受噪声影响 $\boldsymbol{y} = \boldsymbol{X\beta} + \boldsymbol{e}$ 的解为 $\boldsymbol{\beta}_1 = \begin{bmatrix} 0.1 \\ 1 \end{bmatrix}$, 即解的扰动为 $\Delta\boldsymbol{\beta} = \boldsymbol{\beta}_1 - \boldsymbol{\beta}_0 = \begin{bmatrix} 0 \\ 1 \end{bmatrix}$, 此时, $\dfrac{\|\Delta\boldsymbol{\beta}\|}{\|\boldsymbol{\beta}_0\|} = 100\dfrac{\|\boldsymbol{e}\|}{\|\boldsymbol{y}\|} = \operatorname{cond}(\boldsymbol{X})\dfrac{\|\boldsymbol{e}\|}{\|\boldsymbol{y}\|}$, 可以发现解的“**相对**”扰动是观测“**相对**”扰动的 100 倍, 倍数正好是条件数的 $\operatorname{cond}(\boldsymbol{X})$.

7.1.3 有偏估计的性能指标

为了方便后续分析, 引入如下正交变换

$$\boldsymbol{L} = \boldsymbol{XP}, \quad \boldsymbol{\theta} = \boldsymbol{P}^{\mathrm{T}}\boldsymbol{\beta} \tag{7.39}$$

其中 $\boldsymbol{P}$ 源于奇异值分解 $\dfrac{1}{m}\boldsymbol{X}^{\mathrm{T}}\boldsymbol{X} = \boldsymbol{P\Lambda P}^{\mathrm{T}}$, 由 $\boldsymbol{y} = \boldsymbol{X\beta} + \boldsymbol{e}$ 可知

$$\boldsymbol{y} = \boldsymbol{L\theta} + \boldsymbol{e} \tag{7.40}$$

定义 7.3 模型 $\boldsymbol{y} = \boldsymbol{X\beta} + \boldsymbol{e}$ 称为原模型; 模型 $\boldsymbol{y} = \boldsymbol{L\theta} + \boldsymbol{e}$ 称为潜模型. 对应地, 称 $\boldsymbol{\beta}$ 为原参数, 称 $\boldsymbol{X} = [\boldsymbol{X}_1, \cdots, \boldsymbol{X}_n]$ 为原设计矩阵; 称 $\boldsymbol{\theta}$ 为潜参数, 称 $\boldsymbol{L} = [\boldsymbol{L}_1, \cdots, \boldsymbol{L}_n]$ 为潜设计矩阵.

$\boldsymbol{\theta}$ 的最小二乘估计为

$$\hat{\boldsymbol{\theta}}_{\mathrm{LS}} = \left(\boldsymbol{L}^{\mathrm{T}}\boldsymbol{L}\right)^{-1}\boldsymbol{L}^{\mathrm{T}}\boldsymbol{y} \tag{7.41}$$

可以验证

$$\begin{aligned} \frac{1}{m}\boldsymbol{L}^{\mathrm{T}}\boldsymbol{L} &= \frac{1}{m}\boldsymbol{P}^{\mathrm{T}}\boldsymbol{X}^{\mathrm{T}}\boldsymbol{XP} \\ &= \boldsymbol{P}^{\mathrm{T}}\boldsymbol{P\Lambda P}^{\mathrm{T}}\boldsymbol{P} = \boldsymbol{\Lambda} = \operatorname{diag}(\lambda_1, \cdots, \lambda_n) \end{aligned} \tag{7.42}$$

且

$$\operatorname{var}\left(\hat{\boldsymbol{\theta}}_{\mathrm{LS}}\right) = \operatorname{var}(\hat{\boldsymbol{\beta}}_{\mathrm{LS}}) = \frac{1}{m}\cdot\sigma^2\cdot\sum_{i=1}^{n}\lambda_i^{-1} \tag{7.43}$$

备注 7.2 可以验证下列结论成立:

(1) 尽管原模型和潜模型的结构有差异, 但是 $\operatorname{var}(\hat{\boldsymbol{\theta}}_{\mathrm{LS}}) = \operatorname{var}(\hat{\boldsymbol{\beta}}_{\mathrm{LS}})$ 表明参数估计 $\hat{\boldsymbol{\beta}}_{\mathrm{LS}}$ 与 $\hat{\boldsymbol{\theta}}_{\mathrm{LS}}$ 的性能 (即方差) 完全相同.

(2) 经过正交变换, 潜设计矩阵的每一列的物理含义变得不明确, 但是样本相关系数矩阵是对角的, 这意味着 $\boldsymbol{L}$ 的不同列是独立的, 且奇异值就是对应列的样本方差.

(3) 如果潜参数前 p 个参数记为 $\boldsymbol{\theta}_1$, 后 $n-p$ 个参数记为 $\boldsymbol{\theta}_2$, 即

$$\boldsymbol{\theta}=\begin{bmatrix}\boldsymbol{\theta}_1\\ \boldsymbol{\theta}_2\end{bmatrix} \tag{7.44}$$

对应地, 潜设计矩阵为

$$\boldsymbol{L}=[\boldsymbol{L}_1,\boldsymbol{L}_2] \tag{7.45}$$

$\boldsymbol{\theta}$ 对应的最小二乘估计非常简洁, 实际上

$$\hat{\boldsymbol{\theta}}_{\mathrm{LS}}=\begin{bmatrix}\hat{\boldsymbol{\theta}}_1\\ \hat{\boldsymbol{\theta}}_2\end{bmatrix}=\begin{bmatrix}\boldsymbol{\theta}_1+\left(\boldsymbol{L}_1^{\mathrm{T}}\boldsymbol{L}_1\right)^{-1}\boldsymbol{L}_1^{\mathrm{T}}\boldsymbol{e}\\ \boldsymbol{\theta}_2+\left(\boldsymbol{L}_2^{\mathrm{T}}\boldsymbol{L}_2\right)^{-1}\boldsymbol{L}_2^{\mathrm{T}}\boldsymbol{e}\end{bmatrix} \tag{7.46}$$

$$\mathrm{var}(\hat{\boldsymbol{\theta}}_{\mathrm{LS}})=\mathrm{var}(\hat{\boldsymbol{\theta}}_1)+\mathrm{var}(\hat{\boldsymbol{\theta}}_2) \tag{7.47}$$

$$\begin{cases}\mathrm{var}(\hat{\boldsymbol{\theta}}_1)=\dfrac{1}{m}\cdot\sigma^2\cdot\displaystyle\sum_{i=1}^{p}\lambda_i^{-1}\\ \mathrm{var}(\hat{\boldsymbol{\theta}}_2)=\dfrac{1}{m}\cdot\sigma^2\cdot\displaystyle\sum_{i=p+1}^{n}\lambda_i^{-1}\end{cases} \tag{7.48}$$

注意, 与式 (7.47) 不同, 若 $\boldsymbol{\beta}=\begin{bmatrix}\boldsymbol{\beta}_1\\ \boldsymbol{\beta}_2\end{bmatrix}, \boldsymbol{X}=[\boldsymbol{X}_1,\boldsymbol{X}_2]$, 则

$$\hat{\boldsymbol{\beta}}_{\mathrm{LS}}=\begin{bmatrix}\hat{\boldsymbol{\beta}}_1\\ \hat{\boldsymbol{\beta}}_2\end{bmatrix}\neq\begin{bmatrix}\boldsymbol{\beta}_1+\left(\boldsymbol{X}_1^{\mathrm{T}}\boldsymbol{X}_1\right)^{-1}\boldsymbol{X}_1^{\mathrm{T}}\boldsymbol{e}\\ \boldsymbol{\beta}_2+\left(\boldsymbol{X}_2^{\mathrm{T}}\boldsymbol{X}_2\right)^{-1}\boldsymbol{X}_2^{\mathrm{T}}\boldsymbol{e}\end{bmatrix} \tag{7.49}$$

(4) 潜参数和原参数的偏差也是相同的. 本书只关注参数估计性能, 包括偏差和方差, 而不关注设计矩阵每一列的物理意义. 正因如此, 后文的参数性能分析中, 完全可以用潜模型代替原模型, 且不再讨论原模型.

(5) 公式 $\mathrm{var}(\hat{\boldsymbol{\theta}}_{\mathrm{LS}})=\mathrm{var}(\hat{\boldsymbol{\beta}}_{\mathrm{LS}})$ 表明, 如果潜设计矩阵的最后几列的样本方差很小, 则最小二乘估计的参数估计性能很差, 为了提高参数估计的性能, 应该引入有偏估计方法. 设潜参数 $\boldsymbol{\theta}$ 的所有线性估计的集合为

$$\left\{\hat{\boldsymbol{\theta}}=\boldsymbol{A}\boldsymbol{y}|\boldsymbol{A}\in\mathbb{R}^{n\times m}\right\} \tag{7.50}$$

此时, 线性估计可能是有偏的, 即可能

$$\mathrm{E}(\hat{\boldsymbol{\theta}})\neq\boldsymbol{\theta} \tag{7.51}$$

参数估计的偏差为

$$\mathrm{bia}(\hat{\boldsymbol{\theta}})=\left\|\boldsymbol{\theta}-\mathrm{E}(\hat{\boldsymbol{\theta}})\right\|^2 \tag{7.52}$$

参数估计的方差为

$$\mathrm{var}(\hat{\boldsymbol{\theta}}) = \left\|\hat{\boldsymbol{\theta}} - \mathrm{E}(\hat{\boldsymbol{\theta}})\right\|^2 \tag{7.53}$$

此时不能用方差评价参数估计的性能了, 而应该用均方误差, 即

$$\mathrm{mse}(\hat{\boldsymbol{\theta}}) = \left\|\boldsymbol{\theta} - \hat{\boldsymbol{\theta}}\right\|^2 \tag{7.54}$$

可以验证

$$\mathrm{mse}(\hat{\boldsymbol{\theta}}) = \mathrm{var}(\hat{\boldsymbol{\theta}}) + \mathrm{bia}(\hat{\boldsymbol{\theta}}) \tag{7.55}$$

上式可以简述为 "均方差等于偏差与方差之和", 最小二乘估计的偏差为零, 即 $\mathrm{bia}(\hat{\boldsymbol{\theta}}_{\mathrm{LS}}) = 0$, 故

$$\mathrm{mse}(\hat{\boldsymbol{\theta}}_{\mathrm{LS}}) = \mathrm{var}(\hat{\boldsymbol{\theta}}_{\mathrm{LS}}) \tag{7.56}$$

线性有偏估计的偏差不为零, 即 $\mathrm{bia}(\hat{\boldsymbol{\theta}}) > 0$, 故

$$\mathrm{mse}(\hat{\boldsymbol{\theta}}) > \mathrm{var}(\hat{\boldsymbol{\theta}}) \tag{7.57}$$

均方误差综合评价了有偏估计方法的性能, 可以认为有偏估计方法是 "用小方差换大偏差" 的方法. 主元估计、改进主元估计、岭估计和广义岭估计是四种常用的有偏估计方法. 接下来, 讨论下面几个问题:

(1) 主元估计、改进主元估计、岭估计、广义岭估计、最小二乘估计存在什么关系? 何时前四种有偏估计方法比最小二乘估计性能更优? 能否用一个线性估计结构把上述四种有偏估计方法统一起来? 在统一结构下, 不同参数估计的性能有何差异?

(2) 统一的线性结构能否进一步推广? 若能, 则在推广的线性结构中, 最优的参数估计又是如何表示的? 这种线性结构和非线性有偏估计到底有什么联系?

7.2 经典有偏估计方法

7.2.1 主元估计

在潜参数中, 前 p 个参数 $\boldsymbol{\theta}_*$ 称为主参数, 后 $n-p$ 个参数 $\boldsymbol{\theta}_{**}$ 称为副参数. 最小二乘估计方差主要来源于副参数, 为此主元估计直接令副参数的估计值为零[10,13−16], 即

$$\hat{\boldsymbol{\theta}}_{\mathrm{PC}} = \begin{bmatrix} \hat{\boldsymbol{\theta}}_* \\ 0 \end{bmatrix} = \begin{bmatrix} \boldsymbol{L}_1^+ \boldsymbol{y} \\ 0 \end{bmatrix} \tag{7.58}$$

记主参数的下标集合和副参数的下标集合分别为

$$S = \{1, 2, \cdots, p\} \tag{7.59}$$

$$T = \{p+1, p+2, \cdots, n\} \tag{7.60}$$

且

$$\hat{\boldsymbol{\theta}}_{\mathrm{LS}} = \left(\hat{\theta}_{\mathrm{LS},1}, \cdots, \hat{\theta}_{\mathrm{LS},n}\right)^{\mathrm{T}} \tag{7.61}$$

则 $\hat{\boldsymbol{\theta}}_{\mathrm{PC}}$ 的第 i 个分量可以表示为

$$\hat{\theta}_{\mathrm{PC},i} = \begin{cases} \hat{\theta}_{\mathrm{LS},i}, & i \in S \\ 0, & i \in T \end{cases} \quad (i = 1, 2, \cdots, n) \tag{7.62}$$

对于主元估计, 方差来源于主参数, 副参数的方差等于 0; 偏差来源于副参数, 主参数的偏差等于 0, 其实

$$\begin{cases} \mathrm{var}(\hat{\boldsymbol{\theta}}_{\mathrm{PC}}) = \mathrm{var}(\hat{\boldsymbol{\theta}}_{*}) + 0 = \dfrac{1}{m} \cdot \sigma^2 \cdot \displaystyle\sum_{i=1}^{p} \lambda_i^{-1} \\ \mathrm{bia}(\hat{\boldsymbol{\theta}}_{\mathrm{PC}}) = 0 + \mathrm{bia}(\hat{\boldsymbol{\theta}}_{**}) = \displaystyle\sum_{i=p+1}^{n} \theta_i^2 \\ \mathrm{mse}(\hat{\boldsymbol{\theta}}_{\mathrm{PC}}, p) = \dfrac{1}{m} \cdot \sigma^2 \cdot \displaystyle\sum_{i=1}^{p} \lambda_i^{-1} + \sum_{i=p+1}^{n} \theta_i^2 \end{cases} \tag{7.63}$$

极端情况下, 若 $\lambda_n = 0$, 则 $\lambda_n^{-1} = \infty$, 可以发现, 主元估计可以防止副参数导致的方差无限大的问题, 代价只是增加了有限的偏差 $\mathrm{bia}(\hat{\boldsymbol{\theta}}_{**})$.

一个自然的问题是：主元估计 $\hat{\boldsymbol{\theta}}_{\mathrm{PCR}}$ 的均方误差, 是否总是优于最小二乘估计的均方误差. 答案是不一定, 且下述定理成立.

定理 7.1　最优的主元估计方法的性能必然优于最小二乘, 即

$$\mathrm{mse}(\hat{\boldsymbol{\theta}}_{\mathrm{PC}}, p_0) \leqslant \mathrm{mse}(\hat{\boldsymbol{\theta}}_{\mathrm{LS}}) \tag{7.64}$$

其中

$$p_0 = \arg\min_{p} \left\{\mathrm{mse}(\hat{\boldsymbol{\theta}}_{\mathrm{PC}}, p), p = 1, 2, \cdots, n\right\} \tag{7.65}$$

实际上, 当 $p = n$ 时, 主元估计就退化为最小二乘估计, 此时 $\mathrm{mse}(\hat{\boldsymbol{\theta}}_{\mathrm{PC}}, p_0) = \mathrm{mse}(\hat{\boldsymbol{\theta}}_{\mathrm{LS}})$, 因此定理 7.1 显然成立. 但是, 如果参数 $\boldsymbol{\theta}$ 和观测精度 σ^2 是未知的, 此时, 最优的 p_0 和对应的 $\mathrm{mse}(\hat{\boldsymbol{\theta}}_{\mathrm{PC}}, p_0)$ 一般是无法获得的, 这也是主元估计的难点. 工程实践中, 常用贡献率 $\alpha \in [0.9, 1]$ 来确定 p, 如下

$$p_0 = \arg\min_{j=1,\cdots,n} \left\{ \frac{\displaystyle\sum_{i=1}^{j} \lambda_i}{\displaystyle\sum_{i=1}^{n} \lambda_i} \geqslant \alpha \right\} \tag{7.66}$$

7.2.2 改进主元估计

第 i 个潜参数的最小二乘估计的方差为

$$\mathrm{var}(\hat{\theta}_{\mathrm{LS},i}) = \frac{1}{m} \cdot \sigma^2 \cdot \lambda_i^{-1} \tag{7.67}$$

若 $i \in T = \{p+1, p+2, \cdots, n\}$, 即 i 是副参数, 则主元估计的方差为零, 偏差为

$$\mathrm{bia}(\hat{\theta}_{\mathrm{PC},i}) = \theta_i^2 \tag{7.68}$$

若

$$\mathrm{bia}(\hat{\theta}_{\mathrm{PC},i}) = \theta_i^2 > \frac{1}{m} \cdot \sigma^2 \cdot \lambda_i^{-1} = \mathrm{var}(\hat{\theta}_{\mathrm{LS},i}) \tag{7.69}$$

此时, 主元估计直接令 θ_i 等于 0, 这样是不合理的, 因为方差小了, 偏差却大了, "大偏差换小方差是划不来的", 因此主元估计确定主元的方法有些局限性. 改进的主元估计则综合考虑了潜参数的估计方差和潜参数自身的幅值, 认为只有 $m^{-1}\sigma^2\lambda_i^{-1} \leqslant \theta_i^2$, 第 i 个潜参数才是主参数, 否则为副参数. 主参数的下标集合和副参数的下标集合分别为

$$M = \left\{ i \middle| 1 \leqslant i \leqslant n, \frac{1}{m} \cdot \sigma^2 \cdot \lambda_i^{-1} \leqslant \theta_i^2 \right\} \tag{7.70}$$

$$N = \left\{ i \middle| 1 \leqslant i \leqslant n, \frac{1}{m} \cdot \sigma^2 \cdot \lambda_i^{-1} > \theta_i^2 \right\} \tag{7.71}$$

可得

$$\hat{\boldsymbol{\theta}}_{\mathrm{IPC},i} = \begin{cases} \hat{\boldsymbol{\theta}}_{\mathrm{LS},i}, & i \in M \\ 0, & i \in N \end{cases} \tag{7.72}$$

对于改进主元估计, 方差来源于改进主元, 非改进主元的方差等于 0; 偏差来源于非改进主元, 改进主元的偏差等于 0, 其实改进主元估计的方差、偏差和均方差分别为

$$\begin{cases} \mathrm{var}(\hat{\boldsymbol{\theta}}_{\mathrm{IPC}}) = \dfrac{1}{m} \cdot \sigma^2 \cdot \displaystyle\sum_{i \in M} \lambda_i^{-1} \\ \mathrm{bia}(\hat{\boldsymbol{\theta}}_{\mathrm{IPC}}) = \displaystyle\sum_{i \in N} \theta_i^2 \\ \mathrm{mse}(\hat{\boldsymbol{\theta}}_{\mathrm{IPC}}, p) = \dfrac{1}{m} \cdot \sigma^2 \cdot \displaystyle\sum_{i \in M} \lambda_i^{-1} + \sum_{i \in N} \theta_i^2 \end{cases} \tag{7.73}$$

一个自然的问题是：改进主元估计 $\hat{\boldsymbol{\theta}}_{\mathrm{IPC}}$ 的均方误差是否一定小于主元估计 $\hat{\boldsymbol{\theta}}_{\mathrm{PCR}}$ 的均方误差, 答案是肯定的, 且下述定理成立.

定理 7.2 对于任意的 $p\,(1 \leqslant p \leqslant n)$, 均有

$$\mathrm{mse}(\hat{\boldsymbol{\theta}}_{\mathrm{IPC}}) \leqslant \mathrm{mse}(\hat{\boldsymbol{\theta}}_{\mathrm{PC}}, p) \tag{7.74}$$

证明

$$
\begin{aligned}
&\operatorname{mse}(\hat{\boldsymbol{\theta}}_{\mathrm{PC}},p)-\operatorname{mse}(\hat{\boldsymbol{\theta}}_{\mathrm{IPC}})\\
=&\left(\sum_{i\in S}\frac{1}{m}\cdot\sigma^2\cdot\lambda_i^{-1}+\sum_{i\in T}\theta_i^2\right)-\left(\sum_{i\in M}\frac{1}{m}\cdot\sigma^2\cdot\lambda_i^{-1}+\sum_{i\in N}\theta_i^2\right)\\
=&\sum_{i\in S\cap N}\left(\frac{1}{m}\cdot\sigma^2\cdot\lambda_i^{-1}-\theta_i^2\right)+\sum_{i\in T\cap M}\left(\theta_i^2-\frac{1}{m}\cdot\sigma^2\cdot\lambda_i^{-1}\right)\geqslant 0
\end{aligned}
\tag{7.75}
$$

与主元估计类似, 由于事先无法获得潜参数和观测方差, 故改进主元的确定仍是难点.

7.2.3 岭估计

最小二乘的估计式为

$$
\hat{\boldsymbol{\theta}}_{\mathrm{LS}}=\left(\boldsymbol{L}^{\mathrm{T}}\boldsymbol{L}\right)^{-1}\boldsymbol{L}^{\mathrm{T}}\boldsymbol{y}\tag{7.76}
$$

正因为 $\boldsymbol{L}^{\mathrm{T}}\boldsymbol{L}$ 存在较小奇异值, 所以参数估计的方差很大. 一个自然的想法是, 能否通过引入岭回归因子 k, 从而减小参数的估计方差, 并且让均方差达到最小

$$
\hat{\boldsymbol{\theta}}_{\mathrm{R}}=\left(\boldsymbol{L}^{\mathrm{T}}\boldsymbol{L}+k\boldsymbol{I}\right)^{-1}\boldsymbol{L}^{\mathrm{T}}\boldsymbol{y}\tag{7.77}
$$

因 $\dfrac{1}{m}\boldsymbol{L}^{\mathrm{T}}\boldsymbol{L}=\boldsymbol{\Lambda}=\operatorname{diag}(\lambda_1,\cdots,\lambda_n)$, 故

$$
\hat{\boldsymbol{\theta}}_{\mathrm{R}}=(m\boldsymbol{\Lambda}+k\boldsymbol{I})^{-1}(m\boldsymbol{\Lambda})\hat{\boldsymbol{\theta}}_{\mathrm{LS}}\tag{7.78}
$$

即

$$
\hat{\boldsymbol{\theta}}_{\mathrm{R},i}=\frac{m\lambda_i}{m\lambda_i+k}\hat{\boldsymbol{\theta}}_{\mathrm{LS},i}\tag{7.79}
$$

由方差、偏差和均方误差的定义式可得岭估计的方差、偏差和均方差

$$
\begin{cases}
\operatorname{var}(\hat{\boldsymbol{\theta}}_{\mathrm{R}},k)=\sigma^2\displaystyle\sum_{i=1}^{n}\left(\frac{m\lambda_i}{m\lambda_i+k}\right)^2(m\lambda_i)^{-1}\\
\operatorname{bia}(\hat{\boldsymbol{\theta}}_{\mathrm{R}},k)=\displaystyle\sum_{i=1}^{n}\left(\frac{k}{m\lambda_i+k}\right)^2\theta_i^2\\
\operatorname{mse}(\hat{\boldsymbol{\theta}}_{\mathrm{R}},k)=\displaystyle\sum_{i=1}^{n}\left[\sigma^2\left(\frac{m\lambda_i}{m\lambda_i+k}\right)^2(m\lambda_i)^{-1}+\left(\frac{k}{m\lambda_i+k}\right)^2\theta_i^2\right]
\end{cases}\tag{7.80}
$$

对于岭估计, 岭参数 k 会改变每个参数的估计方差, 同时也带来估计的偏差. 一个自然的问题是：岭估计的均方差一定比最小二乘的均方差小吗？如何选择 k 使得岭估计的均方差最小？对于第一个问题, 当 $k=0$ 时, 岭估计退化为最小二乘

估计; 当 $k=\infty$ 时, 岭估计 $\hat{\boldsymbol{\theta}}_{\mathrm{R},i}=0$, 其方差等于 0, 但是偏差等于 $||\boldsymbol{\theta}||^2$, 所以若能选择合适的岭参数 k, 岭估计的均方差一定比最小二乘的均方差小. 对于第二个问题, 可以将 $\mathrm{mse}(\hat{\boldsymbol{\theta}}_{\mathrm{R}},k)$ 确定为优化目标, 令

$$\left.\frac{d}{dk}\mathrm{mse}(\hat{\boldsymbol{\theta}}_{\mathrm{R}},k)\right|_{k=k_0}=2\sum_{i=1}^{n}\frac{m\lambda_i\theta_i^2}{(m\lambda_i+k)^3}\left.\left(k-\frac{\sigma^2}{\theta_i^2}\right)\right|_{k=k_0}=0 \tag{7.81}$$

但是上式很难求解, 难点有两方面:

(1) 参数 $\boldsymbol{\theta}$ 和观测精度 σ^2 是未知的, 这可以分别用 $\hat{\boldsymbol{\theta}}_{\mathrm{LS}}$ 和 $\hat{\sigma}_{\mathrm{LS}}^2$ 代替;

(2) 上式中的高次多项式没有解析解, 推荐用下面的次优解代替

$$k_1=\min\left\{\frac{\sigma^2}{\theta_i^2}\middle|\, i=1,2,\cdots,n\right\} \tag{7.82}$$

实际上, 在区间 $[0,k_1]$ 上,

$$\frac{d}{dk}\mathrm{mse}(\hat{\boldsymbol{\theta}}_{\mathrm{R}},k)<0 \tag{7.83}$$

所以 $\mathrm{mse}(\hat{\boldsymbol{\theta}}_{\mathrm{R}},k)$ 单调递减, 尽管 k_1 不是最优的岭参数, 但是 k_1 不需要额外的数值运算, 因此是一个不错的次优解.

7.2.4 广义岭估计

岭估计只增加了一个岭参数 k, 就可以改进最小二乘估计的性能. 问题是能否为每个变量匹配一个岭参数, 从而使得岭估计的性能进一步优化. 广义岭估计通过引入岭向量 $\boldsymbol{k}=(k_1,\cdots,k_n)^{\mathrm{T}}$ 来提高参数估计的性能, 如下

$$\hat{\boldsymbol{\theta}}_{\mathrm{GR}}=\left(\boldsymbol{L}^{\mathrm{T}}\boldsymbol{L}+\mathrm{diag}\,(\boldsymbol{k})\right)^{-1}\boldsymbol{L}^{\mathrm{T}}\boldsymbol{y} \tag{7.84}$$

因

$$\hat{\boldsymbol{\theta}}_{\mathrm{GR}}=\left[\left(\boldsymbol{L}^{\mathrm{T}}\boldsymbol{L}+\mathrm{diag}\,(\boldsymbol{k})\right)^{-1}\left(\boldsymbol{L}^{\mathrm{T}}\boldsymbol{L}\right)\right]\left(\boldsymbol{L}^{\mathrm{T}}\boldsymbol{L}\right)^{-1}\boldsymbol{L}^{\mathrm{T}}\boldsymbol{y} \tag{7.85}$$

令

$$k_i=\sigma^2\theta_i^{-2}\quad(i=1,2,\cdots,n) \tag{7.86}$$

则对应的估计方差、偏差和均方差分别为

$$\begin{cases}\mathrm{var}(\hat{\boldsymbol{\theta}}_{\mathrm{GR}})=\sigma^2\displaystyle\sum_{i=1}^{n}\left[\left(\frac{m\lambda_i}{m\lambda_i+\sigma^2\theta_i^{-2}}\right)^2(m\lambda_i)^{-1}\right]\\ \mathrm{bia}(\hat{\boldsymbol{\theta}}_{\mathrm{GR}})=\displaystyle\sum_{i=1}^{n}\left[\left(\frac{\sigma^2}{m\lambda_i\theta_i^2+\sigma^2}\right)^2\theta_i^2\right]\\ \mathrm{mse}(\hat{\boldsymbol{\theta}}_{\mathrm{GR}})=\displaystyle\sum_{i=1}^{n}\left[\sigma^2\left(\frac{m\lambda_i}{m\lambda_i+\sigma^2\theta_i^{-2}}\right)^2(m\lambda_i)^{-1}+\left(\frac{\sigma^2}{m\lambda_i\theta_i^2+\sigma^2}\right)^2\theta_i^2\right]\end{cases} \tag{7.87}$$

主元估计、改进主元估计、岭估计、广义岭估计、最小二乘估计的估计性能可以归纳为如下定理.

定理 7.3　设 p_0 为最优主元数, k_0 为最优岭估计参数, 有

$$\mathrm{mse}\left(\hat{\boldsymbol{\theta}}_{\mathrm{GR}}\right) \leqslant \mathrm{mse}\left(\hat{\boldsymbol{\theta}}_{\mathrm{IP}}, k_0\right) \leqslant \mathrm{mse}\left(\hat{\boldsymbol{\theta}}_{P}, k_0\right) \leqslant \mathrm{mse}(\hat{\boldsymbol{\theta}}_{\mathrm{LS}}) \tag{7.88}$$

$$\mathrm{mse}\left(\hat{\boldsymbol{\theta}}_{\mathrm{GR}}\right) \leqslant \mathrm{mse}\left(\hat{\boldsymbol{\theta}}_{\mathrm{R}}, k_0\right) \leqslant \mathrm{mse}(\hat{\boldsymbol{\theta}}_{\mathrm{LS}}) \tag{7.89}$$

7.3　推广型有偏估计方法

7.3.1　第 I 型——权向量

四种经典的有偏估计方法可以统一为最小二乘估计的某种线性变换结果, 如下

$$\hat{\boldsymbol{\theta}}_I = \mathrm{diag}\,(\boldsymbol{k})\,\hat{\boldsymbol{\theta}}_{\mathrm{LS}} \tag{7.90}$$

称 $\boldsymbol{k} = (k_1, \cdots, k_n)^{\mathrm{T}}$ 为权向量. 实际上, 主元估计、改进主元估计、岭估计和广义岭估计的权向量分别为

$$\begin{aligned} &k_i^{\mathrm{PC}} = \begin{cases} 1, & i \in S, \\ 0, & i \in T; \end{cases} \qquad k_i^{\mathrm{IPC}} = \begin{cases} 1, & i \in M \\ 0, & i \in N \end{cases} \\ &k_i^{\mathrm{R}} = \frac{m\lambda_i}{m\lambda_i + k}; \quad k_i^{\mathrm{GR}} = \frac{m\lambda_i}{m\lambda_i + \sigma^2\theta_i^{-2}} \end{aligned} \tag{7.91}$$

线性有偏估计的方差、偏差和均方差分别为

$$\begin{cases} \mathrm{var}\left(\hat{\boldsymbol{\theta}}_I\right) = \sigma^2 \displaystyle\sum_{i=1}^{n} \left[k_i^2 (m\lambda_i)^{-1}\right] \\ \mathrm{bia}\left(\hat{\boldsymbol{\theta}}_I\right) = \displaystyle\sum_{i=1}^{n} \left[(1-k_i)^2 \theta_i^2\right] \\ \mathrm{mse}\left(\hat{\boldsymbol{\theta}}_I, \boldsymbol{k}\right) = \displaystyle\sum_{i=1}^{n} \left[\sigma^2 k_i^2 (m\lambda_i)^{-1} + (1-k_i)^2 \theta_i^2\right] \end{cases} \tag{7.92}$$

令

$$\frac{\partial}{\partial k_i}\mathrm{mse}\left(\hat{\boldsymbol{\theta}}_I, \boldsymbol{k}\right) = 2\sigma^2 k_i (m\lambda_i)^{-1} + 2(k_i - 1)\theta_i^2 = 0 \quad (i = 1, 2, \cdots, n) \tag{7.93}$$

解得

$$k_i = \frac{m\lambda_i}{m\lambda_i + \sigma^2\theta_i^{-2}} \quad (i = 1, 2, \cdots, n) \tag{7.94}$$

故广义岭估计就是最优的第 I 型推广型有偏估计方法.

7.3.2 第 II 型——权矩阵

第 I 型可以进一步推广为第 II 型, 即矩阵权 (Matrix Weight) 结构, 如下

$$\hat{\boldsymbol{\theta}}_{\mathrm{II}} = \boldsymbol{W}\hat{\boldsymbol{\theta}}_{\mathrm{LS}} \tag{7.95}$$

其中 $\boldsymbol{W}$ 为权矩阵, 满足

$$\det(\boldsymbol{W}) \in [0, 1] \tag{7.96}$$

设 $\boldsymbol{W}$ 的奇异值分解为

$$\boldsymbol{W} = \boldsymbol{U}\boldsymbol{K}\boldsymbol{V}^{\mathrm{T}} \tag{7.97}$$

$\boldsymbol{K}$ 的对角元为奇异值, 是降序的, 即

$$\boldsymbol{K} = \mathrm{diag}\,(\boldsymbol{k}) = \mathrm{diag}\,(k_1, \cdots, k_n)\,, \quad k_1 \geqslant \cdots \geqslant k_n \geqslant 0 \tag{7.98}$$

奇异值分解定理表明, 任意线性有偏估计可以分为如下三个步骤完成:

(1) 旋转变换 $\boldsymbol{V}^{\mathrm{T}}$, 即

$$\hat{\boldsymbol{\theta}}_{\mathrm{II},1} = \boldsymbol{V}^{\mathrm{T}}\hat{\boldsymbol{\theta}}_{\mathrm{LS}} \tag{7.99}$$

(2) 压缩变换 $\boldsymbol{K}$, 即

$$\hat{\boldsymbol{\theta}}_{\mathrm{II},2} = \boldsymbol{K}\boldsymbol{V}^{\mathrm{T}}\hat{\boldsymbol{\theta}}_{\mathrm{LS}} \tag{7.100}$$

(3) 反射变换 $\boldsymbol{U}$, 即

$$\hat{\boldsymbol{\theta}}_{\mathrm{II},3} = \boldsymbol{U}\boldsymbol{K}\boldsymbol{V}^{\mathrm{T}}\hat{\boldsymbol{\theta}}_{\mathrm{LS}} \tag{7.101}$$

备注 7.3 旋转矩阵 $\boldsymbol{V}^{\mathrm{T}}$ 和反射矩阵 $\boldsymbol{U}$ 都是正交矩阵, 前者行列式等于 1, 后者行列式等于 -1. 上述步骤具有典型的几何意义, 可以概括为: 任何最优的权矩阵 $\boldsymbol{W}$ 可以经过一次旋转、一次压缩和一次反射获得. 问题是: 怎样的 $\boldsymbol{K}$ 才能使得线性有偏估计的均方误差达到最小? 下面分三个步骤找到最优的权矩阵 $\boldsymbol{W}$.

7.3.2.1 第一步: 旋转

$\boldsymbol{V}^{\mathrm{T}}$ 是正交矩阵, 正交变换是同模变换, 由线性保正态公式、方差的定义和迹函数的性质可知

$$\mathrm{var}(\hat{\boldsymbol{\theta}}_{\mathrm{II},1}) = \mathrm{var}(\hat{\boldsymbol{\theta}}_{\mathrm{LS}}) \tag{7.102}$$

实际上,

$$\begin{aligned}\mathrm{var}(\hat{\boldsymbol{\theta}}_{\mathrm{II},1}) &= \mathrm{var}(\boldsymbol{V}^{\mathrm{T}}\hat{\boldsymbol{\theta}}_{\mathrm{LS}}) = \mathrm{trace}(\boldsymbol{V}^{\mathrm{T}}\mathrm{COV}(\hat{\boldsymbol{\theta}}_{\mathrm{LS}})\boldsymbol{V}) \\ &= \mathrm{trace}(\mathrm{COV}(\hat{\boldsymbol{\theta}}_{\mathrm{LS}})\boldsymbol{V}\boldsymbol{V}^{\mathrm{T}}) = \mathrm{trace}(\mathrm{COV}(\hat{\boldsymbol{\theta}}_{\mathrm{LS}})) = \mathrm{var}(\hat{\boldsymbol{\theta}}_{\mathrm{LS}})\end{aligned} \tag{7.103}$$

由偏差的定义知

$$\mathrm{bia}(\hat{\boldsymbol{\theta}}_{\mathrm{II},1}) \geqslant 0 = \mathrm{bia}(\hat{\boldsymbol{\theta}}_{\mathrm{LS}}) \tag{7.104}$$

上式表明, 旋转变换可能改变协方差矩阵, 但是不可能降低方差, 反而可能增加偏差, 所以旋转不可能提高参数估计的性能, 故最优旋转可以设定为

$$\boldsymbol{V}^{\mathrm{T}} = \boldsymbol{I}_n \tag{7.105}$$

即

$$\hat{\boldsymbol{\theta}}_{\mathrm{II},1} = \boldsymbol{V}^{\mathrm{T}}\hat{\boldsymbol{\theta}}_{\mathrm{LS}} = \hat{\boldsymbol{\theta}}_{\mathrm{LS}} \tag{7.106}$$

7.3.2.2　第二步：压缩

由广义岭估计的分析可知, 最优的压缩变换为

$$\boldsymbol{K} = \mathrm{diag}\,(k_1, \cdots, k_n)\,, \quad k_i = \frac{N\lambda_i\theta_i^2}{N\lambda_i\theta_i^2 + \sigma^2} \quad (i = 1, 2, \cdots, n) \tag{7.107}$$

这意味着 $\overset{2}{\hat{\boldsymbol{\theta}}}_{\mathrm{II},2}$ 就是广义岭估计, 即

$$\hat{\boldsymbol{\theta}}_{\mathrm{II},2} = \boldsymbol{K}\hat{\boldsymbol{\theta}}_{\mathrm{II},1} = \boldsymbol{K}\hat{\boldsymbol{\theta}}_{\mathrm{LS}} = \hat{\boldsymbol{\theta}}_{\mathrm{GR}} \tag{7.108}$$

7.3.2.3　第三步：反射

与旋转变换类似, 反射矩阵 $\boldsymbol{U}$ 同样是正交变换, 同样是同模变换, 同样不能改善方差, 即

$$\mathrm{var}(\overset{3}{\hat{\boldsymbol{\theta}}}_{\mathrm{II},3}) = \mathrm{var}(\overset{2}{\hat{\boldsymbol{\theta}}}_{\mathrm{II},2}) \tag{7.109}$$

但是, 反射变换可能改善偏差. 因

$$\hat{\boldsymbol{\theta}}_{\mathrm{II},3} = \boldsymbol{U}\boldsymbol{K}\hat{\boldsymbol{\theta}}_{\mathrm{LS}} \tag{7.110}$$

可知 $\hat{\boldsymbol{\theta}}_{\mathrm{II},3}$ 的偏差为

$$\mathrm{bia}(\overset{3}{\hat{\boldsymbol{\theta}}}_{\mathrm{II},3}) = \left\|\mathrm{E}(\boldsymbol{U}\boldsymbol{K}\hat{\boldsymbol{\theta}}_{\mathrm{LS}}) - \boldsymbol{\theta}\right\|^2 = \|\boldsymbol{U}\boldsymbol{K}\boldsymbol{\theta} - \boldsymbol{\theta}\|^2 \tag{7.111}$$

为了让 $\hat{\boldsymbol{\theta}}_{\mathrm{II},3}$ 的偏差最小, 建立如下带约束条件的优化目标

$$\begin{cases} \min \|\boldsymbol{U}\boldsymbol{K}\boldsymbol{\theta} - \boldsymbol{\theta}\|^2 \\ \mathrm{s.t.}\ \boldsymbol{U}\boldsymbol{U}^{\mathrm{T}} = \boldsymbol{I}_n \end{cases} \tag{7.112}$$

如图 7.2 所示, $\overrightarrow{OA} = \boldsymbol{\theta}$, 经过压缩变换变成了 $\overrightarrow{OB} = \boldsymbol{K}\boldsymbol{\theta}$, 又经过反射变换变成了 $\overrightarrow{OC} = \boldsymbol{U}\boldsymbol{K}\boldsymbol{\theta}$, 因反射变换 $\boldsymbol{U}$ 是保范变换, 即 $\|\boldsymbol{K}\boldsymbol{\theta}\| = \|\boldsymbol{U}\boldsymbol{K}\boldsymbol{\theta}\|$, 当 $\boldsymbol{U}\boldsymbol{K}\boldsymbol{\theta}$ 与 $\boldsymbol{\theta}$ 平行且方向相同时, $\boldsymbol{U}\boldsymbol{K}\boldsymbol{\theta}$ 与 $\boldsymbol{\theta}$ 之间的距离最短.

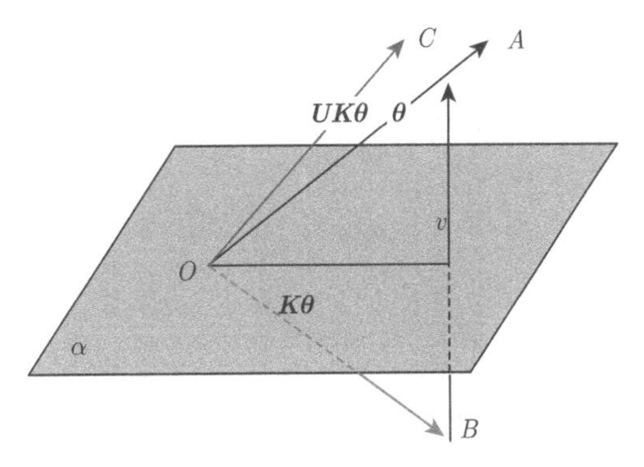

图 7.2 第三步：反射法

设 $\boldsymbol{K\theta}$ 和 $\boldsymbol{\theta}$ 单位化后, 得到的单位向量分别为 $\boldsymbol{x}_1\boldsymbol{x}_2$, 另外 $\boldsymbol{v}=\boldsymbol{x}_2-\boldsymbol{x}_1$, 且记 $\boldsymbol{v}$ 上的投影矩阵为

$$\boldsymbol{H}_{\boldsymbol{v}}=\boldsymbol{v}\left(\boldsymbol{v}^{\mathrm{T}}\boldsymbol{v}\right)^{-1}\boldsymbol{v}^{\mathrm{T}} \tag{7.113}$$

则带约束条件的优化目标的解就是为 $\boldsymbol{v}$-Householder 反射矩阵

$$\boldsymbol{U}=\boldsymbol{I}-2\boldsymbol{H}_{\boldsymbol{v}} \tag{7.114}$$

如图 7.3 所示, 反射矩阵 $\boldsymbol{U}$ 以 $\boldsymbol{\alpha}$ 为反射平面, 把 $\boldsymbol{x}_1$ 反射为 $\boldsymbol{x}_2$, 把 $\boldsymbol{K\theta}$ 反射为 $\boldsymbol{UK\theta}$. $\boldsymbol{U}$ 是对称的、正交的, 且 $\det(\boldsymbol{H}_{\boldsymbol{v}})=-1$, $\boldsymbol{U}$ 就是优化问题的答案.

备注 7.4 第三步也可以用旋转法, 变换形式比反射法更复杂. 如图 7.3 所示, $\overrightarrow{OA}=\boldsymbol{\theta}$, 经过压缩变换变成了 $\overrightarrow{OB}=\boldsymbol{K\theta}$, 又经过旋转变换变成了 $\overrightarrow{OC}=\boldsymbol{UK\theta}$, 可以发现当旋转轴垂直于 $\{\boldsymbol{\theta},\boldsymbol{K\theta}\}$ 所在的平面, 且转角就是 $\{\boldsymbol{\theta},\boldsymbol{K\theta}\}$ 的夹角时, $\boldsymbol{UK\theta}$ 与 $\boldsymbol{\theta}$ 平行且方向相同, 此时 $\boldsymbol{UK\theta}$ 与 $\boldsymbol{\theta}$ 之间的距离最短. 设转轴为

$$\boldsymbol{u}=\frac{1}{\|\boldsymbol{\theta}\times\boldsymbol{K\theta}\|}\boldsymbol{\theta}\times\boldsymbol{K\theta} \tag{7.115}$$

转角为 φ, 设

$$(\boldsymbol{u}\times)=\begin{bmatrix}0 & -u_z & u_y\\ u_z & 0 & -u_x\\ -u_y & u_x & 0\end{bmatrix} \tag{7.116}$$

则利用刚体旋转定理, 即**罗德里格斯** (Rodrigues) 公式得

$$\boldsymbol{U}=\boldsymbol{I}+\sin\varphi(\boldsymbol{u}\times)+(1-\cos\varphi)(\boldsymbol{u}\times)^2 \tag{7.117}$$

与旋转法比较, 反射法的表达式更加简洁.

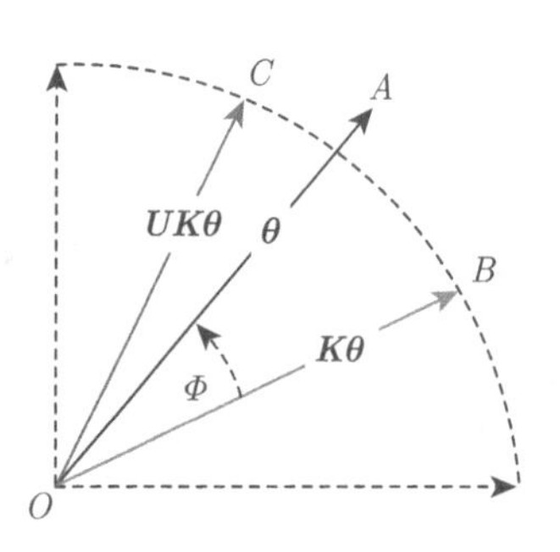

图 7.3　第三步：旋转法

总之压缩改变了方差和偏差, 反射第 I 型线性有偏估计的估计方差、偏差和均方差分别为

$$\begin{cases} \operatorname{var}(\hat{\boldsymbol{\theta}}_{\mathrm{II}}) = \operatorname{var}(\hat{\boldsymbol{\theta}}_{\mathrm{GR}}^2) = \sigma^2 \sum_{i=1}^{n} \left[k_i^2 (m\lambda_i)^{-1}\right] \\ \operatorname{bia}(\hat{\boldsymbol{\theta}}_{\mathrm{II}}) = (\|\boldsymbol{\theta}\| - \|\boldsymbol{K\theta}\|)^2 \\ \operatorname{mse}(\hat{\boldsymbol{\theta}}_{\mathrm{II}}) = \sigma^2 \sum_{i=1}^{n} \left[k_i^2 (m\lambda_i)^{-1}\right] + (\|\boldsymbol{\theta}\| - \|\boldsymbol{K\theta}\|)^2 \end{cases} \tag{7.118}$$

7.3.3　第 III 型——最优权

设 $\hat{\boldsymbol{\theta}}_{\mathrm{LS}}$ 是潜模型 $\boldsymbol{y} = \boldsymbol{L\theta} + \boldsymbol{e}$ 中潜参数 $\boldsymbol{\theta}$ 的最小二乘估计, $\frac{1}{m}\boldsymbol{L}^{\mathrm{T}}\boldsymbol{L} = \boldsymbol{\Lambda} = \operatorname{diag}(\lambda_1, \cdots, \lambda_n)$, 而 $\boldsymbol{W}\hat{\boldsymbol{\theta}}_{\mathrm{LS}}$ 是 $\boldsymbol{\theta}$ 的任意一个矩阵权估计. 第 II 型基于三步分解推导了最优的矩阵权, 得到了最优潜参数 $\hat{\boldsymbol{\theta}}_{\mathrm{II}} = \boldsymbol{UK}\hat{\boldsymbol{\theta}}_{\mathrm{LS}}$. 利用迹函数的微分性质可以一次性获得最优矩阵权 $\boldsymbol{W}$.

因 $\mathrm{E}(\boldsymbol{W}\hat{\boldsymbol{\theta}}_{\mathrm{LS}}) = \boldsymbol{W\theta}$, 利用 $\operatorname{mse}(\boldsymbol{W}\hat{\boldsymbol{\theta}}_{\mathrm{LS}}) = \operatorname{bia}(\boldsymbol{W}\hat{\boldsymbol{\theta}}_{\mathrm{LS}}) + \operatorname{var}(\boldsymbol{W}\hat{\boldsymbol{\theta}}_{\mathrm{LS}})$, 得 $\boldsymbol{W}\hat{\boldsymbol{\theta}}_{\mathrm{LS}}$ 均方误差为

$$\begin{aligned} \operatorname{mse}(\boldsymbol{W}\hat{\boldsymbol{\theta}}_{\mathrm{LS}}) &= \operatorname{bia}(\boldsymbol{W}\hat{\boldsymbol{\theta}}_{\mathrm{LS}}) + \operatorname{var}(\boldsymbol{W}\hat{\boldsymbol{\theta}}_{\mathrm{LS}}) \\ &= \|(\boldsymbol{W} - \boldsymbol{I}_n)\,\boldsymbol{\theta}\|^2 + \sigma^2 \operatorname{trace}(\boldsymbol{W}\left(\boldsymbol{L}^{\mathrm{T}}\boldsymbol{L}\right)^{-1}\boldsymbol{W}^{\mathrm{T}}) \\ &= \operatorname{trace}((\boldsymbol{W} - \boldsymbol{I}_n)\,\boldsymbol{\theta\theta}^{\mathrm{T}}(\boldsymbol{W} - \boldsymbol{I}_n)^{\mathrm{T}} + \sigma^2\boldsymbol{W}\left(\boldsymbol{L}^{\mathrm{T}}\boldsymbol{L}\right)^{-1}\boldsymbol{W}^{\mathrm{T}}) \\ &= \operatorname{trace}\big(\boldsymbol{W\theta\theta}^{\mathrm{T}}\boldsymbol{W}^{\mathrm{T}} - 2\boldsymbol{W\theta\theta}^{\mathrm{T}} + \boldsymbol{\theta\theta}^{\mathrm{T}} + \sigma^2\boldsymbol{W}\left(\boldsymbol{L}^{\mathrm{T}}\boldsymbol{L}\right)^{-1}\boldsymbol{W}^{\mathrm{T}}\big) \end{aligned} \tag{7.119}$$

令

$$\frac{d}{d\boldsymbol{W}^{\mathrm{T}}}\operatorname{mse}\left(\boldsymbol{W}\hat{\boldsymbol{\theta}}_{\mathrm{LS}}\right) = 0 \tag{7.120}$$

利用微分公式

$$\begin{cases} \dfrac{d}{d\boldsymbol{X}}\mathrm{tr}(\boldsymbol{X}^{\mathrm{T}}\boldsymbol{A}\boldsymbol{X}) = 2\boldsymbol{A}\boldsymbol{X} \\ \dfrac{d}{d\boldsymbol{X}}\mathrm{tr}(\boldsymbol{A}\boldsymbol{X}) = \boldsymbol{A}^{\mathrm{T}} \end{cases} \tag{7.121}$$

得

$$\begin{aligned} &\frac{d}{d\boldsymbol{W}^{\mathrm{T}}}\mathrm{mse}(\boldsymbol{W}\hat{\boldsymbol{\theta}}_{\mathrm{LS}}) \\ &= \frac{d}{d\boldsymbol{W}^{\mathrm{T}}}\mathrm{trace}(\boldsymbol{W}[\boldsymbol{\theta}\boldsymbol{\theta}^{\mathrm{T}} + \sigma^2\left(\boldsymbol{L}^{\mathrm{T}}\boldsymbol{L}\right)^{-1}]\boldsymbol{W}^{\mathrm{T}} - 2\boldsymbol{W}\boldsymbol{\theta}\boldsymbol{\theta}^{\mathrm{T}} + \boldsymbol{\theta}\boldsymbol{\theta}^{\mathrm{T}}) \\ &= \frac{d}{d\boldsymbol{W}^{\mathrm{T}}}\mathrm{trace}(\boldsymbol{W}[\boldsymbol{\theta}\boldsymbol{\theta}^{\mathrm{T}} + \sigma^2\left(\boldsymbol{L}^{\mathrm{T}}\boldsymbol{L}\right)^{-1}]\boldsymbol{W}^{\mathrm{T}} - 2\boldsymbol{\theta}\boldsymbol{\theta}^{\mathrm{T}}\boldsymbol{W}^{\mathrm{T}}) \\ &= 2\{[\boldsymbol{\theta}\boldsymbol{\theta}^{\mathrm{T}} + \sigma^2\left(\boldsymbol{L}^{\mathrm{T}}\boldsymbol{L}\right)^{-1}]\boldsymbol{W}^{\mathrm{T}} - \boldsymbol{\theta}\boldsymbol{\theta}^{\mathrm{T}}\} = \boldsymbol{0} \end{aligned} \tag{7.122}$$

从而

$$\boldsymbol{W}^{\mathrm{T}} = (\boldsymbol{\theta}\boldsymbol{\theta}^{\mathrm{T}} + \sigma^2\left(\boldsymbol{L}^{\mathrm{T}}\boldsymbol{L}\right)^{-1})^{-1}\boldsymbol{\theta}\boldsymbol{\theta}^{\mathrm{T}} \tag{7.123}$$

即

$$\boldsymbol{W} = \boldsymbol{\theta}\boldsymbol{\theta}^{\mathrm{T}}(\boldsymbol{\theta}\boldsymbol{\theta}^{\mathrm{T}} + \sigma^2\left(\boldsymbol{L}^{\mathrm{T}}\boldsymbol{L}\right)^{-1})^{-1} \tag{7.124}$$

利用

$$\frac{1}{m}\boldsymbol{L}^{\mathrm{T}}\boldsymbol{L} = \boldsymbol{\varLambda} = \mathrm{diag}\left(\lambda_1, \cdots, \lambda_n\right) \tag{7.125}$$

得

$$\boldsymbol{W} = \boldsymbol{\theta}\boldsymbol{\theta}^{\mathrm{T}}(\boldsymbol{\theta}\boldsymbol{\theta}^{\mathrm{T}} + \sigma^2\left(m\boldsymbol{\varLambda}\right)^{-1})^{-1} \tag{7.126}$$

第 Ⅲ 型有偏估计公式为

$$\hat{\boldsymbol{\theta}}_{\mathrm{III}} = \boldsymbol{W}\hat{\boldsymbol{\theta}}_{\mathrm{LS}} = \boldsymbol{\theta}\boldsymbol{\theta}^{\mathrm{T}}(\boldsymbol{\theta}\boldsymbol{\theta}^{\mathrm{T}} + \sigma^2\left(m\boldsymbol{\varLambda}\right)^{-1})^{-1}\left(m\boldsymbol{\varLambda}\right)^{-1}\boldsymbol{L}^{\mathrm{T}}\boldsymbol{y} \tag{7.127}$$

第 Ⅲ 型线性有偏估计的估计方差、偏差和均方差分别为

$$\begin{cases} \mathrm{var}(\hat{\boldsymbol{\theta}}_{\mathrm{III}}) = \sigma^2\mathrm{tr}(\boldsymbol{W}\left(m\boldsymbol{\varLambda}\right)^{-1}\boldsymbol{W}^{\mathrm{T}}) \\ \mathrm{bia}(\hat{\boldsymbol{\theta}}_{\mathrm{III}}) = \|\boldsymbol{\theta} - \boldsymbol{W}\boldsymbol{\theta}\|^2 \\ \mathrm{mse}(\hat{\boldsymbol{\theta}}_{\mathrm{III}}) = \sigma^2\mathrm{trace}(\boldsymbol{W}\left(m\boldsymbol{\varLambda}\right)^{-1}\boldsymbol{W}^{\mathrm{T}}) + \|\boldsymbol{\theta} - \boldsymbol{W}\boldsymbol{\theta}\|^2 \end{cases} \tag{7.128}$$

第 Ⅱ 型基于三步最优, 第 Ⅲ 型基于一步最优, 因此第 Ⅱ 型和第 Ⅲ 的权可能不一致; 而且第 Ⅲ 型的均方误差肯定不会比第 Ⅱ 型均方误差大.

最小二乘估计、主元估计、改进主元估计、岭估计、广义岭估计、Ⅰ 型有偏估计、Ⅱ 型有偏估计和 Ⅲ 型有偏估计的结构与性能见表 7.1.

表 7.1　估计的结构与性能

	类型	权	方差	偏差
经典型	最小二乘估计	$k_i=1$	$\sigma^2\cdot\sum\limits_{i=1}^{n}(m\lambda_i)^{-1}$	0
	主元估计	$k_i=\begin{cases}1, & i\in S\\ 0, & i\in T\end{cases}$	$\sigma^2\cdot\sum\limits_{i=1}^{p}(m\lambda_i)^{-1}$	$\sum\limits_{i=p+1}^{n}\theta_i^2$
	改进主元估计	$k_i=\begin{cases}1, & i\in M\\ 0, & i\in N\end{cases}$	$\sigma^2\cdot\sum\limits_{i\in M}\theta_i^2(m\lambda_i)^{-1}$	$\sum\limits_{i\in N}\theta_i^2$
	岭估计	$k_i=\dfrac{m\lambda_i}{m\lambda_i+k}$	$\sum\limits_{i=1}^{n}\left(\dfrac{\sigma\cdot m\lambda_i}{m\lambda_i+k}\right)^2(m\lambda_i)^{-1}$	$\sum\limits_{i=1}^{n}\left(\dfrac{k}{m\lambda_i+k}\right)^2\theta_i^2$
	广义岭估计	$k_i=\dfrac{m\lambda_i}{m\lambda_i+\sigma^2\theta_i^{-2}}$	$\sum\limits_{i=1}^{n}\left(\dfrac{\sigma\cdot m\lambda_i}{m\lambda_i+\sigma^2\theta_i^{-2}}\right)^2(m\lambda_i)^{-1}$	$\sum\limits_{i=1}^{n}\left(\dfrac{\sigma^2}{m\lambda_i\theta_i^2+\sigma^2}\right)^2\theta_i^2$
改进型	I 型	同广义岭估计	同广义岭估计	同广义岭估计
	II 型	压缩 + 反射	同广义岭估计	$(\Vert\boldsymbol{\theta}\Vert-\Vert\boldsymbol{K\theta}\Vert)^2$
	III 型	$\left(\boldsymbol{\theta\theta}^{\mathrm{T}}+\sigma^2(m\boldsymbol{\Lambda})^{-1}\right)^{-1}\boldsymbol{\theta\theta}^{\mathrm{T}}$	$\sigma^2\mathrm{trace}\left(\boldsymbol{W}(m\boldsymbol{\Lambda})^{-1}\boldsymbol{W}^{\mathrm{T}}\right)$	$\Vert\boldsymbol{\theta}-\boldsymbol{W\theta}\Vert^2$

7.3.4　仿真说明

例 7.2　假定有 10 个数据 3 个参数, 即 $m=10, n=3$; 测量的方差为 $\sigma^2=1$; 3 个潜参数的真值为 $\boldsymbol{\theta}=[0.1,3,2]^{\mathrm{T}}$; 潜设计矩阵的样本协方差为 $\dfrac{1}{m}\boldsymbol{L}^{\mathrm{T}}\boldsymbol{L}=\dfrac{1}{m}\mathrm{diag}(2,0.25,0.1)$. 比较最小二乘估计、主元估计、改进主元估计、岭估计、广义岭估计、第 I 型估计、第 II 型估计和第 III 型估计的估计性能.

解　仿真代码如下.

MATLAB 代码 7.1

```
function BiasedRegression2()
clc;close all;clear
%% 模型参数
sigmaY = 1; sigmaY2 = sigmaY^2;m = 10; n = 3;
theta = [0.1;  3;  2];
Lambda= [2; 0.25;  0.1]/m;
%% 主元估计
for i = 1 : n  % 寻找最优p
    MSEpcAll(i) = sum(theta(i+1:end).^2) + sigmaY^2*sum(1./(m*
        Lambda(1:i)));
end
[MSEpc,p] = min(MSEpcAll(1:n));
figure;semilogy(MSEpcAll,'k-o');grid on
xlabel('主元数, p');ylabel('均方误差'),set(gca,'xtick',[0,1,2])
set(gcf,'Position',[1400,100,600,300])
```

```
Kpc = blkdiag(eye(p),zeros(n-p));
%% 改进主元估计
Kipc = zeros(n);
for i = 1 : n
    [i,theta(i)^2,sigmaY^2/(m * Lambda(i))]
    if (theta(i)^2>sigmaY^2/(m * Lambda(i)))
        Kipc(i,i) = 1;
    end
end
%% 岭估计
syms k;Kr = zeros(n);
Kr = diag(1./( 1+ k./(m*Lambda)));
k1 = min(sigmaY2./theta.^2) %次优岭估计
%% 广义岭估计
for i = 1 : n
    Kgr(i,i) = m*Lambda(i)/(m*Lambda(i) + (sigmaY/theta(i))^2);
end
%% 第三型
W=theta*theta'*inv(theta*theta'+sigmaY2*inv(m*diag(Lambda)));
%% 均方误差
[MSEthetaLS,var,Bia] = MSE2(sigmaY2,diag(eye(n)),theta,m,Lambda)
%最小二乘
[MSEthetaPC,var,Bia] = MSE2(sigmaY2,diag(Kpc),theta,m,Lambda)
%主元
[MSEthetaIPC,var,Bia] = MSE2(sigmaY2,diag(Kipc),theta,m,Lambda)
%改进主元
[MSEthetaR,var,Bia] = MSE2(sigmaY2,diag(Kr),theta,m,Lambda) %岭
kk = [0:0.1:1];[MSEthetaR_k0,k0]=min(subs(MSEthetaR,k,kk));
%岭——遍历
k0 = kk(k0),MSEthetaR_k0 = subs(MSEthetaR,k,k0)
var = subs(var,k,k0),Bia = subs(Bia,k,k0)
[MSEthetaR_k1]=double(subs(MSEthetaR,k,k1)) %次优岭
[MSEthetaGR,var,Bia] = MSE2(sigmaY2,diag(Kgr),theta,m,Lambda)
%广义岭
[MSEthetaI]= MSEthetaGR;
[MSEthetaII,var,Bia] = MSE_II(sigmaY2,diag(Kgr),theta,m,Lambda)
%% 第II型
[MSEthetaIII,var,Bia] = MSE_III(sigmaY2,W,theta,m,diag(Lambda))
%% 第III型
```

```
%% 岭参数的选择
figure;h=ezplot(MSEthetaR,[1e-10,1]);
set(h,'color','k');grid on;title('')
xlabel('岭参数, k');ylabel('均方误差');
hold on;plot(k1,MSEthetaR_k1,'ko')
set(gcf,'Position',[1400,100,600,200])
%% 性能对比
figure;semilogy([0 0],'r');hold on;grid on,
performance = double([MSEthetaLS,MSEthetaPC,MSEthetaIPC,MSEthetaR_
    k0,MSEthetaGR,MSEthetaI,MSEthetaII,MSEthetaIII])
bar(performance,'k');hold off
axis([0.5,8.5,0.1,max(performance)])
Xtick={'MSE_{LS}' 'MSE_{PC,p_0}' 'MSE_{IPC}' 'MSE_{R,k_0}'
    'MSE_{GR}' 'MSE_{I}' 'MSE_{II}' 'MSE_{III}'};
for i=1:length(Xtick), text(i-0.4,0.5,Xtick{i},'Fontsize',10,
    'color','w'); end
set(gcf,'Position',[1400,100,700,200])
performance
%% 参数的均方误差函数
function [MSEtheta,var,Bia] = MSE2(sigmaY2,K,theta,m,Lambda)
invMLambda = 1./(m*Lambda);
var = sum(sigmaY2.*K.^2.*invMLambda);
Bia = sum(((K-1).*theta).^2);
MSEtheta = var+Bia;
%% 参数的均方误差函数
function [MSEtheta,var,Bia] = MSE_II(sigmaY2,K,theta,m,Lambda)
invMLambda = 1./(m*Lambda);
var = sum(sigmaY2.*K.^2.*invMLambda);
Bia = (norm(theta)-norm(theta.*K))^2;
MSEtheta = var+Bia;
%%第二型参数的均方误差函数
function [MSEtheta,var,Bia] = MSE_III(sigmaY2,W,theta,m,Lambda)
var = sigmaY2*trace(W*inv(m*Lambda)*W');
Bia =  norm(theta-W*theta)^2;
MSEtheta = var+Bia;
```

主元估计的均方误差与主元数量的关系如图 7.4 所示.

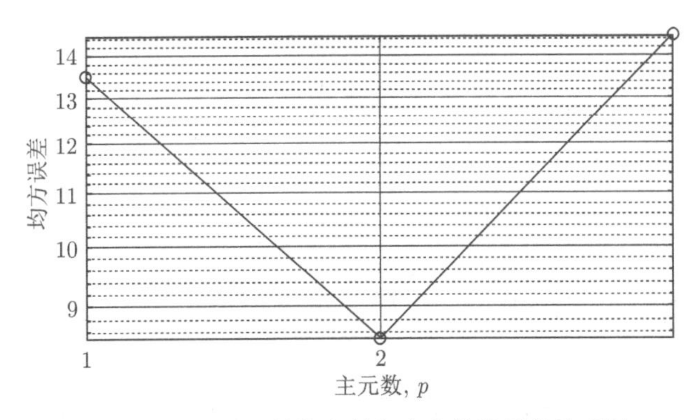

图 7.4 主元估计的均方差与主参数数量的关系图

可以发现:

(1) 最优主参数数量 $p_0 = 2$, 可得 $\mathrm{mse}(\hat{\boldsymbol{\theta}}_{\mathrm{PC}}, p_0) = 8.5 < 13.5 = \mathrm{mse}(\hat{\boldsymbol{\theta}}_{\mathrm{LS}})$, 即相对于最小二乘估计, 最优主元估计的性能更优.

(2) 若 n 个参数数量级相当, 由于样本协方差是降序的, 故主元估计的均方差随主参数的数量增加先变小后变大. 若 n 个参数数量级相差较大, 尤其是升序时, 上述规律不一定成立, 需要用改进主元估计方法.

(3) 当 $p = n$ 时, 主元估计退化为最小二乘估计.

改进主元估计的均方差满足 $\mathrm{mse}(\hat{\boldsymbol{\theta}}_{\mathrm{IPC}}) = 8.01 \leqslant 8.5 = \mathrm{mse}(\hat{\boldsymbol{\theta}}_{\mathrm{PC}}, p_0)$, 即改进的主元估计可以进一步提高主元估计的性能.

尽管无法获得最优岭参数, 但是可以通过 MATLAB 的 ezplot 命令得到 $\mathrm{mse}(\hat{\boldsymbol{\theta}}_{\mathrm{R}}, k)$ 关于岭参数 k 的关系, 可以发现:

(1) 最优的岭参数为 $k_0 = 0.1663$(曲线最小点处), 对应的最优岭估计为 $\mathrm{mse}(\hat{\boldsymbol{\theta}}_{\mathrm{R}}, k_0) = 6.275 < 13.5 = \mathrm{mse}(\hat{\boldsymbol{\theta}}_{\mathrm{LS}})$. 即相对于最小二乘估计, 岭估计的性能更优.

(2) 如图 7.5 所示, 次优的岭参数为 $k_1 = \min\{\sigma^2/\theta_i^2\} = 0.1111$(曲线的 "O" 处), 对应的最优岭估计为 $\mathrm{mse}(\hat{\boldsymbol{\theta}}_{\mathrm{R}}, k_1) = 6.5698 \approx 6.275 = \mathrm{mse}(\hat{\boldsymbol{\theta}}_{\mathrm{R}}, k_0) < 13.5 = \mathrm{mse}(\hat{\boldsymbol{\theta}}_{\mathrm{LS}})$. 即相对于最小二乘估计, 次优岭估计的性能更优, 而且与最优岭估计的性能相当.

(3) 岭估计的均方差随岭参数变大而先变小后变大, 当 $k = 0$ 时, 岭估计退化为最小二乘估计.

表 7.2 和图 7.6 给出了比较最小二乘估计 (LS)、主元估计 (PC)、改进主元估计 (IPC)、岭估计 (R)、广义岭估计 (GR)、第 I 型估计 (W-I)、第 II 型估计 (W-II) 和第 III 型估计 (W-III) 的估计性能.

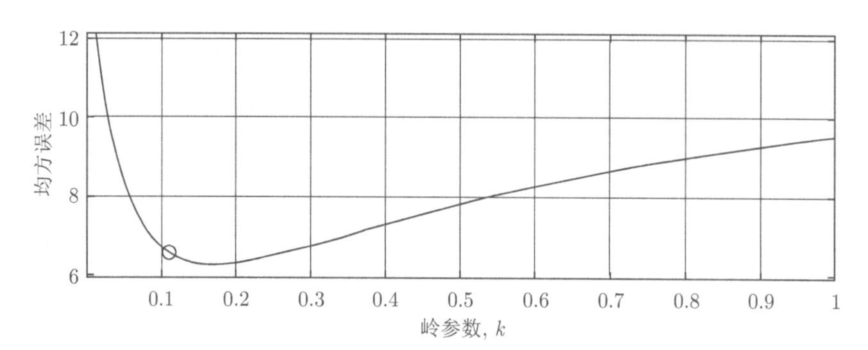

图 7.5 岭估计的均方差与岭参数的关系图

表 7.2 不同估计方法的性能

	类型	方差	偏差	均方差
经典型	最小二乘估计	14.5000	0	14.5000
	主元估计	4.5000	4	8.5000
	改进主元估计	4.0000	4.0100	8.0100
	岭估计	2.7589	3.5556	6.3145
	广义岭估计	2.7337	2.9025	5.6362
改进型	I 型	2.7337	2.9025	5.6362
	II 型	2.7337	2.1107	4.8444
	III 型	2.5790	0.9659	3.5450

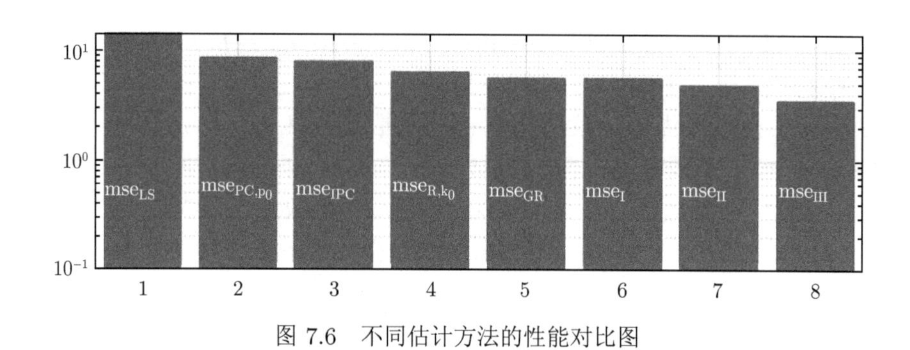

图 7.6 不同估计方法的性能对比图

总之, 由于原模型的参数估计性能和潜变量模型的估计性能完全相同, 而后者的结构更加简单, 为后续理论分析带来极大便利, 所以基于潜模型得到下列结论：

(1) 最优的主元估计优于最小二乘估计. 并且主元估计的均方差随主参数的数量增加而先变小后变大, 当主参数的数量等于潜参数的数量时, 主元估计退化为最小二乘估计.

(2) 改进的主元估计优于主元估计的性能.

(3) 最优和次优的岭估计方法优于最小二乘估计, 且岭估计的均方差随岭参数变大而先变小后变大, 当岭参数为零时, 岭估计退化为最小二乘估计.

(4) 在第 I 型压缩类结构下, 广义岭估计是最优的线性有偏估计方法.

(5) 在第 II 型矩阵权结构下, 可以进一步通过反射变换提高线性有偏估计的性能.

(6) 在第 III 型矩阵权结构下, 可以获得一步最优线性有偏估计.

(7) 主元估计的性能与岭估计的性能具有不确定性. 常见地, 后者性能更优.

(8) 有偏估计的精髓可以概括为 "均方差等于方差加偏差, 且用小偏差换大方差", 在最小二乘估计的基础上, 迭代有偏估计理论有望应用于更复杂的应用场景.

(9) 有偏估计有待完善的工作有三个方面：

(a) 第 I 型、第 II 型和第 III 型都是最小二乘估计的线性变换, 若撤销这个约束, 能否进一步改善有偏估计性能？

(b) 有偏估计的难点在于：其要求对未知参数本身有一定的先验, 在没有先验的条件下, 能否用迭代的方法获得最优有偏估计？

(c) 只对个别参数有先验的条件下, 如何设计优化准则获得局部最优参数估计？

参 考 文 献

[1] 郭军海. 弹道测量数据融合技术 [M]. 北京：国防工业出版社, 2012.
[2] 刘利生. 外测数据事后处理 [M]. 北京：国防工业出版社, 2000.
[3] 刘利生, 吴斌, 吴正容, 等. 外弹道测量精度分析与评定 [M]. 北京：国防工业出版社, 2010：23.
[4] 王正明, 易东云. 测量数据建模与参数估计 [M]. 长沙：国防科技大学出版社, 1996.
[5] 王正明, 等. 弹道跟踪数据的校准与评估 [M]. 长沙：国防科技大学出版社, 1999.
[6] 何晓群, 刘文卿. 应用回归分析 [M]. 北京：中国人民大学出版社, 2001.
[7] 吴翊, 汪文浩, 杨文强. 概率论与数理统计 [M]. 北京：高等教育出版社, 2016.
[8] 李言俊, 张科. 系统辨识理论及应用 [M]. 北京：国防工业出版社, 2003.
[9] 王惠文. 偏最小二乘回归法及其应用 [M]. 北京：国防工业出版社, 1999.
[10] 蒋浩天, 等. 工业系统的故障检测与诊断 [M]. 段建民, 译. 北京：机械工业出版社, 2003.
[11] 何章鸣, 王炯琦, 周海银, 等. 数据驱动的非预期故障诊断理论及应用 [M]. 北京：科学出版社, 2017.
[12] 吴杰, 安雪滢, 郑伟. 飞行器定位与导航技术 [M]. 北京：国防工业出版社, 2015.
[13] Ljung L. System Identification: Theory for the User[M]. London: Prentice Hall PTR, 1999.
[14] Van Overschee P, De Moor B. Subspace Identification for Linear Systems[M]. Boston: Kluwer Academic Publishers, 1998.
[15] Chiang L H, Russell E L, Braatz R D. Fault Detection and Diagnosis in Industrial Systems[M]. London: Springer, 2001.
[16] Ding S X. Model-Based Fault Diagnosis Techniques - Design Schemes, Algorithms, and Tools[M]. Berlin: Springer, 2013.
[17] Ding S X. Data-driven Design of Fault Diagnosis and Fault-tolerant Control Systems [M]. Berlin: Springer, 2014.

索　引